JGC 高职高专公共基础课规划教材

计算机应用基础

COMPUTER APPLICATION FOUNDATION

主　编　黄绍龙
副主编　李红升　刘　熙
主　审　崔玉波

人民交通出版社
China Communications Press

内 容 提 要

本书系统地介绍了计算机基础知识、Windows XP 操作系统、文字处理软件 Word 2003、电子表格 Excel 2003、中文 PowerPoint 2003、计算机网络基础与 Internet、常用工具软件等内容。全书条理清楚，结构科学合理，并结合案例对知识点进行讲解，注重内容的实用性。本书备有配套习题集，方便读者在学习使用计算机时更加得心应手，学以致用。

本书可作为高职高专学生相关课程教材，也可作为计算机基础培训班教材及计算机爱好者的自学参考书。

图书在版编目(CIP)数据

计算机应用基础/黄绍龙主编. —北京：人民交通出版社，2008.8

高职高专公共基础课规划教材

ISBN 978-7-114-07182-9

I. 计… II. 黄… III. 电子计算机—高等学校：技术学校—教材 IV. TP3

中国版本图书馆 CIP 数据核字(2008)第 102348 号

书　　名：计算机应用基础
著 作 者：黄绍龙
责任编辑：陈志敏　杜　琛
出版发行：人民交通出版社
地　　址：(100011)北京市朝阳区安定门外外馆斜街 3 号
网　　址：http://www.ccpress.com.cn
销售电话：(010)59757969　59757973
总 经 销：北京中交盛世书刊有限公司
经　　销：各地新华书店
印　　刷：北京市密东印刷有限公司
开　　本：787×1092　1/16
印　　张：16.5
字　　数：410 千
版　　次：2008 年 8 月　第 1 版
印　　次：2008 年 8 月　第 1 次印刷
书　　号：ISBN 978-7-114-07182-9
印　　数：0001～4000 册
定　　价：30.00 元

前言 Preface

高等职业技术教育是以培养高等技术应用型人才为根本任务、以适应社会需要为目标、以培养技术应用能力为主线来设计学生的知识、能力、素质结构和培养方案的。其教学目的应充分体现学生毕业即能上岗的根本目标，在教学内容上应以技术的应用和熟练掌握为主，基础理论知识以必须、够用为度。

本书重点阐述如何培养学生的实践能力和解决实际问题的能力，强化应用技能训练。编写内容在选择上充分考虑了计算机学科发展快，更新快等特点，力求反应新知识、新内容，使之具有先进性。内容选取上力求做到少而精且具有较广泛的代表性，讲解通俗易懂。全书始终以任务驱动为主线，内容丰富，覆盖面广，有丰富的工作实践案例。与本书配套的《计算机技术基础实训指导与习题集（第二版）》（崔玉波主编）已先期出版，其丰富的实例训练可加深学生对本教材内容的理解，也有利于培养学生的动手能力。

本书是培训和掌握计算机操作技能的基础教材。主要内容包括：第 1 章　计算机基础知识，第 2 章　中文 Windows XP，第 3 章　Word 2003，第 4 章　电子表格技术，第 5 章　中文 PowerPoint 2003，第 6 章　计算机网络基础与 Internet 和第 7 章　常用工具软件介绍。通过学习本课程，学生能在较短的时间内提高自身计算机应用能力。本书是高等职业院校计算机公共技能课程教材，也可供其他各类学校、社会各界人士学习计算机公共基础知识使用。

本书由黄绍龙任主编，刘熙、李红升任副主编，崔妍、路瑶等人参编，崔玉波主审。由于编者水平和经验有限，且编写时间仓促，不当之处在所难免，恳请读者批评指正。

编　者

二OO八年六月五日

目录 Content

第1章　计算机基础知识

随着科学技术的飞速前进，计算机研究、生产和应用得到了迅猛发展，计算机信息处理已经成为当今世界上发展最快和应用最广的科技领域之一。这就意味着人们必须学好计算机基础知识，熟练掌握计算机的应用，才能跟上时代的步伐。

通过对本章的学习应了解计算机的产生和发展，计算机的特点及应用，数据在计算机中的表示，计算机系统的组成，计算机软、硬件知识，以及计算机的病毒防护等内容。

本章主要介绍计算机的基础知识，包括以下内容：

☆ 计算机的诞生与发展

☆ 计算机系统

☆ 数制的概念

☆ 计算机中的码制

1.1　计算机的诞生与发展

什么是计算机？计算机是如何工作的？计算机是如何发展的？这是初学者常常提出的问题。计算机是一种能够在其内部指令控制下运行的并能够自动、高速而准确的对信息进行处理的现代化电子设备。它通过输入设备接受字符、数字、声音、图片和动画等数据，通过中央处理器进行计算、统计、文档编辑、逻辑判断、图形缩放和色彩配置等数据处理，通过输出设备以文档、声音、图片或各种控制信号的形式输出处理结果，通过存储器将数据、处理结果和程序存储起来以备后用。

从1946年世界上第一台计算机在宾夕法尼亚大学诞生算起，迄今60余年，计算机技术得到了飞速发展。电子计算机最早的用途是用于数值计算，随着计算机技术的进步，计算机的使用变得非常广泛，已应用到工业、农业、科技、军事、文教、卫生、家庭生活等各个领域。计算机成为当今社会人们分析问题、解决问题的重要工具，运用计算机的能力也成为现代人文化素质的重要标志之一。

1.1.1　计算机的特点与分类

(1)计算机的特点

计算机能按照程序引导的确定步骤，对输入数据进行加工处理、存储或传送，以获得所期望的输出信息。从而将这些信息应用于各个领域，以提高工作效率和社会生产率以及改善人们的生活质量。它具有以下基本特点。

①快速的运算能力

计算机是一种运算速度快的工具，其运算速度是指计算机每秒所能执行的指令条数。常用单位是MIPS(百万条指令/秒)例如：主频为2GHz的Pentium 4微型机的运算速度为40亿次/秒，即4000MIPS。计算机的运算速度已经从最初的每秒钟几千次发展到现在每秒钟几十万次到几百万次，甚至每秒钟几十亿次。计算机的运算速度是传统计算工具所不能比拟的。

②计算精确度高

计算机中的精确度主要表现为数据表示的位数，一般称为字长，字长越长精确度就越高。微型计算机的字长一般有 8 位、16 位、32 位、64 位等。计算机一般可有十几位的有效数字，能满足一般情况下对计算精度的要求。

③存储功能强

计算机不仅能够进行计算，还拥有容量很大的存储设备。不仅可以把原始数据、中间结果、运算指令等信息存储起来，还可以存储指挥计算机工作的程序，同时可以保存大量的文字、图文、声音等信息资料。

④逻辑判断能力

计算机的逻辑判断能力是计算机与其他计算装置的一个重要区别，是实现计算机工作的自动化和具备人工智能的基础。计算机还能在运算过程中随时进行各种逻辑判断，并根据判断的结果自动决定下一步执行的命令。

⑤自动运行程序

计算机是自动化电子装置。由于其具有记忆能力和逻辑判断能力，所以在计算机的内部，操作运算都是自动控制进行的。使用者事先把编制好的程序送入计算机，计算机即在程序的控制下自动完成全部运算并输出运算结果，无需人工干预，从而帮助人们完成那些枯燥乏味的重复性劳动。

(2)计算机的分类

随着计算机技术的不断更新，尤其是微处理器的迅猛发展，计算机的类型越来越多样化。根据应用特点和使用范围，计算机可分为两大类，即专用计算机和通用计算机。专用计算机是针对某一特定应用领域或面向某种算法而研制的计算机，如工业控制机、卫星图像处理用的大型并行处理机等。其特点是它的系统结构及专用软件对于所指定的应用领域是高效的，若用于其他领域则效率较低。通用计算机是面向多种应用领域和算法的计算机。其特点是通用性强，具有很强的综合处理能力，它的系统结构和计算机的软件能够解决各种类型的问题，可以满足多种用户的需求。

通用数字计算机根据其运算速度、字长、存储容量和软件配置等多方面的综合性能指标，大体可以分为五类：巨型机、大型机、小型机、微型机、工作站。

①巨型机(Supercomputer)

巨型机又称超级计算机，是指目前性能最高、功能最强、数值计算能力和数据信息处理能力最快、造价最昂贵的计算机。巨型机的结构是将许多微处理器以并行架构的方式组合在一起。其运算速度每秒可达几亿次，主存容量高达几十兆字节、字长可达 64 位。巨型机是丰富高效的计算机系统。主要应用于处理超标量的资料，如军事、气象、地质勘探等尖端科技领域。我国研制成功的“银河系列机”(如图 1-1 所示)，“曙光系列机”等代表国内最高水平的巨型机就属于这类计算机。

②大型机(Mainframe)

大型机比巨型机的性能指标略低。运算速度在每秒几百万次到几亿次，字长 32～64 位，主存容量在几百兆字节左右。它有丰富的外部设备和通信接口，主要用于计算中心和计算机网络中(如图 1-2 所示)。大型机强调的重点在于多个用户使用,用来处理日常大量繁忙的业务,如科学计算、数据处理、网络服务器和大型商业管理等。IBM4300,ES9000,VAX8800 等都是大型计算机的代表产品。

图 1-1　银河巨型机(中国)

图 1-2　大型机

③小型机(Minicomputer)

小型机具有规模小、价格便宜、结构简单、设计研制周期短、易于操作、便于维护和推广等特点。小型机是应用领域十分广泛的计算机。小型机在存储容量和软件系统的完善方面有一定优势,多作为某一部门的核心机。也可以用做大型机、巨型机的辅助机,用于企业管理以及大学和研究机构的科学计算等(如图 1-3 所示)。IBM AS/400、富士通的 K 系列机等都是小型机。

④微型机(Microcomputer)

微型机又称个人计算机,简称微机,俗称电脑(如图 1-4 所示),是大规模集成电路的产物。微型计算机以微处理器为核心,再配上存储器、接口电路等芯片组成。微型机以体积小、重量轻、功耗小、功能全、价格低廉、操作方便、适应性强等优点迅速占领了世界计算机市场,是应用领域最广泛的一种计算机,也是近年来各类计算机中发展最快,人们最感兴趣的计算机,已成为现代社会不可缺少的重要工具。

图 1-3　小型机

图 1-4　微型机(个人计算机)

⑤工作站(Workstation)

工作站是一种新型的计算机系统。它出现在 20 世纪 70 年代后期,是介于小型机和微型计算机之间的高档微型计算机。一般来说,高档微机也可称为工作站。工作站的特点是易于联网,有较大容量内存和大屏幕显示器,有较强的网络通信功能,特别适合于计算辅助工程,如 CAD、图像处理、三维动画等。工作站的代表机型有 SGI,Apollo 等。

1.1.2 计算机的发展

(1)计算机的产生和发展

世界上第一台计算机ENIAC(Electronic Numerical Integrator and Calculator)于1946年诞生于美国的宾夕法尼亚大学。ENIAC主要的设计思想是根据美籍匈牙利人约翰·冯·诺依曼博士提出的计算机存储程序原理,使用单一的处理部件来完成计算、存储及通信工作(如图1-5所示)。

图1-5 第一台电子计算机ENIAC的外观结构

该台计算机的主要元件是电子管,重量达30t多,占地面积约170m²,耗电150kW,每秒可进行5 000次加法计算。虽然这是一台原始而粗糙的庞然大物,但却向人们展示了新的技术革命的曙光(如图1-6所示)。

图1-6 第一台电子计算机ENIAC

ENIAC计算机研制的同时,科学家冯·诺依曼与莫尔还合作研制了EDVAC(Electronic Discrete Variable Automatic Computer)计算机,它采用存储程序方案,即程序和数据都存储在内存中,此种方案沿用至今。新型计算机具有以下特点。

①进位计数制采用二进制(原来采用十进制)。采用二进制可使运算电路简单、体积小,由于实现两个稳定状态的机械或电气元件容易找到,机器的可靠性明显提高。

②采用"存储程序"的思想。程序和数据都以二进制的形式统一存放在存储器中,由机器自动执行。不同的程序解决不同的问题,实现了计算机通用计算的功能。

③把计算机从逻辑上划分为五个部分:运算器、控制器、存储器、输入设备和输出设备。

迄今为止,大多数计算机采用的仍然是冯·诺依曼式的计算机组织结构,冯·诺依曼因此被誉为"计算机之父"。

半个多世纪以来,计算机的发展突飞猛进。从使用的逻辑器件的角度来看,计算机的发展经历了电子管、晶体管、中小规模集成电路、大规模和超大规模集成电路四个发展阶段。

第一代(1946～1957 年)电子管计算机,其主要标志是逻辑器件采用电子管。主存储器为磁芯,辅助存储器为磁鼓、磁带。机器的总体结构以运算器为中心,使用机器语言或汇编语言编程,运算速度为几千次每秒。这一时期的计算机,运算速度慢、体积较大、耗电大、可靠性差、价格昂贵、维修复杂、应用范围小,主要应用于科学和工程计算。

第二代(1958～1964 年)晶体管计算机,其主要标志是逻辑器件采用晶体管。主存储器为磁芯、磁鼓,辅助存储器为磁鼓、磁带、磁盘。运算速度为几万次每秒到几十万次每秒。使用编译语言(如 FORTRAN、COBOL)编程,作业连续处理。在软件方面还出现了操作系统。这一时期的计算机,运算速度大幅度提高,重量、体积也显著减小,耗电低,可靠性较高。其主要应用领域为数值运算和数据处理。

第三代(1965～1970 年)中小规模集成电路。主存储器除了磁芯外,还出现了半导体存储器。辅助存储器为磁带、磁鼓、磁盘。运算速度为几千万次每秒,机器种类标准化、模块化、系列化,采用积木式结构及标准输入/输出接口。使用高级语言编程,采用实时、分时处理多道程序,使用操作系统来管理硬件资源。这一时期的计算机,体积减小,功耗、价格等进一步降低,而速度及可靠性则有更大的提高。其主要应用领域为信息处理(处理数据、文字、图像等)。

第四代(1971 年至今)大规模和超大规模集成电路计算机。其主要特征是逻辑器件采用大规模和超大规模集成电路,从而实现了电路器件的高度集成化。主存储器为半导体存储器,辅助存储器为磁带、磁盘、光盘,运算速度可达几亿次每秒。其应用领域扩展到各个领域。

(2)计算机的发展趋势

①微型计算机的发展趋势

1971 年诞生了世界上第一片 4 位微处理器,又称 Intel 4004,并由此组成了第一台微型计算机 MCS-4,也就是这台微型计算机揭开了世界微型计算机发展的序幕。微型计算机系统的中央处埋器(CPU)由大规模或超大规模集成电路构成,做在一个芯片上,又称微处理器(Micro Processor Unit,MPU)。微型计算机的换代,通常是以微处理器的字长和系统组成的功能来划分。

1971 年以来,微型机计算机经历了 4 位、8 位、16 位、32 位和 64 位微处理器的发展阶段。微型计算机的诞生推动了计算机的普及和应用,加快了信息技术革命,使人类快速进入信息时代。多媒体计算机技术的应用,实现了文字、数据、图形、动画、音响的再现和传输。Internet 把世界连成一体,形成信息高速公路。

②计算机的发展趋势

从20世纪80年代初开始，随着超大规模集成电路技术的不断发展以及计算机应用领域的不断扩展，计算机的发展表现出了巨型化、微型化、网络化和智能化等几种趋势。

a. 巨型化

巨型化是指发展高速度、大存储容量和强功能的超级巨型计算机。超级巨型计算机主要适用于天文、气象、原子和核反应等尖端科学。目前最快的超级巨型计算机运算速度已超过每秒十万亿次。科学和技术不断发展，在一些科技尖端领域，要求计算机有更高的速度、更大的存储容量和更高的可靠性，从而促使计算机向巨型化方向发展。

b. 微型化

微型化是指发展体积小、功耗低和灵活方便的微型计算机。微型计算机主要适用于办公、家庭和娱乐等领域。随着计算机应用范围的不断扩大，对计算机的要求也越来越高，人们要求计算机体积更小、重量更轻、价格更低，能够应用于各种领域、各种场合。为了迎合这种需求，出现了笔记本计算机、膝上型和掌上型计算机等，这些都是在向微型化方向发展。

c. 网络化

网络化是指将分布在不同地点的计算机由通信线路连接而组成一个规模大、功能强的网络系统，可灵活方便地收集、传递信息，共享硬件、软件、数据等计算机资源，把计算机组成更广泛的网络，以实现资源共享及信息交换。

d. 智能化

智能化是指发展具有人类智能的计算机。智能计算机是能够模拟人的感觉、行为和思维的计算机。智能计算机也称作新一代计算机，目前许多国家都在投入大量资金和人员研究这种更高性能的计算机，使计算机可具有类似于人类的思维能力，如推理、判断、感觉等。

e. 多媒体化

数字化技术的发展能进一步改进计算机的表现能力，使人们拥有一个图文并茂、有声有色的信息环境，这就是多媒体计算机技术。多媒体技术使现代计算机集图形、图像、声音、文字处理为一体，改变了传统的计算机处理信息的主要方式。传统的计算机是人们通过键盘、鼠标和显示器对文字和数字进行交换，而多媒体技术使信息处理的对象和内容发生了深刻的变化。

尽管计算机的应用已经渗透到科学技术的各个领域，并扩展到工业、农业、军事、商业以及家庭生活之中，但随着科学的飞速发展和全球范围内新技术革命的不断兴起，现有计算机的性能已经满足不了社会的需要。许多科学家认为以半导体材料为基础的集成技术已达到了无法突破的物理极限，要解决这个矛盾，必须开发新的材料，采用新的技术。于是人们正在积极探索和研制新一代的计算机。例如：生物计算机、模糊计算机、光计算机、量子计算机、超导计算机等。

超导计算机是利用超导技术生产的计算机及其部件，其性能是目前电子计算机无法相比的。其运算速度比现在的电子计算机快100倍，而电能消耗仅是电子计算机的千分之一。如果目前一台大中型计算机，每小时耗电10kW，同样一台超导计算机只需一节干电池即可工作。为此，世界各国科学家一直在研究超导计算机，但还有许多技术难关有待突破，令人高兴的是国际物理学界在高临界温度的超导材料研究中成果不断。如果常温超导性能得以实现，21世纪超导计算机必将成为现实。

1.1.3 计算机的应用

目前计算机的应用非常广泛，它正以卓越的性能和强大的生命力遍及人类社会生活各个领域，产生了巨大的经济效益和社会影响。计算机的应用特点可归纳为以下几个方面。

(1)科学计算

利用计算机解决科学研究和工程设计等方面的数学计算问题，称为科学计算或称为数值计算。在工程设计中，利用计算机进行数值方法求解或者进行工程制图，我们称之为科学和工程计算。它的特点是计算量比较大，逻辑关系相对简单，利用计算机的高速性、存储容量大、连续运算的能力，可以实现人工无法实现的各种科学计算问题。科学和工程计算是计算机的重要应用领域之一。

(2)实时控制

实时控制是指用计算机及时的采集、检测被控对象运行情况的数据，通过计算机的分析处理后，按照某种最佳的控制规律发出控制信号，控制对象过程的进行。这一过程中，一般会对计算机的可靠性、封闭性、抗干扰性等指标提出要求。实时控制在机械、冶金、石油化工、电力、建筑和轻工业等各个行业都得到了广泛的应用。在卫星、导弹发射等国防尖端科学技术领域，计算机的实时控制尤显现其重要性。

(3)数据处理与信息加工

数据处理是指将大量信息进行存储、加工、分类、统计和查询等操作，从而转化为计算机存储信号的信息集合，具体指数值、声音、文字、图形、图像等。利用计算机可以对大量的数据进行加工、分析、处理，从而实现办公自动化。如企业管理，财务会计，统计分析，仓库管理，银行储蓄系统的存款、取款和计息，商品销售管理，学生管理系统等。

(4)计算机辅助系统

计算机辅助系统是计算机的另一个重要领域，包括计算机辅助设计(CAD)、计算机辅助制造(CAM)、计算机辅助教学(CAI)和计算机辅助测试(CAT)等。

计算机辅助设计(CAD)是利用计算机帮助设计人员进行设计，广泛应用于船舶、飞机、建筑工程，大规模集成电路等设计工作中，使得设计工作实现自动化或半自动化。

计算机辅助制造(CAM)是指利用计算机生产设备的管理、控制和操作过程。例如用计算机控制机器的运行，控制和处理材料的流动，对产品进行测试和检验等。

计算机辅助教学(CAI)是指利用计算机辅助教师进行教学。使教学内容多样化、形象化，便于因材施教。如各种教学软件、试题库和专家系统等。

计算机辅助测试(CAT)是指利用计算机进行测试。利用计算机进行测试，可以自动测试集成电路的各种参数、逻辑关系等，并且可以实现产品的分类和筛选。

(5)人工智能

人工智能是指计算机具有像人一样的推理和学习功能，能够积累工作经验，具有较强的分析问题和解决问题的能力，这样的计算机具有了人的大脑功能。人工智能的表现形式多种多样，如利用计算机可以进行数学定理的证明、进行逻辑推理、实现人机对弈、医疗诊断、自动翻译、密码破译等。

(6)网络应用

计算机网络是计算机技术和通信技术互相渗透、不断发展的产物,是计算机应用的一个重要方面。目前应用最多的是因特网(Internet)。各种计算机网络,包括局域网和广域网的形成,无疑将加速社会信息化的进程。它包括电子邮件、电子数据交换、电子转账、快速响应系统、电子表单和信用卡交易等电子商务的一系列应用。

(7)办公自动化

办公自动化(OA)是指以计算机或数据处理系统来处理日常例行的各种事务工作,应具有完善的文字和表格处理功能。例如,起草各种文稿,收集、加工和输出各种资料信息等。办公自动化设备除计算机外,一般还包括复印机、传真机和通信设备等。

事实上,计算机的应用远远不止这些,由于计算机具有高速、自动的处理能力,具有存储大量信息的能力,还具有很强的推理和判断功能,因此,计算机已经被广泛应用于文化、娱乐和家庭生活等各个领域,几乎遍及社会的各个方面,并且仍然呈上升和扩展趋势。

1.2 计算机系统

1.2.1 计算机的组成

半个世纪以来,尽管各种类型计算机的性能、结构、应用等方面存在着差异,但是它们的基本组成结构却是相同的。计算机本质上是一种能够按照程序对各种数据和信息进行自动加工和处理的电子设备。一个完整的计算机系统,不论大型机、小型机还是微型机,都是由计算机硬件系统(简称硬件)和计算机软件系统(简称软件)两大部分组成的(如图 1-7 所示)。

(1)计算机硬件系统

硬件系统是构成计算机系统的物理实体或物理装置。它由运算器、控制器、存储器、输入设备及输出设备五大功能部件组成。各种各样的信息,通过输入设备,进入计算机的存储器,然后送到运算器,运算完毕把结果送到存储器存储,最后通过输出设备显示出来。整个过程由控制器进行控制。计算机的整个工作过程及基本硬件结构(如图 1-8 所示)。

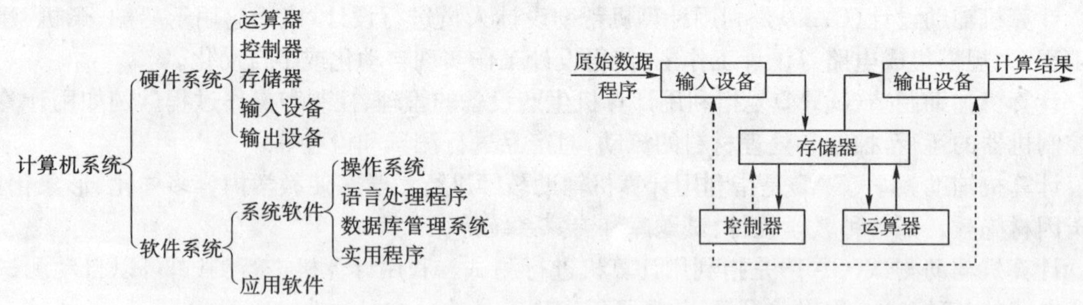

图 1-7 计算机系统组成

图 1-8 计算机的硬件系统结构

①运算器(Arithmetic Logic Unit,ALU)

运算器又称算术逻辑单元,是计算机对数据进行加工处理的部件。它的主要功能是对二进制数码进行加、减、乘、除等算术运算和与、或、非等基本逻辑运算,实现逻辑判断。运算器在控制器的控制下实现其功能,运算结果由控制器指挥送到内存储器中。

②控制器(Control Unit,CU)

控制器是计算机的神经中枢和指挥中心,负责统一指挥计算机各部分协调工作,使整个处理过程有条不紊地进行。控制器主要由指令寄存器、译码器、程序计数器和操作控制器等组成。它的基本功能是从内存中提取指令和执行指令,即控制器按程序计数器指出的指令地址从内存中取出该指令进行译码,然后根据该指令功能向有关部件发出控制命令,执行该指令。另外,控制器在工作过程中还要接受各部件反馈回来的信息。

③存储器 (Memory)

存储器具有记忆功能,是计算机的记忆部件,负责保存信息,如数据、指令和运算结果等。存储器可分为两种,内存储器与外存储器。

a. 内存储器

内存储器也称主存储器(简称内存或主存),它直接与 CPU 相连接,存储容量较小,但速度快,用来存放当前运行程序的指令和数据,并与 CPU、输入设备、输出设备直接交换或传递信息。内存储器一般采用半导体存储器。

根据工作方式不同,内存储器分为只读存储器和随机存储器两部分。常把向存储器存入数据的过程称为写入,而把从存储器读出数据的过程称为读出。

只读存储器(Read Only Memory,ROM)里的内容只能读出,不能写入。所以 ROM 的内容是不能随便改变的,即使断电也不会改变 ROM 所存储的内容。

随机存储器(Random Access Memory,RAM)在计算机运行的过程中可以随时读出所存放的信息,又可以随时写入新的内容或修改已经存入的内容。RAM 容量是计算机的一个重要指标。断电后,RAM 中的内容将全部丢失。

内存储器由许多存储单元组成,每个单元能存放一个二进制数或一条由二进制编码表示的指令。为了度量信息存储容量,将 8 位二进制码(8 bits)称为一个字节,字节(Byte,简称 B)是计算机中数据处理和存储容量的基本单位。

b. 外存储器(简称外存或辅存)

外存储器又称辅助存储器(简称辅存),它是内存的扩充。外存的存储容量大,价格低,但存储速度较慢,一般用来存放大量暂时不用的程序、数据和中间结果。需要时,可成批的和内存储器进行信息交换。外存只能与内存交换信息,不能被计算机系统的其他部件直接访问。常用的外存有软磁盘、硬磁盘、磁带和光盘等。

④输入/输出设备(Input/Output,I/O)

输入/输出设备简称设备。输入设备是计算机从外部获得信息的设备,其作用是把程序和数据信息转换为计算机中的电信号,存入计算机中。常用的输入设备有键盘、鼠标、扫描仪等。输出设备是将计算机内的信息以文字、数据、图形等人们能够识别的方式打印或显示出来的设备。常用的输出设备有显示器、打印机、绘图仪等。

人们通常把内存储器、运算器和控制器合称为计算机主机。而把运算器、控制器做在一个大规模集成电路块上称为中央处理器,又称 CPU(Central Processing Unit)。也可以说主机是由 CPU 与内存储器组成的,而主机以外的装置称为外部设备,外部设备包括输入/输出设备、外存储器等。

硬件系统如图 1-9 所示。

(2)计算机软件系统

计算机软件是指在硬件设备上运行的各种程序及其相关资料。程序是用于指挥计算机执行各种动作以完成指定任务的指令序列。

计算机软件系统由系统软件和应用软件两大部分组成。系统软件是为管理、监控和维护计算机资源所设计的软件,包括操作系统、数据库管理系统、语言处理程序、实用程序等。应用软件是为解决各种实际问题而专门研制的软件,例如文字处理软件、会计账务处理软件、工资管理软件、人事档案管理软件、仓库管理软件等。计算机软件系统分类,如图 1-10 所示。

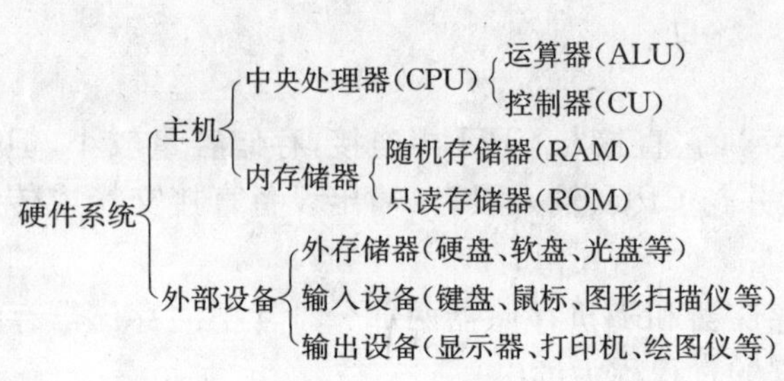

图 1-9 计算机硬件系统结构

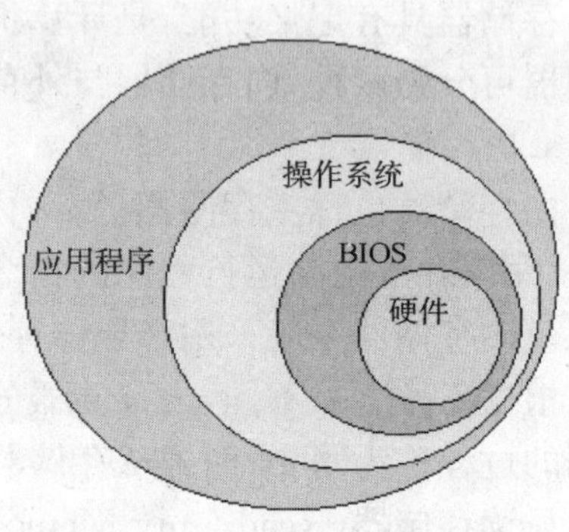

图 1-10 计算机软件系统分类

①系统软件

a. 操作系统(Operating System,OS)

操作系统是电子计算机系统中负责支撑应用程序运行环境以及用户操作环境的系统软件,同时也是计算机系统的核心与基石。它的职责常包括对硬件的直接监管、对各种计算资源(如内存、处理器时间等)的管理以及提供诸如作业管理之类的面向应用程序的服务等。操作系统是最重要的系统软件,用户通过操作系统使用计算机,其他软件则在操作系统提供的平台上运行。离开了操作系统,计算机便无法工作。DOS、Windows 95/98/2000/XP 等都是操作系统。支持多用户、多进程、多线程、实时性好、功能强大且稳定的 Linux 操作系统,在网络中得到了广泛的应用。

b. 计算机语言处理程序

计算机语言处理程序是用来对各种语言程序进行翻译,使之产生计算机可以直接执行的目标程序(用二进制代码来表示的程序)的各种程序的集合。计算机语言可以分为机器语言、汇编语言、高级语言三类。

机器语言是指计算机系统只能直接识别以数字代码表示的指令序列。它是最低层一级的计算机语言。不同的计算机系统(主要是 CPU 不同),其机器语言是不同的。因此,一台计算机用机器语言编写的程序不能在另一台计算机上运行。机器语言编写程序的难度较大,难以记忆,容易出错,因此很少有人使用机器语言编写程序。

汇编语言是各种 CPU 所提供的机器指令的助记符的集合,人们可以用汇编语言直接控制硬件系统进行工作,又叫符号语言。汇编语言比机器语言易于读写、调试和修改,同时具有机器语言全部优点。但在编写复杂程序时,相对高级语言,代码量较大,而且汇编语言依赖于具体的处理器体系结构，不能通用，因此不能直接在不同处理器体系结构之间移植。由于计算机不能直接识别和运行用汇编语言编写的程序，因此必须将源程序翻译成机器语言程序，计算机才能识别并执行，这个翻译的过程称为“汇编”，负责翻译的程序称为汇编程序。

由于机器语言和汇编语言都是面向机器的语言，因此被称为低级语言。低级语言需依赖于具体型号的计算机，并且它们开发的程序通用性很差。相对于机器语言和汇编语言，高级语言一般具有较好的可移植性。高级语言使用英语来表达，人们容易理解，编写程序简单，而且编写的程序可在不同类型的计算机上运行。

常用的高级语言有：

☆ FORTRAN(第一个高级语言，适合科学计算)；

☆ BASIC(交互式的编程语言，适合初学者学习)；

☆ Pascal(结构化的编程语言，适合专业教学)；

☆ C(灵活高效的编程语言，适合系统软件开发)；

☆ C++(面向对象程序设计语言)；

☆ Java(跨平台分布式面向对象程序设计语言)。

用高级语言或汇编语言编写的程序称为源程序，源程序不能被计算机直接识别和执行，必须通过翻译程序翻译成机器语言后，才能被计算机识别和执行。有两种转换方法：一种是编译方法，即源程序输入计算机后，用特定的编译程序将源程序翻译成由机器语言组成的目标程序，然后连接成可执行文件；另一种是解释方法，即源程序运行时由特定的解释程序对源程序进行解释处理，将源程序中的语句逐条翻译成计算机所能识别的机器代码，解释一条，执行一条，直至程序执行完毕。

c. 数据库管理系统(DBMS)

数据库管理系统是解决数据处理的非数值计算问题，主要操纵和管理数据库的软件。目前主要用于财务管理、图书资料管理、仓库管理和档案管理等数据处理。数据库是在计算机存储设备上存放的相关的数据集合。这些数据的特点是数据量大，数据处理的主要内容为数据的存储、修改、查询、排序、分类和统计等。数据库按结构可分为网状数据库、层次数据库和关系数据库。数据库技术是针对数据处理而产生发展起来的，至今仍不断的发展和完善，是计算机科学中发展最快的领域之一。常见的数据库管理系统有 FoxPro、DB2、Oracle、Informix、SQL Server、Sybase。

d. 服务性程序

服务性程序又称应用程序，是支持和维护计算机正常处理工作的一种系统软件。典型的应用程序有诊断程序、文本编辑程序等。

诊断程序(包括调试程序)负责对计算机设备的故障及对某个程序中的错误进行检测，以便作者排除和纠正，常见的诊断程序如 DEBUG、QAPLUS。

文本编辑程序是用户编制源程序或其他文本文件的工具，常见的文本编辑程序如 WPS、WORD。

②应用软件

应用语言是更接近人们的日常表达方式的语言，如数据库系统中用的结构化查询语言 SQL，因特网中常用的超文本标记语言 HTML 等。应用语言往往直接面向专门的应用领域，应用语言需要由高级语言及相应的应用软件包支持和执行。应用软件是为了解决各种实际问题而编写的计算机程序，由各种应用软件包和面向问题的各种应用程序组成。如企业管理系统、财务管理系统、人事档案管理系统、计算机辅助设计(CAD)等各类软件包。

综上所述，在计算机系统中，硬件系统和软件系统是相辅相成，缺一不可的。计算机硬件构成了计算机系统的物理实体，而各种软件充实了它的智能，使得计算机能够完成各项工作任务。只有在完善的硬件结构基础上配以先进的软件系统，才能充分发挥计算机的效能，构成一个完整的计算机系统。

1.2.2 计算机的工作原理

微型计算机工作的过程本质上就是执行程序的过程。程序是由若干条指令组成的，微型计算机逐条执行程序中的每条指令，即可完成一个程序的执行，从而完成一项特定的工作。计算机由若干功能部件组成，功能部件通过总线连接起来，组成一个有机的整体，各种总线通过总线控制器控制其使用。因此，了解微型计算机工作原理的关键，就是要了解总线的结构和工作原理以及指令执行的基本过程。

(1)计算机系统的总线结构

总线是计算机中传送信息的一组导线，采用总线结构可简化系统各部件之间的连接，使接口标准化，便于系统的扩充，总线是计算机系统中传送信息的通路，由若干条通信线构成。总线一般有三种类型，内部总线、系统总线、外部总线。在微型计算机中，总线主要由数据总线(Data Bus，DB)、控制总线(Control Bus，CB)、地址总线(Address Bus，AB)组成。

(2)指令与程序概述

指令是指计算机执行特定操作的命令。CPU 就是根据指令来指挥和控制微型机各部分协调动作，以完成规定的操作。计算机全部指令的集合叫做计算机指令系统。不同型号的计算机有不同的指令系统，从而形成各种型号计算机的特点和相互之间的差异。任何一条指令都包括两部分，操作码和地址码。操作码指明要完成操作的性质，如加、减、乘、除、数据传送、移位等；地址码指明参加上述规定操作的数据存放地址或操作数。

为解决某一具体问题或为达到某些目的，将指令和数据编写成一个相互联系的序列(在高级语言中则为语句和数据组成的序列)，称之为程序。如果所用指令编写的程序是计算机能直接理解和执行的二进制代码形式，那么所用指令系统称为机器语言，相应的程序称为机器语言程序。

(3)指令与程序的执行

微型计算机每执行一条指令均分成三个阶段进行：取指令(Fetch)、分析指令(Decode)和执行指令(Execute)。取指令阶段的任务是根据程序计数器 PC 中的值从存储器读出现行指令，送到指令寄存器 IR，然后 PC 启动加 1 指向下一条指令地址。

1.2.3 常用数量单位

计算机中的信息单位都基于二进制，常用的信息单位有以下几种。

(1)位，也称比特，记为 bit 或 b。位是计算机中最小的数据单位，计算机中最直接、最基本的操作就是对二进制位的操作。

(2)字节,记为 Byte 或 B,是计算机中信息的基本单位,表示 8 个二进制数位。例如 $(10101101)_2$ 占有 1 个字节。在计算机中一般以字节为单位。

$$1\text{kB}=2^{10}\text{B}=1\,024\text{B}$$

$$1\text{MB}=2^{20}\text{B}=1\,024\text{kB}$$

$$1\text{GB}=2^{30}\text{B}=1\,024\text{MB}$$

$$1\text{TB}=2^{40}\text{B}=1\,024\text{GB}$$

(3)字长,是指计算机能直接处理的二进制信息的位数,是计算机的一个重要指标。字长是由 CPU 内部的寄存器、加法器和数据总线的位数决定的。它的大小直接关系到计算机的计算精度以及寻址能力。字长越长、精度越高、速度越快,存放数据的存储单元越多,寻找地址的能力越强,价格也越高。当前计算机的字长有 16 位、32 位和 64 位。例如,80286 为 16 位,80386 和 80486 为 32 位,奔腾和奔腾 II 以及奔腾 III 为 64 位。

(4)时钟频率也称为主频,它是指 CPU 在单位时间(s)所发出的脉冲数,单位为兆赫兹(MHz)。它在很大程度上决定了计算机的运算速度,各种微处理器的时钟频率不同,时钟频率越高,运算速度就越快。它是反映计算机速度的一个重要的间接指标。

1.3 数制的概念

数据是能被计算机接受和处理的符号集合,信息是数据经过加工处理以后的结果,是有意义的数据内容。计算机最主要的功能是处理信息,使用计算机处理信息时,首先必须要使计算机能够识别信息。信息的表示有两种形态:一种是人类可识别、理解的信息形态,另一种是计算机能够理解和识别的信息形态。

在计算机中,信息的表示与处理都采用二进制数,因为二进制数只有两个数码"0"和"1",电路的开关、电压的高低、脉冲的有无等状态非常容易表示,而且二进制数的运算法则简单,容易用电路实现。由于二进制数的书写、阅读和记忆都不方便,因此人们又采用八进制和十六进制,既便于书写、阅读和记忆,又可方便地与二进制转换。在表示非十进制数时,通常用小括号将其括起来,数制则以下标形式注在括号外,如$(1011)_2$、$(135)_8$ 和$(2C7)_{16}$。

进位计数制逢 N 进 1,N 是指进位计数制表示一位数所需要的符号数目,称为基数。处在不同位置上的数字所代表的值是确定的,这个固定位上的值称为位权,简称"权",即"进位"。各进位制中位权的值恰巧是基数的若干次幂。因此,任何一种数制表示的数都可以写成按权展开的多项式之和。

设一个基数为 r 的数值 N,$\text{N}=(d_{n-1},d_{n-2},\cdots,d_1,d_0,d_{-1},\cdots,d_{-m})$,则 N 的展开为:

$$\text{N}=d_{n-1}\times r^{n-1}+d_{n-2}\times r^{n-2}+d_1\times r^1+d_0\times r^0+d_{-1}\times r^{-1}+\cdots+d_{-m}\times r^{-m}$$

1.3.1 十进制

人们在日常生活中习惯使用十进制记数,十进制数的特点是用 0~9 十个数字的多位组合代表不同的数,以 10 为基数。运算规律是"逢十进一"。

观察十进制数 231.43,这个数可写成如下等式

$$231.43=2\times10^2+3\times10^1+1\times10^0+4\times10^{-1}+3\times10^{-2}$$

在十进制数中，0～9 这十个数字的值取决于其在数中的位置。例如 231.43 这个数中的 3，在整数部分的值是 3×10^1，而在小数部分的值是 3×10^{-2}。而且，每个位置都有固定的权值，即个位为 10^0，十位为 10^1，百位为 10^2，依此类推；小数点后第一位为 10^{-1}，第二位 10^{-2}，依此类推。通常将每个位置上的固定的值称为位权。对十进制数来说，位权是以 10 为基数的幂。上面的等式就是按权展开的形式。

1.3.2　二进制

二进制数是用 0 和 1 两个数码组成的一组数字，以 2 为基数，运算规律是“逢二进一”。二进制数的位权是以 2 为基数的幂。

下面比较二进制数与十进制数的对应关系（如表 1-1 所示）。

二进制数与十进制数的对应关系　　表 1-1

十进制数	二进制数	十进制数	二进制数
0	0	4	100
1	1	5	101
2	10	6	110
3	11	…	…

从上面可以看到，如果一个 3 位的十进制数，用二进制数表示，则位数比较长，显然不易使用。为了更方便地表示二进制数，引入八进制数和十六进制数（二进制数非常容易转换成八进制数和十六进制数）。

1.3.3　八进制

八进制数是用 0～7 八个数码组成的一组数字，以 8 为基数，运算规律是“逢八进一”。八进制数的位权是以 8 为基数的幂。

如：

$$(1234.5)_8=1\times8^3+2\times8^2+3\times8^1+4\times8^0+5\times8^{-1}=668.625$$

1.3.4　十六进制

十六进制数是用 0～9 以及 A，B，C，D，E，F 共十六个数码组成的一组数字，以 16 为基数，运算规律是“逢十六进一”。其中，A～F（或 a～f）分别表示十进制数中的 10～15。十六进制数的位权是以 16 为基数的幂。

为区分这几种进制数，规定在数的后面加 D 表示十进制数（也可省略不加），加字母 B 表示二进制数，加字母 O 表示八进制数，加字母 H 表示十六进制数。例如：11D 或 11 都表示是十进制数，11B 表示二进制数，11O 表示八进制数，11H 表示十六进制数。也可用基数作下标表示，如 $(10)_{10}$ 或 10 表示十进制数，$(10)_2$ 表示二进制数，$(10)_8$ 表示八进制数，$(10)_{16}$ 表示十六进制数。

1.3.5 数制间的相互转换

各数制间的相互转换，见表 1-2。

各数制间的相互转换　　表 1-2

二进制	八进制	十进制	十六进制	二进制	八进制	十进制	十六进制
0000	0	0	0	1000	10	8	8
0001	1	1	1	1001	11	9	9
0010	2	2	2	1010	12	10	A
0011	3	3	3	1011	13	11	B
0100	4	4	4	1100	14	12	C
0101	5	5	5	1101	15	13	D
0110	6	6	6	1110	16	14	E
0111	7	7	7	1111	17	15	F

(1)二、八、十六进制转换为十进制

转换方法是，把要转换的数按位权展开，然后进行相加计算。

【例 1-1】 $(10101.101)_2$、$(2345.6)_8$ 和$(2EF.8)_{16}$转换成十进制数。

$$(10101.101)_2=1\times2^4+0\times2^3+1\times2^2+0\times2^1+1\times2^0+1\times2^{-1}+0\times2^{-2}+1\times2^{-3}=21.625$$

$$(2345.6)_8=2\times8^3+3\times8^2+4\times8^1+5\times8^0+6\times8^{-1}=1\,253.75$$

$$(2EF.8)_{16}=2\times16^2+14\times16^1+15\times16^0+8\times16^{-1}=751.5$$

(2)十进制转换为二、八、十六进制

转换分两步：整数部分用 2(或 8、16)一次次地去除，直至商为 0，将得到的余数按出现的逆顺序写出，小数部分用 2(或 8、16)一次次地去乘，直至小数部分为 0 或达到有效的位数，将得到的整数按出现的顺序写出。

【例 1-2】 将 13.6875 转换为二进制数

整数部分(13)	小数部分(0.6875)
13÷2=6……1	$0.6875\times2=\underline{1}.375$
6÷2=3……0	$0.375\times2=\underline{0}.75$
3÷2=1……1	$0.75\times2=\underline{1}.5$
1÷2=0……1	$0.5\times2=\underline{1}.0$
$13=(1101)_2$	$0.6875=(0.1011)_2$

$13.6875=(1101.1011)_2$

或另外一种书写形式亦可(如例 1-3)。

【例 1-3】 将十进制数 39 转化为二进制数

除数	被除数	余数
2	39	
2	19	……1
2	9	……1
2	4	……1
2	2	……0
2	1	……0
2	0	……1

$(39)_{10}=(100111)_2$

【例 1-4】 将 654.3 转换为八进制数,小数部分精确到 4 位

整数部分(654)	小数部分(0.3)
654÷8=81……6	$0.3\times8=\underline{2}.4$
81÷8=10……1	$0.4\times8=\underline{3}.2$
10÷8=1……2	$0.2\times8=\underline{1}.6$
1÷8=0……1	$0.6\times8=\underline{4}.8$
$654=(1216)_8$	$0.3\approx(0.2314)_8$

$654.3\approx(1216.2314)_8$

【例 1-5】 将 6699.7 转换为十六进制数,小数部分精确到 4 位

整数部分(6699)	小数部分(0.7)
6699÷16=418……11(B)	$0.7\times16=\underline{11}.2$(B)
418÷16=26……2	$0.2\times16=\underline{3}.2$
26÷16=1……10(A)	$0.2\times16=\underline{3}.2$
1÷16=0……1	$0.2\times16=\underline{3}.2$
$6699=(1A2B)_{16}$	$0.7\approx(0.B333)_{16}$

$6699.7\approx(1A2B.B333)_{16}$

(3)二进制转换为八、十六进制

因为 $2^3=8$、$2^4=16$,所以 3 位二进制数相当于 1 位八进制数,4 位二进制数相当于 1 位十六进制数。二进制转换为八、十六进制时,以小数点为中心分别向两边按 3 位或 4 位分组,最后一组不足 3 位或 4 位时,用 0 补足,然后把每 3 位或 4 位二进制数转换为八进制数或十六进制数。

【例 1-6】 将 $(1010101010.1010101)_2$ 转换为八进制数和十六进制数。

001	010	101	010	.	101	010	100
1	2	5	2	.	5	2	4

即 $(1010101010.1010101)_2=(1252.524)_8$

0010	1010	1010	.	1010	1010
2	A	A	.	A	A

即 $(1010101010.1010101)_2=(2AA.AA)_{16}$

(4)八、十六进制转换为二进制

这个过程是上述(3)的逆过程,1位八进制数相当于3位二进制数,1位十六进制数相当于4位二进制数。

【例1-7】 将$(1357.246)_8$和$(147.9BD)_{16}$转换为二进制数。

1 3 5 7 . 2 4 6

001 011 101 111 . 010 100 110

即$(1357.246)_8=(1011101111.01010011)_2$

1 4 7 . 9 B D

0001 0100 0111 . 1001 1011 1101

即$(147.9BD)_{16}=(101000111.100110111101)_2$

【例1-8】 将十六进制数7CE转换为二进制数。

十六进制数: 7 C E

↓ ↓ ↓

二进制数: 0111 1100 1110

即:$(7CE)_{16}=(11111001110)_2=(1998)_{10}$

1.4 计算机中的码制

(1)BCD码

BCD码(十进制数的二进制编码)是一种具有十进制位权的二进制编码,即一种既能为计算机所接受,又基本符合十进制数运算习惯的二进制编码。每位十进制数用四位二进制数码表示,其码位的权值自左向右依次是8、4、2、1,因此又称为8421-BCD码。值得注意的是,四位二进制数有16种状态,但BCD码只选用0000~1001来表示0~9十个数码。例如846的BCD码为:$(846)_{10}=(1000\ 0100\ 0110)_{BCD}$。

BCD码的种类较多,常用的有8421码、2421码、余3码和格雷码等,其中最为常用的是8421 BCD编码。因十进制数有10个不同的数码0~9,必须要用4位二进制数来表示,而4位二进制数可以有16种状态,因此取4位二进制数顺序编码的前10种,即0000B~1001B为8421码的基本代码,1010B~1111B未被使用,称为非法码或冗余码。8421 BCD编码表,如表1-3所示。

8421 BCD编码表 表1-3

十进制数	8421码	十进制数	8421码
0	0000B	8	1000B
1	0001B	9	1001B
2	0010B	10	00010000B
3	0011B	11	00010001B
4	0100B	12	00010010B
5	0101B	13	00010011B
6	0110B	14	00010100B
7	0111B	15	00010101B

(2)ASCII 码

由于计算机中采用二进制编码存储信息，所以输入计算机中的所有数字、字符和符号等信息均要用二进制编码表示。目前在计算机中普遍采用的编码是 ASCII 码(American Standard Code for Information Interchange，美国国家标准信息交换码)。每个 ASCII 码用 8 个二进制位(一个字节)表示。ASCII 码有 7 位版本(表 1-4)和 8 位版本两种。在 7 位版本中 ASCII 码中二进制的最高位为 0，7 位二进制位的表示范围是 0～127(00000000～01111111)，所以基本 ASCII 码能表示 128 个字符编码。它包含 10 个数字、52 个大小写英文字母、32 个标点符号、运算符和 34 个控制码。例如字母 A 的 ASCII 码为$(01000001)_2$对应的十进制数为 65。符号@的 ASCII 码为$(01000000)_2$需要指出的是 ASCII 码与二进制数是有区别的，例如，十进制数(用 8 位)为$(00000101)_2$，它表示数的大小，可以进行数值运算，而 5 的 ASCII 码为$(00110101)_2$，它仅表示一个字符而已，不能参与数值运算。

7 位基本 ASCII 码(美国国家标准信息交换码)表　　表 1-4

b7b6b5 / b4b3b2b1	000	001	010	011	100	101	110	111
0000	NUL	DLE	SP	0	@	P		p
0001	SOH	DC1	!	1	A	Q	a	q
0010	STX	DC2	“	2	B	R	b	r
0011	ETX	DC3	#	3	C	S	c	s
0100	BOT	DC4	$	4	D	T	d	t
0101	ENQ	NAK	%	5	E	U	e	u
0110	ACK	SYN	&	6	F	V	f	v
0111	BLE	ETB	‘	7	G	W	g	w
1000	BS	CAN	(	8	H	X	h	x
1001	HT	EM	)	9	I	Y	i	y
1010	LF	SUB	*	:	J	Z	j	z
1011	VT	ESC	+	;	K	[	k	}
1100	FF	FS	,	<	L	\	l	|
1101	CR	GS	-	=	M	]	m	}
1110	SO	RS	.	>	N	↑	n	～
1111	SI	US	/	?	O	↓	o	DEL

注：NUL：空白　SOH：标题开始　STX：正文开始　ETX：正文结束　EOT：传输结束　ENQ：询问　ACK：应答　BEL：告警　BS：退格　HT：横向列表　LF：换行　VT：垂直列表

(3)国标码

由于汉字的内码没有统一的标准，因此在不同的计算机系统之间使用汉字的内码来交换汉字信息可能导致失败。为便于各计算机系统之间能够准确无误地交换汉字信息，必须规定一种专门用于汉字信息交换的统一编码，这种编码称为汉字的交换码。我国于 1980 年颁布了《信息交换用汉字编码字符集—基本集》，代号为 GB 2312—80，这种编码称为国标码。

第 2 章　中文 Windows XP

Windows XP 是目前微软公司系列产品中生命持续时间最长，市场占有率最高，性能非常优秀的一款产品。Windows XP 在继承了早期版本优点的基础上，使用更加成熟的技术，不仅外观设计焕然一新，桌面风格清新明快、优雅大方，而且其系统性能得到了明显的提高，功能更加完善，使用更加方便，对娱乐的支持更好，计算机安全性更高。因此，它很快取代了早期的操作系统，成为人们生活、办公应用中的主流操作系统。通过本章的学习，应掌握 Windows XP 的基本操作，包括启动和退出、桌面的设置、文件和文件夹的操作、添加/删除程序、安装新硬件、附件的使用等内容。

2.1　Windows XP 的基本使用

2.1.1　Windows XP 概述

(1) Windows XP 的新增功能

①全新的用户界面设计

Window XP 采用清新明快的视觉设计，给用户以更好的视觉享受。新增"桌面清理向导"，可以定期将最近未使用过的桌面快捷方式进行清理，使桌面看起来更为简洁。分组任务栏可以将许多任务自动汇编到一个组，竖向排列起来，节省使用空间；同时，菜单设计更为人性化，并将电子邮件与 IE 浏览器，以及"我的图片"、"我的音乐"等常用图标都放在更加醒目的位置。

②强大的网络功能

Windows XP 集合了多项网络强化功能，自带了微软公司最新版本的集成软件 MSN Explorer，NetMeeting，Windows Messenger。通过这些软件，用户可以轻松地上网冲浪，与朋友进行交流、管理财务、收听音乐、参加各种讨论及进行网上购物等。使用"网络安装向导"，用户还可以轻松的组建一个家庭网络或小型办公网络。

③全新的多媒体性能

强大的数字媒体播放器可以播放 CD、VCR、DVD 等多种格式的音频、视频文件，Windows XP还提供了对扫描仪和照相机等数码设备的支持，用户可以通过 CD-RW 设备制作自己的音乐 CD、个人相册。Windows Movie Maker 可以对便携式摄像机或者是数码摄像机中的影音资料进行捕捉、编辑，并将音频、视频文件合成电影；当编辑完成后，用户可以以电子邮件的方式将此程序发送给家人和朋友，与他们共享，或者发送至网站在网上进行公布。

④强大的系统还原

Windows XP 的系统管理工具中新增了"系统还原"这一功能。如果用户的计算机系统因某些原因产生不稳定，从而影响系统的正常运行，使用"系统还原"功能可以撤销所做的更改，还原到原先稳定的状态，而在整个还原的过程中，不会使最近保存的文件、电子邮件等内容丢失，且整个过程是可逆的。

⑤Clear Type 技术

随着液晶显示器应用的越来越广泛，Windows XP 相应新增了 Clear Type 技术。通过该技术，使用液晶显示器或者是便携式电脑的用户将获得更高质量的画面效果，字体的边缘在屏幕上显示会更平滑，使字体变得清晰易读。

⑥更好的多用户管理

Windows XP 允许在一台机器上配置多个用户账号，不同的用户可以使用同一台计算机而进行个性化的设置。在 Windows XP 环境下切换用户账户的时候，不需要重新启动计算机，就可以快速切换用户账户。

(2)Windows XP 系统的安装、启动和退出

①Windows XP 的安装

Windows XP 的安装可以通过多种方式进行，通常使用升级安装、全新安装、双系统共存安装三种方式。

☆ 升级安装：如果用户的计算机上安装了 Windows 98/Me/NT/2000 等其他版本的 Windows 操作系统，可以覆盖原有的系统而升级到 Windows XP 版本。中文版的操作系统核心代码是基于 Windows 2000 的，所以从 Windows NT4.0/2000 上进行升级安装是很容易的。

☆ 全新安装：当用户的计算机里没有任何操作系统或者机器上原有的操作系统已被格式化，可以采用这种方式进行安装。在安装时需要在 DOS 状态下进行，用户可先运行 Windows XP 的安装光盘，找到相应的安装文件，然后在 DOS 命令行下执行 Setup 安装命令，在安装系统向导提示下用户可以完成相关的操作。

☆ 双系统共存安装：如果用户的计算机上已经安装了操作系统，也可以在保留现有系统的基础上安装 Windows XP，新安装的 Windows XP 将被安装在一个独立的分区中，与原有的系统共同存在，但彼此之间不会互相影响。当这样的双操作系统安装完成，重新启动计算机后，显示屏上会出现系统选择菜单，用户可以选择所要使用的操作系统。

Windows XP 的安装过程非常简单，无论采用哪种安装方式，都不需要用户做太多的工作，整个过程几乎是全自动的。如图 2-1 所示，其安装过程可分为收集信息、动态更新、准备安

图 2-1 “欢迎使用 Windows 安装程序”对话框

装、安装 Windows、完成安装五个步骤。由于使用安装方式的不同，整个安装过程进行步骤也是不同的，用户可根据实际情况具体对待，只要按照安装程序向导的提示进行即可成功安装 Windows XP。

②Windows XP 的启动

如果 Windows XP 已经成功地安装到计算机上，当打开计算机的电源时，计算机进入自检状态，如果计算机安装多个操作系统，如同时有 Windows XP、Windows 2000 两个操作系统，这时屏幕会出现一个选择菜单，让用户选择使用哪一个操作系统。按键盘上的方向键选择 Microsoft Windows XP Professional 项，然后按【Enter】键，计算机将开始启动 Windows XP 操作系统，启动正常后，系统便进入到 Windows XP 的登录界面，如图 2-2 所示。此时，选择相应的用户名，若该用户名设置了密码，则输入该用户名的密码即可进入 Windows XP。

图 2-2　Windows 登录界面

③Windows XP 的退出

在完成对计算机的使用时，选择【开始】菜单的【关机计算机】命令按钮，这时系统会弹出一个“关闭计算机”对话框，用户可在此界面做出选择，如图 2-3 所示。

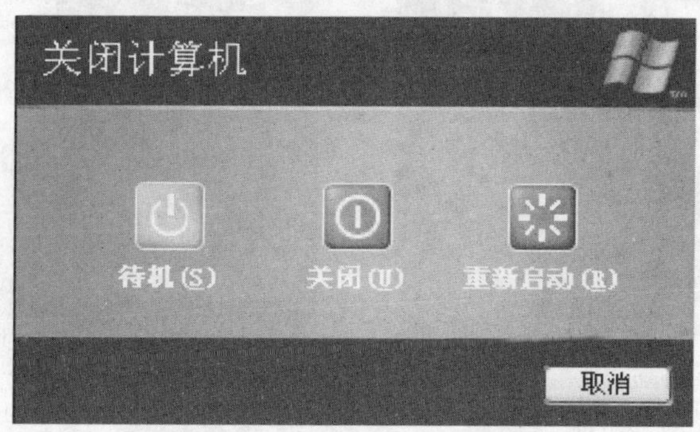

图 2-3　“关闭计算机”对话框

其各自的含义如下。

☆【待机】:选择此项后，显示器和硬盘将被关闭，用户正在处理的信息将保存在内存中，计算机转入低功耗状态，当用户想继续处理这些信息时，移动鼠标即可恢复到原来的状态。当用户暂时离开计算机，而又不希望其他人使用他在计算机上的资源时，就可以使用此项。

☆【关闭】:选择此项后,系统将关闭所有的应用程序,保存设置退出,并且会自动关闭电源。用户不再使用计算机时选择该项可以安全关机。

☆【重新启动】:选择此项后,先关闭计算机系统,然后重新启动。

在关闭 Windows XP 之前,用户要关掉所有外部的程序和文件,并确保其他用户没有正在运行的任务。如果在关闭计算机时仍有其他用户正在使用它,则其他用户会丢失所有尚未保存的工作。如果未退出 Windows XP 就关闭电源,系统将认为这是非正常关机,因此在下次开机时会自动执行磁盘扫描程序。

2.1.2 Windows XP 中的一些基本概念和操作

● 鼠标的使用

在使用 Windows XP 时,许多操作都是通过鼠标来完成的,鼠标最常用的操作有以下几种。

☆ 移动:握住鼠标进行移动时,计算机屏幕上的鼠标指针就随之移动。在通常情况下,鼠标指针的形状是一个小箭头,如图 2-4 所示。

☆ 单击:快速按下并释放鼠标左键。单击一般用于完成选中某一程序或图标。例如,将鼠标指针移动到【我的电脑】图标上单击,则可以选中此图标,如图 2-4 所示。

☆ 双击:快速连续两次单击。一般情况下,双击表示选中并执行的意思。

☆ 右击:快速按下并释放鼠标右键,通常用于调出所选对象的快捷菜单。在不同位置右击,所打开的快捷菜单是不一样的。例如,在【我的电脑】图标上右击,将打开如图 2-5 所示的快捷菜单。

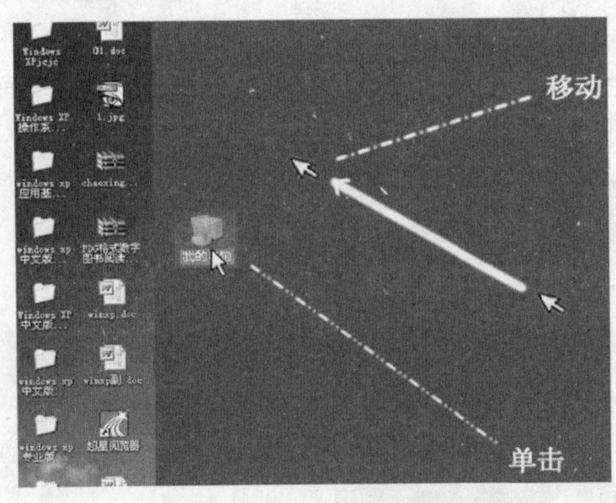

图 2-4　鼠标移动和单击效果图

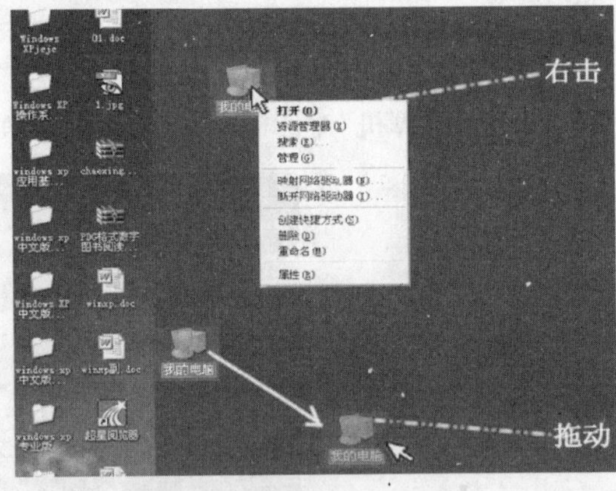

图 2-5　鼠标右键和拖动效果图

☆ 拖动:一般是指将某个对象从一个位置移动到另一个位置的过程。例如,要移动【我的电脑】图标的位置,就可以将鼠标指针移动到该图标对象上面,然后按下鼠标左键不放,并拖动鼠标到另一个位置后再释放鼠标,如图 2-5 所示。这样,就可以将该图标移动到新的位置。有时候,拖动操作是一个选中的过程,在桌面左上角空白处按下鼠标左键不放并向右下角拖动,直至要选中的图标均选中后再释放鼠标,就可以选中多个图标对象。

2.2 Windows XP 的核心——桌面系统

对于很多的上班族来说，多数工作都是从办公桌上开始的，在 Windows XP 中的操作通常也是从【桌面】上开始的。Windows XP 以其简洁、友好的桌面获得了广大计算机用户的喜爱。不但如此，与以往的操作系统相比，Windows XP 的桌面更是增加了许多新颖、实用的功能。

2.2.1 桌面布置及调整

启动 Windows XP 后看到的第一个界面(如图 2-6 所示)，就是我们通常所说的桌面，即屏幕工作区。

与 Windows 2000 不同，Windows XP 的桌面很“干净”，【我的电脑】、【网上邻居】等图标都被“取消”，只剩下一个【回收站】图标，留给用户更多自定义的功能，用户可以通过桌面设置打造自己的个性空间，创建完美的桌面外观。

(1)设置桌面背景

用户可以任意选择所喜爱的图片或颜色作为桌面的背景。设置桌面背景的操作步骤如下。

①右击桌面任意空白处，在弹出的快捷菜单中选择【属性】命令，或单击【开始】按钮，选择【控制面板】命令，在弹出的“控制面板”对话框中双击【显示】图标。

②打开“显示属性”对话框，选择“桌面”选项卡，如图 2-7 所示。

图 2-6 Windows XP 桌面

图 2-7 “桌面”选项卡

③在“背景”列表框中可选择自己喜欢的背景图片，在上方预览窗口中可以看到背景图片的效果，也可以单击【浏览】按钮，在本地磁盘或网络中选择其他图片作为桌面背景。在【位置】下拉列表中有居中、平铺和拉伸三种选项，可调整背景图片在桌面上的位置。若用户想用纯色作为桌面背景颜色，可在【背景】列表中选择【无】选项，在【颜色】下拉列表中选择喜欢的颜色，单击【应用】按钮即可。

(2)设置屏幕保护

对于显示器来说，如果在工作过程中屏幕内容长期不变，将会减少显示器的寿命，并可能会造成屏幕的损伤，因此如果在一段时间内不用计算机时，可以通过设置屏幕保护程序以动态的画面显示屏幕，以保护屏幕不受损坏。

设置屏幕保护的操作步骤如下。

①右击桌面任意空白处，在弹出的快捷菜单中选择【属性】命令，或单击【开始】按钮，选择【控制面板】命令，在弹出的“控制面板”对话框中双击【显示】图标。

②打开“显示属性”对话框，选择“屏幕保护程序”选项卡，如图 2-8 所示。

③在该选项卡的“屏幕保护程序”选项组中的下拉列表中选择一种屏幕保护程序，在选项卡的显示器中即可看到该屏幕保护程序的显示效果。单击【设置】按钮，可对该屏幕保护程序进行一些设置；单击【预览】按钮，可预览该屏幕保护程序的效果，移动鼠标或操作键盘即可结束屏幕保护程序；若计算机一段时间无人使用，则会自动启动该屏幕保护程序。

(3)更改显示外观

Windows XP 在登录后，系统使用的是【Windows 标准】的颜色、大小、字体等设置。但用户也可以根据自己的喜好更改桌面、消息框、活动窗口和非活动窗口等的颜色、大小、字体等。更改显示外观的操作步骤如下。

①右击桌面任意空白处，在弹出的快捷菜单中选择【属性】命令，或单击【开始】按钮，选择【控制面板】命令，在弹出的“控制面板”对话框中双击【显示】图标。

②打开“显示属性”对话框，选择“外观”选项卡，如图 2-9 所示。

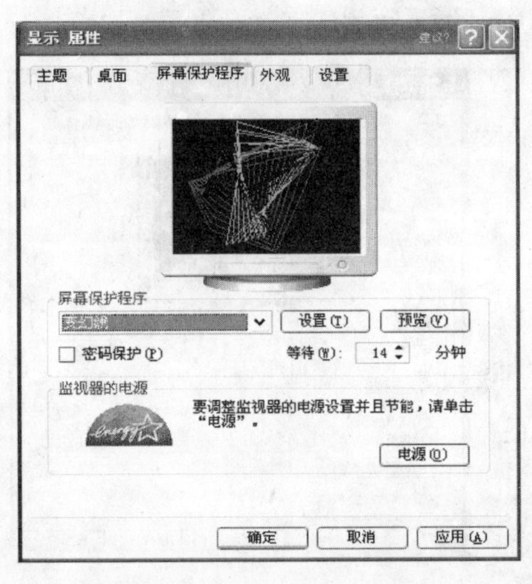

图 2-8 “屏幕保护程序”选项卡

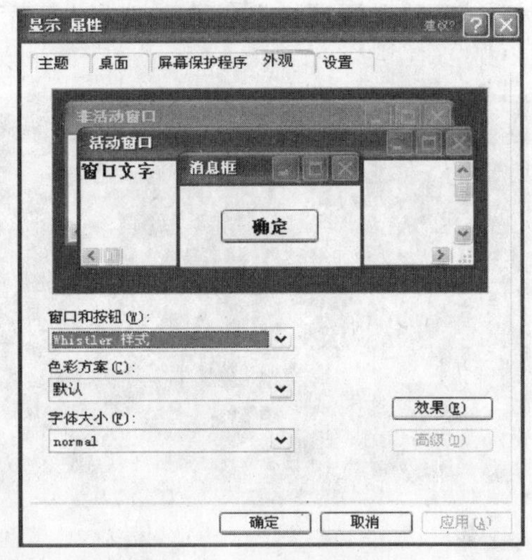

图 2-9 “外观”选项卡

③在该选项卡中的“窗口和按钮”下拉列表中有“Whistler 样式”和“Windows 经典”两种样式选项。若选择“Whistler 样式”选项，则“色彩方案”和“字体大小”只可使用系统默认方案；若选择“Windows 经典”选项，则“色彩方案”和“字体大小”下拉列表中提供有多种选项供用户选择。单击【高级】按钮，将弹出“高级外观”对话框，如图 2-10 所示。

在该对话框中的“项目”下拉列表中提供了所有可进行更改设置的选项，用户可单击显示框中的想要更改的项目，也可以直接在“项目”下拉列表中进行选择，然后更改其大小和颜色等。

④设置完毕后，单击【确定】按钮，回到“外观”选项卡中。

⑤单击【效果】按钮，打开“效果”对话框，如图 2-11 所示。

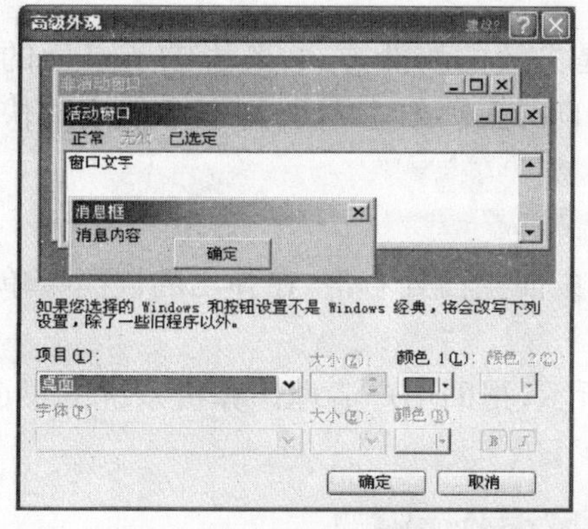

图 2-10 “高级外观”对话框

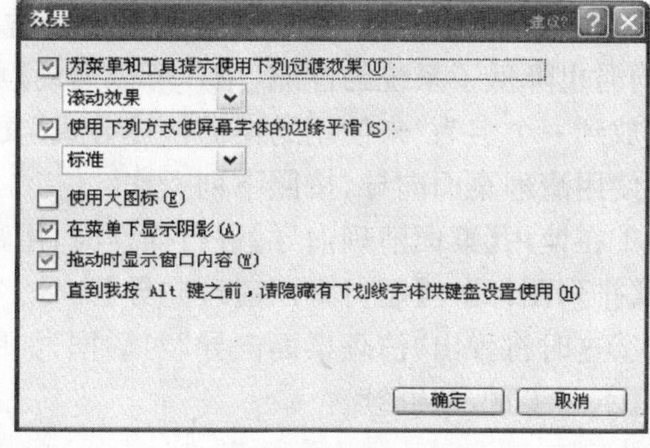

图 2-11 “效果”对话框

⑥在该对话框中可进行显示效果的设置，单击【确定】按钮回到“外观”选项卡中。

⑦单击【应用】和【确定】按钮，即可应用所选设置。

(4)调整显示效果

用户可以通过调整屏幕分辨率、颜色设置等选项进行调节，使用户达到比较理想的视觉效果，对于一些专业从事图形图像处理的用户来说，通过调节还可以达到比较高的屏幕分辨率，“设置”选项卡如图 2-12 所示。

在“屏幕分辨率”选项中，用户可以拖动小滑块来调整其分辨率，如图 2-12 所示。分辨率越高，在屏幕上显示的信息越多，画面就越逼真。在“颜色质量”下拉列表框中有：中(16 位)、高(24 位)和最高(32 位)三种选择。显卡所支持的颜色质量位数越高，显示画面的质量越好。用户在进行调整时，要注意自己的显卡配置是否支持高分辨率，如果盲目调整，则会导致系统无法正常运行，单击【高级】按钮，弹出一个当前显示属性对话框，其中包括显示器及显卡的硬件信息和一些相关的设置，如图 2-13 所示。

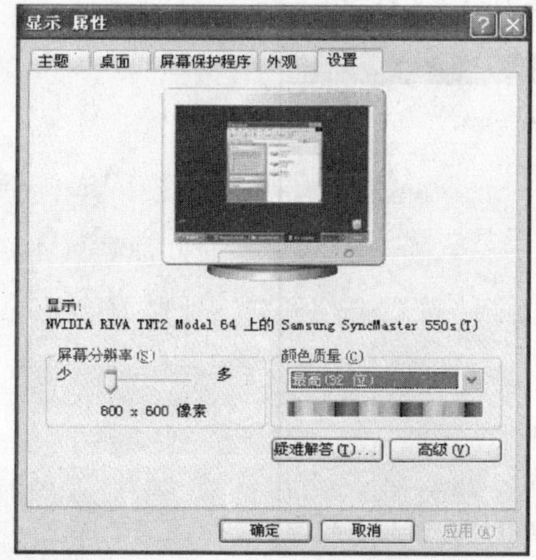

图 2-12 “设置”选项卡

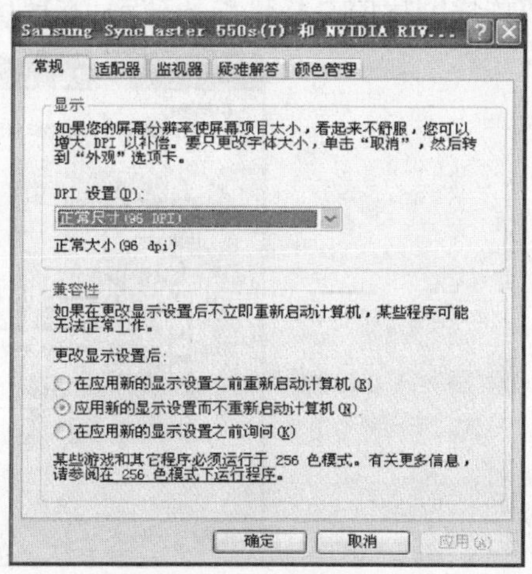

图 2-13 “常规”选项卡

在"常规"选项卡中,如果把屏幕分辨率调整得使屏幕项目看起来太小,可以通过增大 DPI(分辨率单位:像素每英寸)的方式来补偿,正常尺寸为 96DPI。

(5)使用清理桌面向导

长期使用电脑,桌面上常常留有很多不常用或者是失效的快捷方式,既影响了桌面的美观,同时也降低了系统的性能,用户可以启动【桌面清理向导】来清理桌面,将不常使用的快捷方式放到一个名为"未使用的桌面快捷方式"文件夹中。

使用清理桌面向导,按照下列操作。

①在使用【桌面清理向导】进行操作时,用户可以在桌面空白处右击,在弹出的快捷菜单中选择【排列图标】→【运行桌面清理向导】命令。

②这时将弹出"清理桌面向导"对话框,如图 2-14 所示,帮助用户清理计算机系统的桌面,单击【下一步】按钮继续。

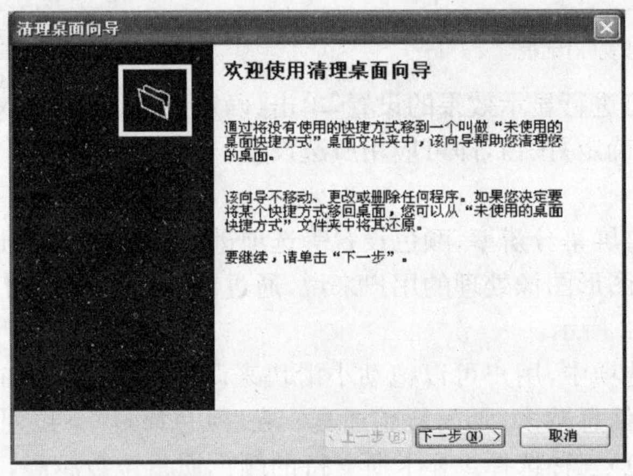

图 2-14 "清理桌面向导"对话框

③这时弹出"清理快捷方式"的对话框,如图 2-15 所示。用户可以选择需要清理的快捷方式,所选择的快捷方式将被移动到"未使用的桌面快捷方式"文件夹。

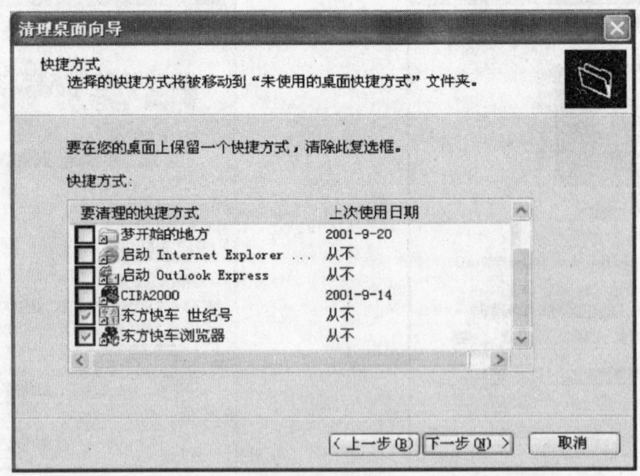

图 2-15 "清理快捷方式"对话框

④当用户根据向导提示操作完成后，所选的快捷方式在桌面上消失，而在桌面上出现一个“未使用的桌面快捷方式”文件夹。

⑤如果用户需要撤销以前的操作，使清理掉的快捷方式重新恢复到桌面，可以在桌面上双击“未使用的桌面快捷方式”文件夹，在“未使用的桌面快捷方式”对话框中选择【编辑】→【撤销移动】命令，即可还原已清理的快捷方式，如图 2-16 所示。

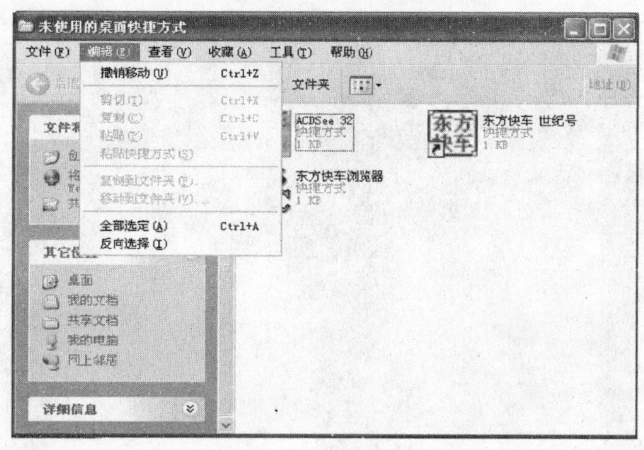

图 2-16　撤销移动

2.2.2　任务栏的调整

任务栏就是桌面底部的一条蓝色长条，它的最左端是【开始】按钮，接着是快速启动工具栏，中间的大部分区域就是最小化窗口按钮栏，最右端是指示器栏，如图 2-17 所示。

图 2-17　任务栏

根据操作系统和软件安装与配置的不同，在任务栏上显示的图标也不尽相同，甚至可以根据自己的个人喜好设置任务栏。

(1)隐藏任务栏

任务栏显示在屏幕上会占用屏幕空间，当用户在浏览图片和放映 VCD 或 DVD 电影时，任务栏都会出现在桌面的底部，无法看到完整的信息；在这些情况下，用户可以将任务栏设置成自动隐藏的。这样，当用户把鼠标移动到任务栏以外的区域时，任务栏就会隐藏起来；当用户需要使用任务栏时，把鼠标移动到任务栏原先所在的区域时，任务栏就会重新出现。

将任务栏设置成自动隐藏的操作步骤如下。

①在任务栏的空白处单击鼠标右键，打开任务栏菜单。

②单击【属性】，打开“任务栏和「开始」菜单属性”对话框，如图 2-18 所示。

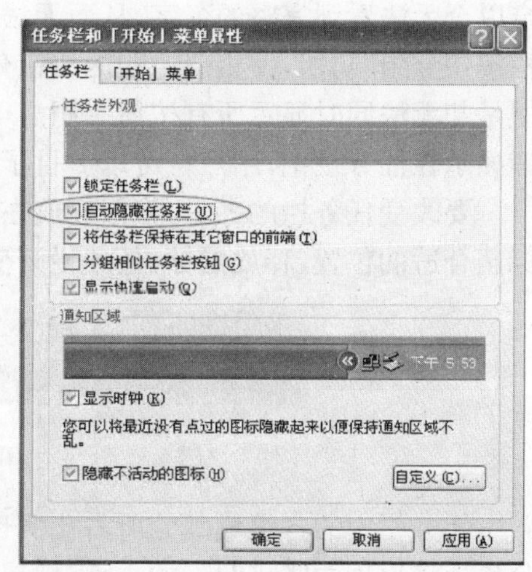

图 2-18　“任务栏和「开始」菜单属性”对话框

③在“任务栏”选项卡中，单击选中“自动隐藏任务栏”复选框，如图 2-18 所示。

④单击【确定】按钮。

(2)移动任务栏

默认状态下，任务栏位于桌面的底部，根据用户的需要和喜好，也可以把它移动到桌面的顶部、左侧或右侧。如图 2-19 所示，即为将任务栏移动到右部的效果。

图 2-19　任务栏在右边的效果

要移动任务栏，用鼠标左键按住任务栏的空白区域不放，拖动鼠标，这时任务栏会跟着鼠标在屏幕上移动，当新的位置出现时，在屏幕的边上会出现一个阴影边框，松开鼠标，任务栏就会显示在新的位置。

(3)改变任务栏大小

当用户启动的应用程序很多或打开的文件夹很多时，每个窗口的最小化图标按钮就会变窄以至无法看到完整的名字，从而无法准确地找到需要打开的窗口。Windows XP 采用“任务栏按钮分组”功能，使相似功能的按钮分组排列进任务栏中，使每个按钮都能显示完整的名字，但是却无法同时显示所有按钮。用户可以改变任务栏的大小，通过加宽任务栏，所有按钮都平铺显示在任务栏中，用户将可以一目了然地找到按钮并单击它打开窗口。

要改变任务栏的大小，将鼠标放在任务栏边缘处，这时鼠标指针变为双箭头形状，拖动鼠标至合适的位置，释放鼠标，任务栏则变宽。如图 2-20 所示，即为加宽后的任务栏。

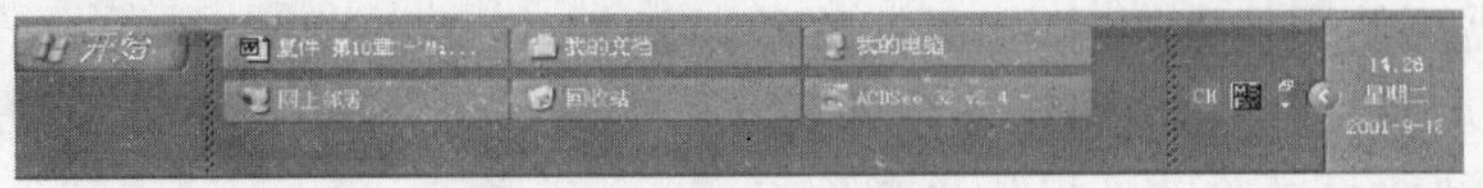

图 2-20　改变后的任务栏

任务栏中的各组成部分所占比例也是可以调节的，当任务栏处于非锁定状态时，各区域的分界处将出现两竖排凹陷的小点，把鼠标放在上面，出现双向箭头后，按下鼠标左键拖动即可改变各区域的大小。

2.2.3 图标

(1)图标说明

图标是指在桌面上排列的小图像,它包含图形、说明文字两部分,桌面图标的作用就是能够快速打开某个文件、某个文件夹或某个应用程序,如图 2-21 所示。

①“我的文档”图标:用于快速查看和管理“我的文档”下的文件和文件夹,它是系统默认的文档保存位置。为了便于对各种多媒体文件的分类管理,Windows XP 还在“我的文档”文件夹中增加了“图片收藏”和“我的音乐”两个子文件夹。

②“我的电脑”图标:用于管理计算机中所有资源。用户通过该图标可以实现对计算机硬盘、文件夹和文件的管理。

③“网上邻居”图标:用于创建和设置网络连接,以及共享数据、设备和打印机等各种网络资源。用户还可以查看工作组中的计算机、网络位置等。

④“回收站”图标: Windows XP 在删除文件和文件夹时,并没有将它们从硬盘上真正删除,而是暂时保存在“回收站”,当用户误操作删除了文件时,就可以通过“回收站”把它们挽救回来。单击【清空回收站】,所有文件就被永远删除了。

⑤“Internet Explorer”图标:用于浏览互联网上的信息,通过双击该图标可以访问网络资源。

(2)创建桌面图标

创建桌面图标可执行下列操作。

①鼠标右键单击桌面上的空白处,在弹出的快捷菜单中选择【新建】命令。

②利用【新建】命令下的子菜单,用户可以创建各种形式的图标,如文件夹、快捷方式、文本文档等,如图 2-22 所示。

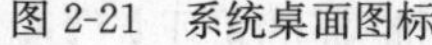
图 2-21 系统桌面图标

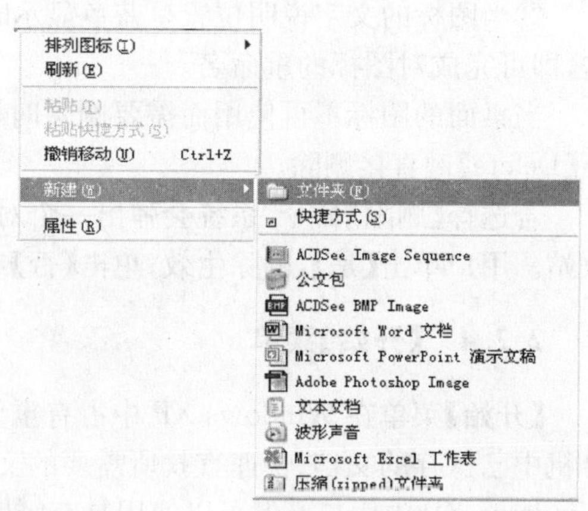

图 2-22 【新建】命令

③当用户选择了所要创建的选项后,在桌面会出现相应的图标,用户可为它命名,以便于识别。

(3)图标的排列

当用户创建了很多桌面图标以后,为了保持桌面的整齐,并且能够快速地找到某个桌面图标,用户可利用 Windows XP 的管理工具组织排列这些桌面图标。使用排列图标命令,可以使用户的桌面看上去整洁而富有条理。

当用户需要对桌面上的图标进行调整时，可在桌面上的空白处单击鼠标右键，在弹出的快捷菜单中选择【排列图标】命令，在子菜单项中包含了多种排列方式，如图 2-23 所示。

①名称：按图标名称开头的字母或拼音顺序排列。

②大小：按图标所代表文件的大小的顺序来排列。

③类型：按图标所代表的文件的类型来排列。

④修改时间：按图标所代表文件的最后一次修改时间来排列。

(4)图标的重命名与删除

若要给图标重新命名，可执行下列操作：

①在该图标上右击；

②在弹出的快捷菜单中选择【重命名】命令，如图 2-24 所示；

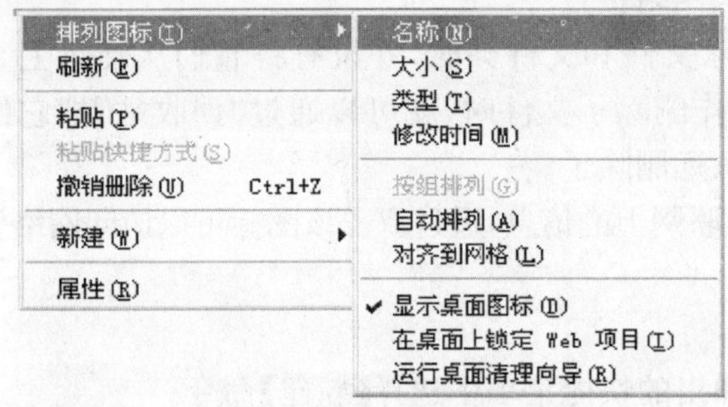

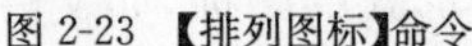

图 2-23 【排列图标】命令

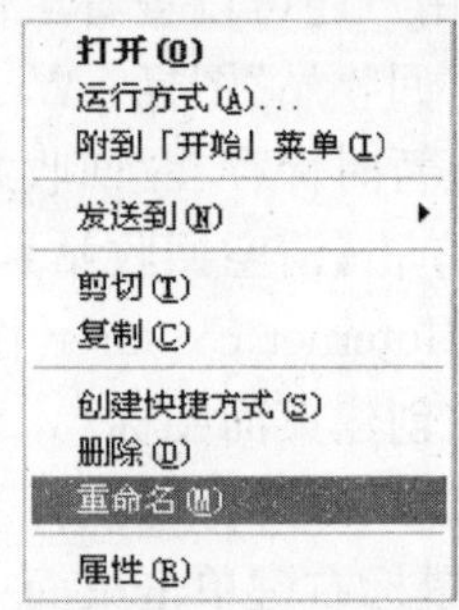

图 2-24 【重命名】命令

③当图标的文字说明位置呈蓝色显示时，用户可以输入新名称，然后在桌面上任意位置单击，即可完成对图标的重命名。

当桌面的图标不再使用而需要删除时，用户可以在桌面上选中该图标，然后在键盘上按下【Delete】键直接删除。

若选择【删除】命令，系统会弹出一个对话框询问用户是否确实要删除所选内容并移入回收站。用户单击【是】，删除生效；单击【否】或单击对话框的关闭按钮，此次操作取消。

2.2.4 【开始】菜单

【开始】菜单在 Windows XP 中占有重要的位置，通过它可以打开大多数应用程序、查看计算机中已保存的文档、快速查找所需要的文件或文件夹等内容，以及注销用户和关闭计算机。Windows XP 中用户不但可以使用具有鲜明风格的【开始】菜单，考虑到 Windows 旧版本用户的需要，系统中还保留了经典【开始】菜单，用户如果不习惯新的【开始】菜单，可以改为 Windows一直沿用的经典【开始】菜单样式。

Windows XP 提供了两种开始菜单界面供用户选择，如图 2-25，图 2-26 所示。

(1)【开始】菜单说明

☆【我的文档】：可以统一管理所有接受默认位置进行保存的文档记录。

☆【图片收藏】：打开“图片收藏”文件夹，里面保存用户的图片和其他图形文件。

图 2-25 默认开始菜单

图 2-26 经典【开始】菜单

☆【我的音乐】:打开“我的音乐”文件夹,里面保存用户的音乐和其他音频文件。

☆【我的电脑】:用于访问计算机的硬盘、可移动设备、外设及其相关信息。

☆【网上邻居】:可以浏览网络上其他计算机中的共享资源,也可以进行有关网络的设置。

☆【控制面板】:设置计算机的外观和功能、添加或删除程序、设置网络连接和用户账号。

☆【帮助和支持】:提供功能强大的帮助和支持中心,单击此命令可进入【帮助和支持中心】界面。

☆【搜索】:可以快速搜索本系统中的文件和文件夹,也可以搜索网络上的计算机。

☆【运行】:输入命令直接运行程序,如输入【C:】即可打开驱动器 C。

☆【所有程序】:用户可以通过此菜单启动本台机器的所有应用程序。

☆【注销用户】:在不需重新启动机器的情况下,使不同用户快速方便地进行系统登录。

☆【关闭计算机】:可以根据自己的需要,选择对计算机进行三种操作:待机、关闭和重新启动的操作。

(2)改变【开始】菜单风格

用户需要改变【开始】菜单样式时,在任务栏上的空白处或者在【开始】按钮上右击,在弹出的快捷菜单中选择【属性】命令,这时会打开“任务栏和「开始」菜单”对话框,在“「开始」菜单”选项卡中选择“经典「开始」菜单”单选项,单击【确定】按钮,当用户再次打开【开始】菜单时,将改为经典样式,如图 2-27 所示。

2.2.5 回收站

回收站是一个比较特殊的文件夹,其主要功能是在用户删除文件和文件夹时,把这些文件和文件夹从原先的位置移动到【回收站】这个文件夹中,需删除的内容仍然存在于硬盘中。用户既可以在回收站中把它们恢复到原来的位置,也可以在回收站中彻底删除它们来释放硬盘空间。

(1)从回收站还原删除的文件或文件夹

当用户发现误删了有价值的文件或文件夹时，可以从回收站中将其恢复，还原至原来的位置，其具体操作步骤如下：

①鼠标双击桌面上的【回收站】图标，弹出【回收站】窗口；

②选定要还原的文件或文件夹；

③单击右键下拉菜单中的【还原】命令，即可将该文件还原到原来的位置，如图 2-28 所示。

图 2-27 【任务栏和「开始」菜单属性】对话框

图 2-28 【回收站】窗口

(2)删除回收站的内容

如果要永久删除回收站中的文件，其具体操作步骤如下。

①在【回收站】窗口中，单击窗口左侧动态下拉菜单中的【清空回收站】命令。

②在弹出的"确认文件删除"对话框中单击【是】按钮，将删除回收站中的所有文件。

③如果删除回收站中的部分文件，首先选定需删除的文件，然后按【Delete】键，在弹出的对话框中单击【是】按钮即可。

2.2.6 窗口的操作

Windows 的中文含义为"窗口"，Windows 操作系统正是以窗口的形式囊括了形形色色的功能。无论是 Windows 操作本身自带的应用小程序，如"画图"、"记事本"等，还是当今流行的各种应用软件，无不以窗口的形式为用户提供了一个可以与计算机进行交互式操作的图形化界面，它具有形象易学、便捷、界面友好、高效的特点。用户在窗口中几乎可以进行任何操作，以完成各种任务，如管理计算机资源，创建、编辑、保存文件，进行系统维护等。

窗口操作在 Windows 系统中很重要，不但可以通过鼠标使用窗口上的各种命令来操作，而且可以通过键盘来使用快捷键操作。其基本的操作包括：打开、缩放、移动等。

(1)打开窗口

当需要打开一个窗口时，可以通过下面两种方式来实现。

①选中要打开的窗口图标，然后双击打开。

②在选中的图标上右击，在其快捷菜单中选择【打开】命令，如图 2-29 所示。

(2)移动窗口

用户在打开一个窗口后,不但可以通过鼠标来移动窗口,而且可以通过鼠标和键盘的配合来完成。

移动窗口时用户只需要在标题栏上按下鼠标左键拖动,移动到合适的位置后再松开,即可完成移动的操作。

用户如果需要精确地移动窗口,可以在标题栏上右击,在打开的快捷菜单中选择【移动】命令,当屏幕上出现【✥】标志时,再通过按键盘上的方向键来移动,到合适的位置后用鼠标单击或者按【Enter】键确认,如图 2-30 所示。

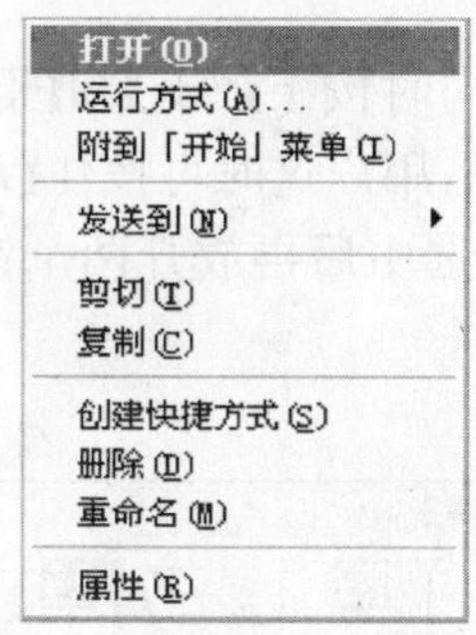

图 2-29 快捷菜单中【打开】命令

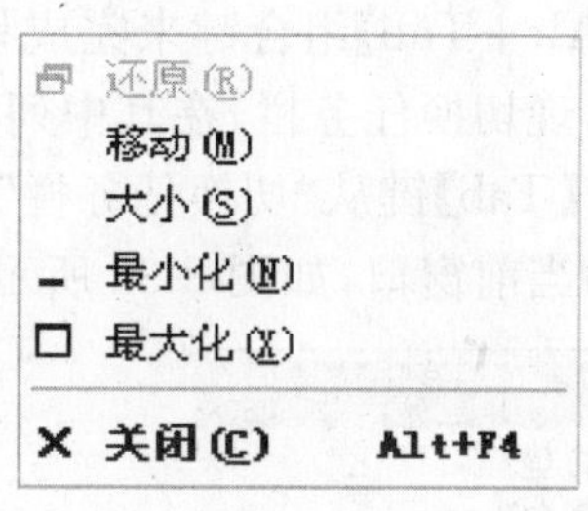

图 2-30 快捷菜单中【移动】命令

(3)缩放窗口

窗口不但可以移动到桌面上的任何位置,而且还可以随意改变大小将其调整到合适的尺寸。

①当用户只需要改变窗口的宽度时,可把鼠标放在窗口的垂直边框上,当鼠标指针变成双向的箭头时,可以任意拖动。如果只需要改变窗口的高度时,可以把鼠标放在水平边框上,当指针变成双向箭头时进行拖动。当需要对窗口进行等比缩放时,可以把鼠标放在边框的任意角上进行拖动。

②用户也可以用鼠标和键盘的配合来完成,在标题栏上右击,在打开的快捷菜单中选择【大小】命令,屏幕上出现【✥】标志时,通过键盘上的方向键来调整窗口的高度和宽度,调整至合适位置时,用鼠标单击或者按【Enter】键结束。

(4)最大化、最小化窗口

当用户在对窗口进行操作的过程中,可以根据自己的需要,把窗口最小化、最大化等。

☆ 最小化按钮▣:在暂时不需要对窗口操作时,可把它最小化以节省桌面空间,用户直接在标题栏上单击此按钮,窗口会以按钮的形式缩小到任务栏。

☆ 最大化按钮▣:窗口最大化时铺满整个桌面,这时不能再移动或者缩放窗口。用户在标题栏上单击此按钮即可使窗口最大化。

☆ 还原按钮▣:当把窗口最大化后想恢复原来打开时的初始状态,单击此按钮即可实现对窗口的还原。

用户在标题栏上双击可以进行最大化与还原两种状态的切换。

每个窗口标题栏的左方都会有一个表示当前程序或者文件特征的控制菜单,单击即可打开控制菜单，它与在标题栏上右击所弹出的快捷菜单的内容相同，如图 2-31 所示。

用户也可以通过快捷键来完成以上的操作。用【Alt+空格键】来打开控制菜单，然后根据菜单中的提示，在键盘上输入相应的字母，如最小化输入字母“N”，通过这种方式可以快速完成相应的操作。

(5)切换窗口

当用户打开多个窗口时，需要在各个窗口之间进行切换，下面是几种切换的方式。

①当窗口处于最小化状态时，用户在任务栏上选择所要操作窗口的按钮，然后单击即可完成切换。当窗口处于非最小化状态时，可以在所选窗口的任意位置单击，当标题栏的颜色变深时，表明完成对窗口的切换。

②用【Alt+Tab】组合键来完成切换，用户可以在键盘上同时按下【Alt】和【Tab】两个键，屏幕上会出现切换任务栏，在其中列出了当前正在运行的窗口，用户这时可按住【Alt】键，然后在键盘上按【Tab】键从“切换任务栏”中选择所要打开的窗口，选中后再放开两个键，选择的窗口即可成为当前窗口，如图 2-32 所示。

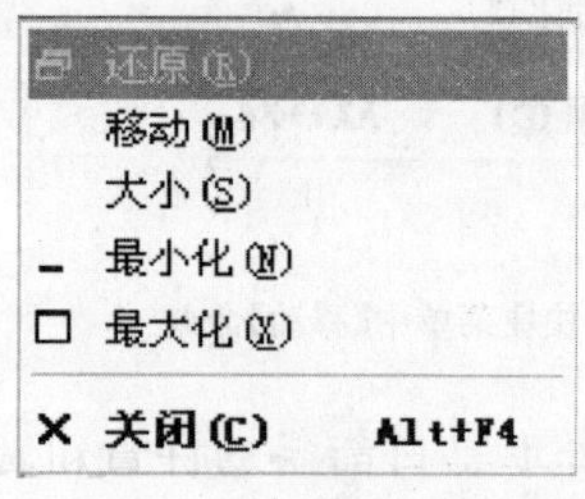

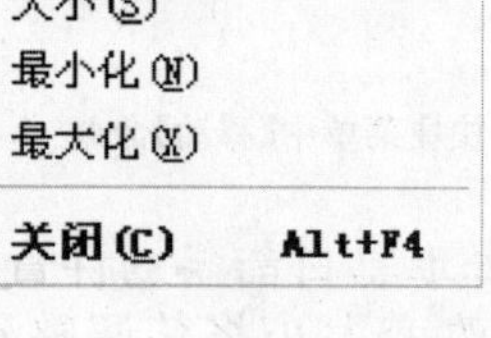

图 2-31　控制菜单

图 2-32　切换任务栏

③用户也可以使用【Alt+Esc】组合键，先按下【Alt】键，然后再通过按【Esc】键来选择所需要打开的窗口，但是它只能改变激活窗口的顺序，而不能使最小化窗口放大，故多用于切换已打开的多个窗口。

(6)关闭窗口

用户完成对窗口的操作后，在关闭窗口时有下面几种方式：

①直接在标题栏上单击【关闭】按钮☒；

②双击【控制菜单】按钮；

③单击【控制菜单】按钮，在弹出的控制菜单中选择【关闭】命令；

④使用【Alt+F4】组合键。

如果所要关闭的窗口处于最小化状态，可以在任务栏上选择该窗口的按钮，然后在右击弹出的快捷菜单中选择【关闭】命令。

(7)窗口的排列

当用户在对窗口进行操作时打开了多个窗口，而且需要全部处于全显示状态，这就涉及排列的问题，在中文版 Windows XP 中为用户提供了三种排列的方案可供选择。

在任务栏上的非按钮区右击，弹出一个快捷菜单，如图 2-33 所示。

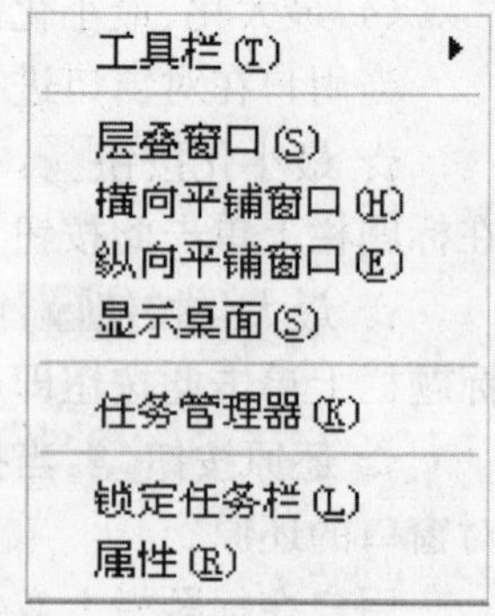

图 2-33　任务栏快捷菜单

2.3 Windows XP 资源管理器

2.3.1 基本名词术语

在计算机系统中，文件中可以存放文本、图像及数值数据等信息，而硬盘则是存储文件的大容量存储设备。同时，为了便于管理，还可将文件组织到目录和子目录中。目录被认为是文件夹，而子目录则被认为是文件夹的文件夹(或子文件夹)。下面介绍文件和文件夹的基本概念。

(1)文件

文件是 Windows 存取磁盘信息的基本单位，一个文件是磁盘上存储信息的一个集合。每个文件都有自已唯一的名字，Windows 正是通过文件的名字来对文件进行管理的，文件或文件夹的长度最多可达 256 个字符。长文件名很容易表现文件或文件夹的内容。

在 Windows XP 操作系统上命名文件或文件夹是件很轻松的事，利用几个描述性文字，简单地表示文件内容即可。

在 Windows XP 中，后缀可有可无。缺省时，系统自动按照类型显示和查找文件。有时为了方便查找和转换，也可以为文件指定后缀。

(2)文件夹

文件夹是以前的 Windows 版本提出的一种名称。它实际上是 DOS 中目录的概念，在过去的 PC 机操作系统中，习惯于把它称为目录。树状结构的文件夹是目前微型计算机操作系统中流行的文件管理模式。由于它的结构层次分明，容易被人们理解，只要用户明白其基本概念，即可熟练使用。

(3)资源管理器

资源管理器主要负责系统文件资源的管理。Windows 资源管理器(简称为资源管理器)负责管理软盘、硬盘及光盘中的所有文件夹和文件。它可以创建、删除、更名文件夹和文件。其功能十分类似于“我的电脑”，区别之处在于它的窗口左侧是“文件夹”窗格，在该窗格中以目录树的形式显示了计算机中的所有资源项目，并在右侧的窗格中显示所选项目的详细内容，这样用户就可免去在多个窗口之间来回切换。

2.3.2 资源管理器的启动

进入中文 Windows XP 后，系统并不直接打开资源管理器。因此，要使用资源管理器，就必须首先将其打开，或称为启动。启动资源管理器的操作步骤如下：

①单击桌面【开始】按钮，系统弹出【开始】菜单；

②将鼠标箭头指到【开始】菜单中的【所有程序】命令上，系统弹出【所有程序】级联菜单；

③右移鼠标箭头指到【所有程序】级联菜单上；

④在【所有程序】级联菜单中上移鼠标箭头指到【附件】命令上，系统弹出【附件】级联菜单；

⑤在【附件】级联菜单中上移鼠标箭头指到【Windows 资源管理器】命令上，如图 2-34 所示；

⑥单击鼠标键打开【资源管理器】窗口。

2.3.3 【资源管理器】窗口的组成部分

打开资源管理器时，会出现两个窗格：左边显示为系统的树状结构，即所有磁盘和文件夹的列表；右边为一组图标和名称，显示选定的磁盘和文件夹中的内容，如图 2-35 所示。在左边的窗格中，若驱动器或文件夹前面有【+】号，表明该驱动器或文件夹有下一级子文件夹，单击该【+】号可展开其所包含的子文件夹，当展开驱动器或文件夹后，【+】号会变成【-】号，表明该驱动器或文件夹已展开，单击【-】号，可折叠已展开的内容。例如，单击左边窗格中【我的电脑】前面的【+】号，将显示【我的电脑】中所有的磁盘信息，选择需要的磁盘前面的【+】号，将显示该磁盘中所有的内容。

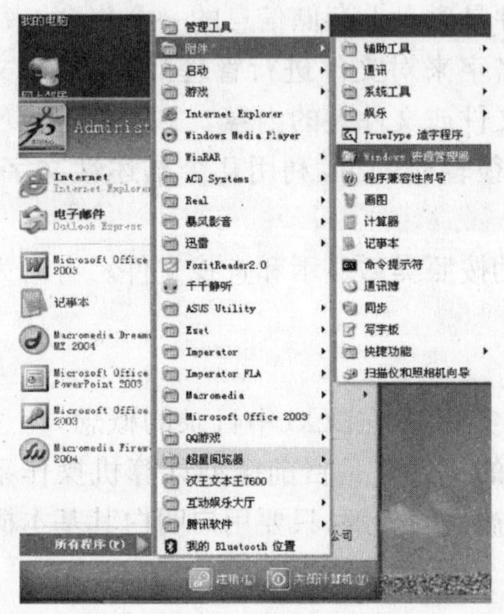

图 2-34　启动资源管理器

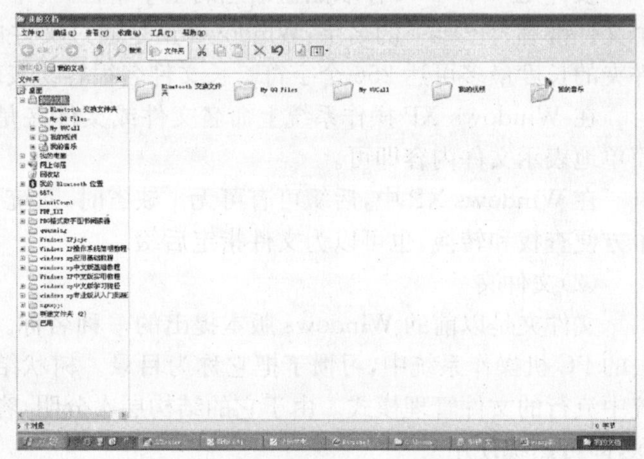

图 2-35　Windows 资源管理器

2.3.4 创建新的文件夹

用户可以创建新的文件夹来存放具有相同类型或相近形式的文件，创建新文件夹可执行下列操作步骤：

①双击【我的电脑】 图标，打开“我的电脑”对话框，如图 2-36 所示；

②双击要新建文件夹的磁盘，打开该磁盘；

③选择【文件】→【新建】→【文件夹】命令，或单击右键，在弹出的快捷菜单中选择【新建】→【文件夹】命令即可新建一个文件夹；

④在新建的文件夹名称文本框中输入文件夹的名称，单击【Enter】键或用鼠标单击其他地方即可。

2.3.5 选择文件及文件夹

在对文件或文件夹进行操作之前，首先要选定需进行操作的文件或文件夹。下面介绍常用的选定操作。

①选定单个文件或文件夹：单击要选择的文件或文件夹图标。

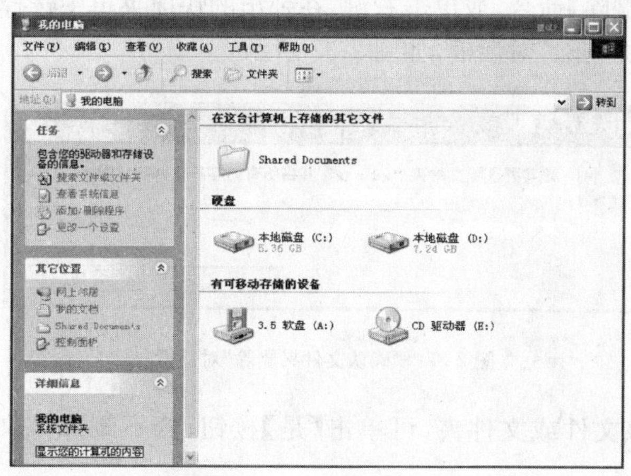

图 2-36 “我的电脑”对话框

②选定多个文件或文件夹：先选定第一个文件或文件夹后，再按键盘上的【Shift】键，然后单击其他要选择的文件和文件夹目标。

③选定多个不连续的文件或文件夹：先按住键盘上的【Ctrl】键，再逐个单击想要选择的文件或文件夹图标。

④选定全部文件或文件夹：选择【编辑】→【全部选定】命令或按【Ctrl＋A】组合键。

2.3.6 移动与复制文件

在实际应用中，有时用户需要将某个文件或文件夹移动或复制到其他地方以方便使用，这时就需要用到移动或复制命令。移动文件或文件夹就是将文件或文件夹放到其他地方，执行移动命令后，原位置的文件或文件夹消失，出现在目标位置；复制文件或文件夹就是将文件或文件夹复制一份，放到其他地方，执行复制命令后，原位置和目标位置均有该文件或文件夹。

移动和复制文件的操作步骤如下：

①选择要进行移动或复制的文件或文件夹；

②单击【编辑】→【剪切】→【复制】命令，或单击右键，在弹出的快捷菜单中选择【剪切】→【复制】命令；

③选择目标位置；

④选择【编辑】→【粘贴】命令，或单击右键，在弹出的快捷菜单中选择【粘贴】命令即可。

2.3.7 删除文件或文件夹

当有的文件或文件夹不再需要时，用户可将其删除掉，以利于对文件或文件夹进行管理。删除后的文件或文件夹将被放到【回收站】中，用户可以选择将其彻底删除或还原到原来的位置。

删除文件或文件夹的操作如下。

①选定要删除的文件或文件夹。若要选定多个相邻的文件或文件夹，可按着【Shift】键进行选择；若要选定多个不相邻的文件或文件夹，可按着【Ctrl】键进行选择。

②选择【文件】→【删除】命令，或单击右键，在弹出的快捷菜单中选择【删除】命令。

③弹出“确认文件夹删除”对话框，如图 2-37 所示。

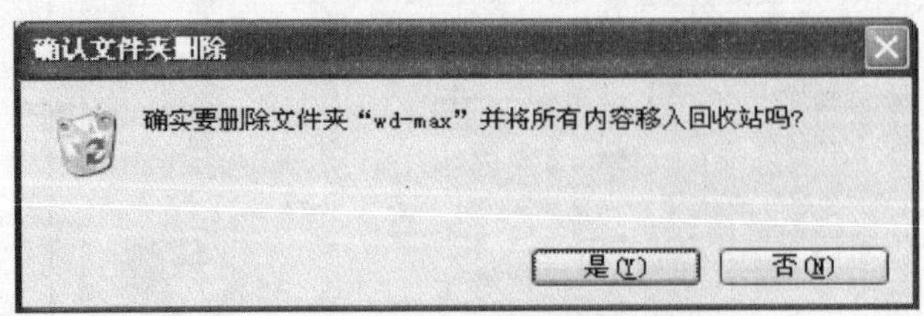

图 2-37 “确认文件夹删除”对话框

④若确认要删除该文件或文件夹，可单击【是】按钮；若不删除该文件或文件夹，可单击【否】按钮。

2.3.8 文件或文件夹重命名

重命名文件或文件夹就是给文件或文件夹重新命名一个新的名称，使其可以更符合用户的要求。

重命名文件或文件夹的具体操作步骤如下：

①选择要重命名的文件或文件夹；

②单击【文件】→【重命名】命令，或单击右键，在弹出的快捷菜单中选择【重命名】命令；

③这时文件或文件夹的名称将处于编辑状态（蓝色反白显示），用户可直接键入新的名称进行重命名操作。

2.4 Windows XP 的系统环境设置——控制面板

由于计算机的功能越来越强，使用的设备越来越多，因此管理这些设备是中文 Windows XP 的一项重要任务。它特别开辟了一个【控制面板】图标（或命令）来管理计算机系统中的所有硬件设备和部分软件设备。

2.4.1 控制面板的启动

控制面板是用户个性化工作环境最主要的工具。在 Windows XP 中有多种方法可以启动控制面板，使用户可以从不同的工作状态方便地进入控制面板：

☆ 在【开始】菜单中选择【控制面板】命令。

☆ 在【我的电脑】窗口左侧的【其他位置】窗格中选择【控制面板】链接。

☆ 在资源管理器窗口左侧的【文件夹】窗格中选择【控制面板】链接。

与旧版本 Windows 相比，Windows XP 控制面板有了很大的变化。Windows XP的控制面板中，系统将多种多样的设置内容分组为几个类别，如图 2-38 所示。单击任一类别的名称，如【外观和主题】，则会列出相关的具体设置任务和相关的控制面板图标，使用户能够更容易地找到需要设置工作环境中的某个方面。

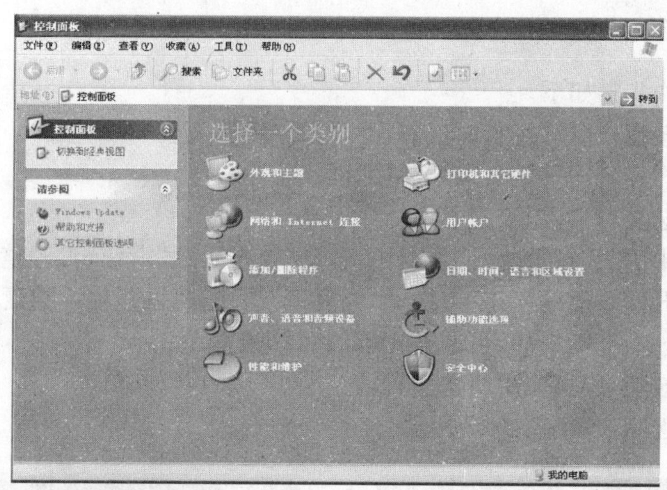

图 2-38　Windows XP 控制面板

2.4.2　改变时间和日期

如果系统时间和日期不正确，需要把它们调整过来，调整的方法很简单，下面是具体步骤。

①在控制面板中单击【日期、时间、语言和区域设置】图标。

②在【日期、时间、语言和区域设置】对话框中单击【日期和时间】图标，打开【日期和时间属性】对话框，如图 2-39 所示。

③在【日期】选项组中的【年份】下拉列表中可按微调按钮调节准确的年份，在【月份】下拉列表中可选择月份，在【日期】列表框中可选择日期和星期；在【时间】选项组中的【时间】文本框中可输入或调节准确的时间。

④确定已经正确地更改了日期和时间后，单击【应用】按钮，新的日期和时间就应用到了系统中，如图 2-40 所示。

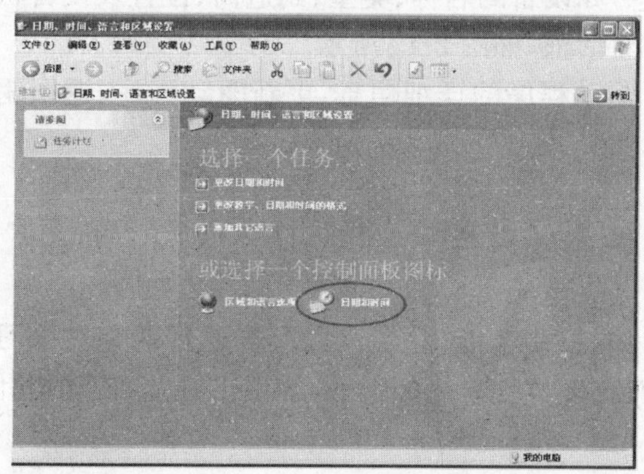

图 2-39　控制面板时间窗口

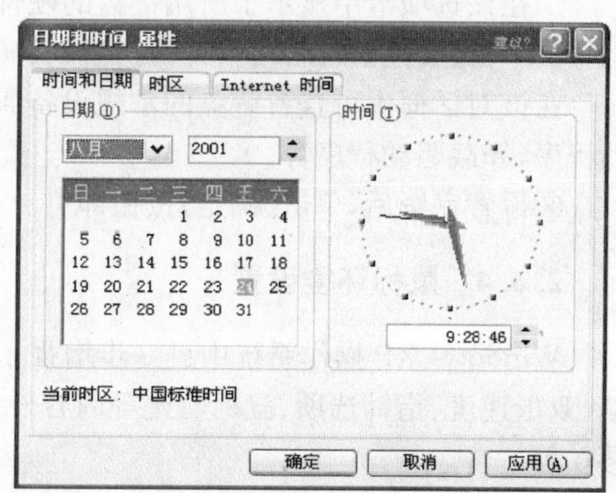

图 2-40　“日期和时间”对话框

2.4.3 键盘环境设置

调整键盘的操作步骤如下。

①单击【开始】按钮，选择【控制面板】命令，打开“控制面板”对话框。

②双击【键盘】图标，打开“键盘属性”对话框。

③选择“速度”选项卡，如图 2-41 所示。

④在该选项卡中的“字符重复”选项组中，拖动“重复延迟”滑块，可调整在键盘上按住一个键需要多长时间才开始重复输入该键；拖动“重复率”滑块，可调整输入重复字符的速率；在“光标闪烁频率”选项组中，拖动滑块，可调整光标的闪烁频率。

⑤单击【应用】按钮，即可应用所选设置。

⑥选择“硬件”选项卡，如图 2-42 所示。

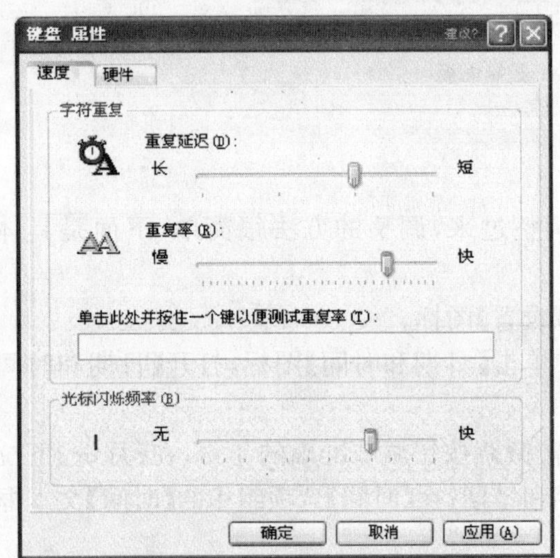

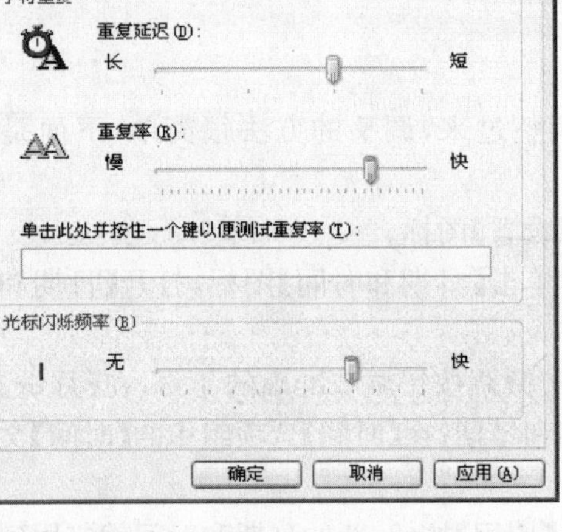

图 2-41 “速度”选项卡

图 2-42 “硬件”选项卡

⑦在该选项卡中显示了所用键盘的硬件信息，如设备的名称、类型、制造商、位置及设备状态等。单击【属性】按钮，可打开“键盘设备属性”对话框，如图 2-43 所示。

在该对话框中可查看键盘的常规设备属性、驱动程序的详细信息，更新驱动程序，返回驱动程序，卸载驱动程序等。

⑧设置完毕后，单击【确定】按钮即可。

2.4.4 鼠标环境设置

Windows XP 操作系统中进一步增强了鼠标的控制功能，除了可以配置通常的左右手习惯、双击速度、指针选项、鼠标轨迹等内容外，还有许多其他有用的特性，如单击锁定、自动指针移动等。

调整鼠标的具体操作如下。

①单击【开始】按钮，选择【控制面板】命令，打开“控制面板”对话框。

②双击【鼠标】图标,打开"鼠标属性"对话框,选择"鼠标键"选项卡,如图 2-44 所示。在该对话柜中有四个标签:"鼠标键"、"指针"、"指针选项"和"硬件",下面分别介绍各选项的设置。

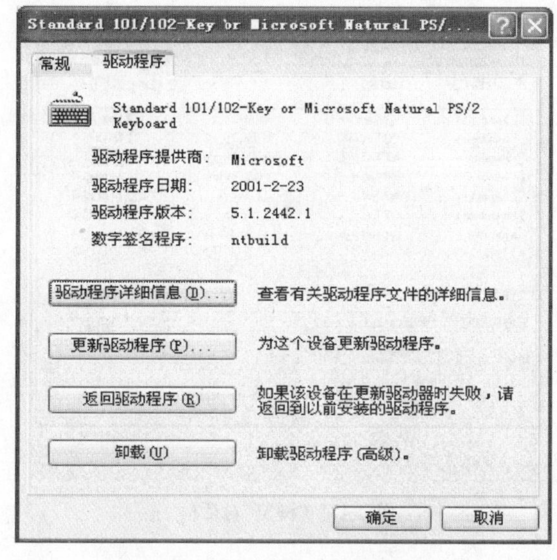

图 2-43 "键盘设备属性"对话框

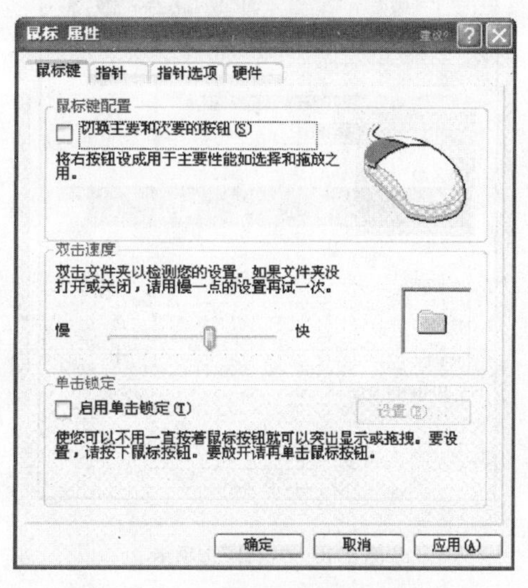

图 2-44 "鼠标属性"选项卡

☆ 在该选项卡中,"鼠标键"选项组中,系统默认左边的键为主要键,若选中"切换主要和次要的按钮"复选框,则设置右边的键为主要键;在"双击速度"选项组中拖动滑块可调整鼠标的双击速度,双击旁边的文件夹可检验设置的速度;在"单击锁定"选项组中,若选中"启用单击锁定"复选框,则可以在移动项目时不用一直按着鼠标键就可实现,单击【设置】按钮,在弹出的"单击锁定的设置"对话框中可调整实现单击锁定需要按鼠标键或轨迹球按钮的时间,如图 2-45 所示。

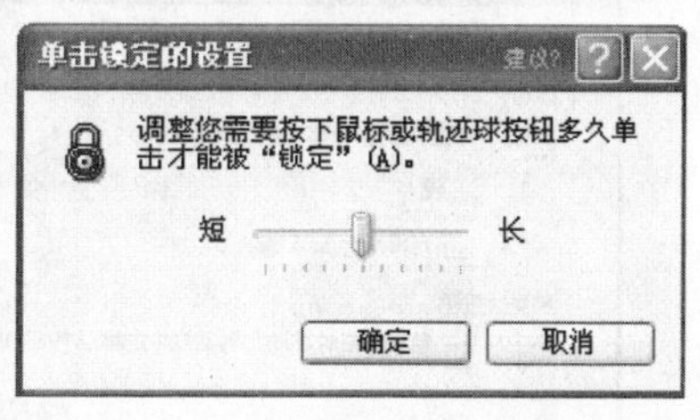

图 2-45 "单击锁定的设置"对话框

☆ 选择"指针"选项卡,如图 2-46 所示。在该选项卡中,"方案"下拉列表中提供了多种鼠标指针的显示方案,用户可以选择一种喜欢的鼠标指针方案;在"自定义"列表框中显示了该方案中鼠标指针在各种状态下显示的样式,若用户对某种样式不满意,可选中它,单击【浏览】按钮,打开【浏览】对话框,如图 2-47 所示。

在该对话框中选择一种喜欢的鼠标指针样式,在预览框中可看到具体的样式,单击【打开】按钮,即可将所选样式应用到所选鼠标指针方案中。如果希望鼠标指针带阴影,可选中"启用指针阴影"复选框。

☆ 选择"指针选项"选项卡,如图 2-48 所示。在该选项卡中,在"移动"选项组中可拖动滑块调整鼠标指针的移动速度;在"取默认按钮"选项组中,选中"自动将指针移动到对话框中的默认按钮"复选框,则在打开对话框时,鼠标指针会自动放在默认按钮上;在"可见性"选项组中,若选中"显示指针踪迹"复选框,则在移动鼠标指针时会显示指针的移动轨迹,拖动滑块可调整轨迹的长短，若选中“在打字时隐藏指针”复选框，则在输入文字时将隐藏鼠标指针，若选中“当按 CTRL 键时显示指针的位置”复选框，则按【Ctrl】键时会以同心圆的方式显示指针的位置。

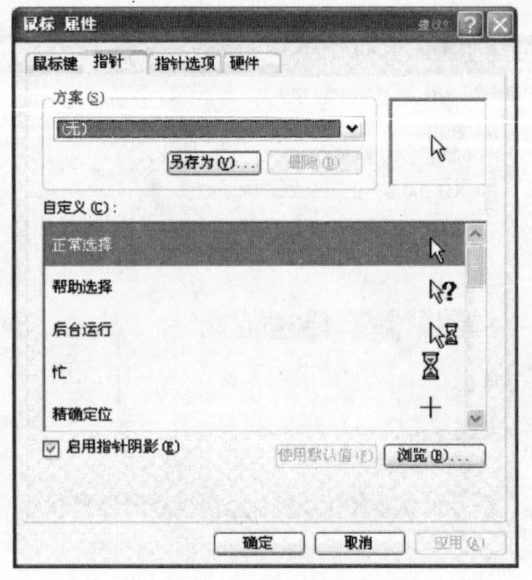

图 2-46 “指针”选项卡

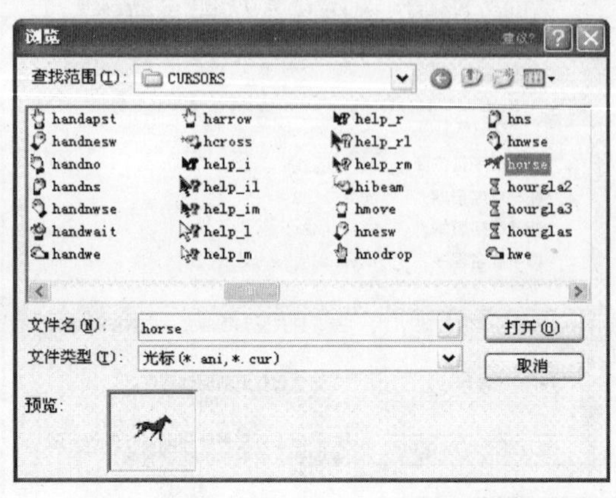

图 2-47 “浏览”对话框

☆ 选择“硬件”选项卡，如图 2-49 所示。

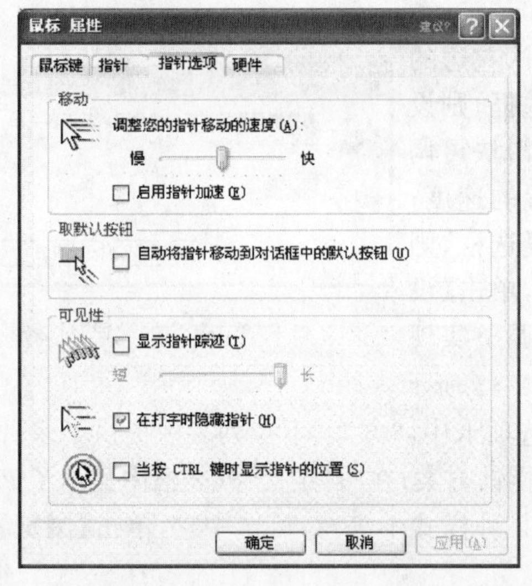

图 2-48 “指针选项”选项卡

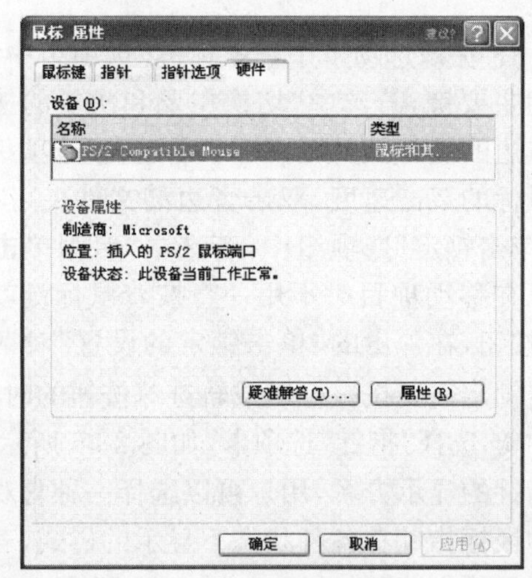

图 2-49 “硬件”选项卡

在该选项卡中，显示了设备的名称、类型及属性。单击【疑难解答】按钮，可打开“帮助和支持服务”对话框，可得到有关问题的帮助信息，单击【属性】按钮，可打开“鼠标设备属性”对话框，如图 2-50 所示。

在该对话框中，显示了当前鼠标的常规属性、高级设置和驱动程序等信息。

☆ 设置完毕后，单击【确定】按钮即可。

2.4.5　声音及多媒体参数的设置

设置声音和音频设备的音频、语声、声音及硬件等可执行以下操作：

①单击【开始】按钮，选择【控制面板】命令，打开“控制面板”对话框。

②双击【声音和音频设备】图标，打开“声音和音频设备属性”对话框，选择“音量”选项卡，如图 2-51 所示。

在该选项卡中，用户可在【设备音量】选项组中拖动滑块调整音频设备的音量。若选中“静音”复选框，则不输出声音；若选中“在任务栏通知区域放置音量图标”复选框，则在任务栏的通知区域中将出现“音量”图标，单击该图标可弹出音量调整框，拖动滑块可调整输出的音量。在“扬声器设置”选项组中单击【扬声器音量】按钮，可打开“扬声器音量”对话框，调整扬声器的音量，如图 2-52 所示。

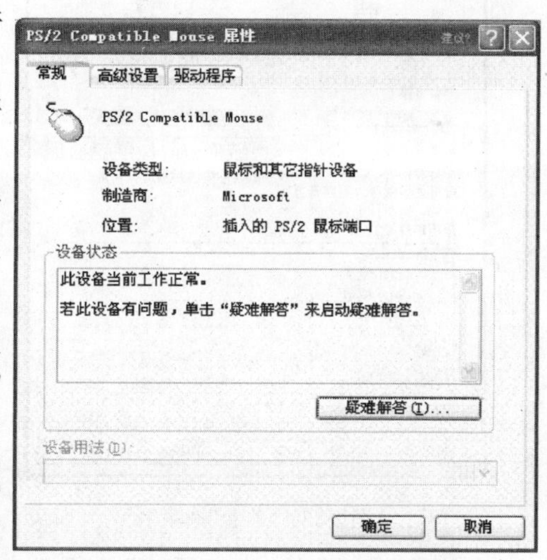

图 2-50　“鼠标设备属性”对话框

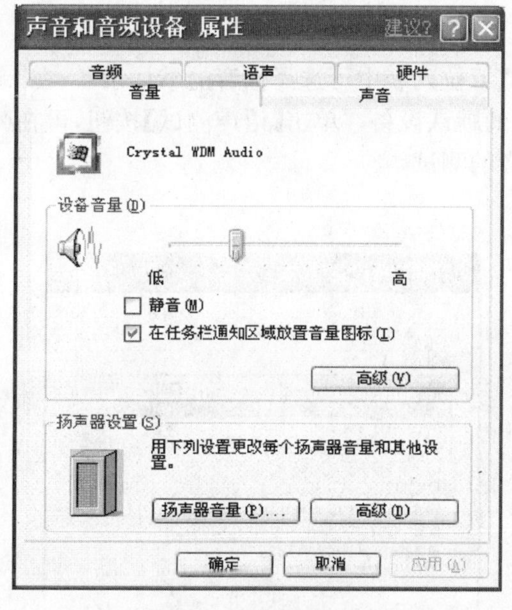

图 2-51　“音量”选项卡

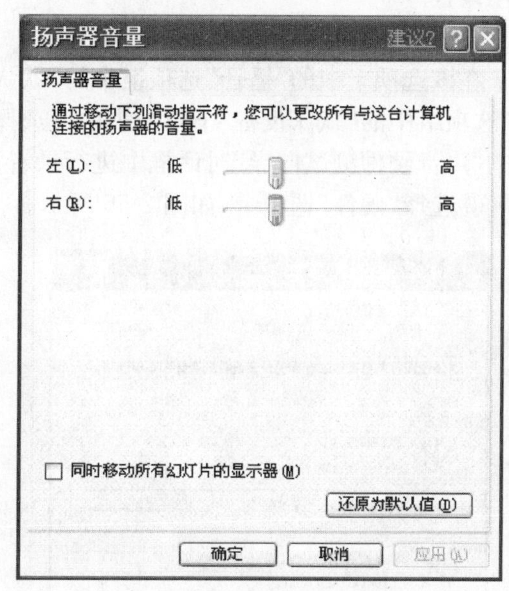

图 2-52　“扬声器音量”对话框

③选择“声音”选项卡，如图 2-53 所示。

在该选项卡中的“声音方案”下拉列表中可选择一种声音方案。在“程序事件”列表框中将显示该声音方案的各种程序事件声音。选择一种程序事件声音，单击【浏览】按钮，可为该程序事件选择另一种声音。单击【应用】按钮，即可应用设置。

④选择“音频”选项卡，如图 2-54 所示。

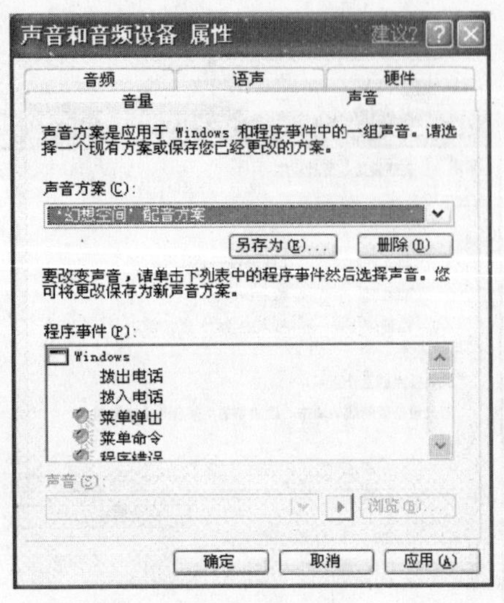

图 2-53 "声音"选项卡

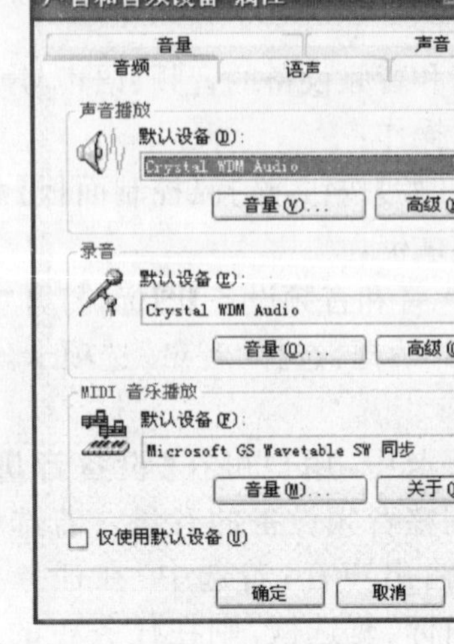

图 2-54 "音频"选项卡

在该选项卡中的"声音播放"选项组中的"默认设备"下拉列表中可选择声音播放的设备；在"录音"选项组中的"默认设备"下拉列表中可选择录音的设备；在"MIDI 音乐播放"选项组中的默认设备下拉列表中可选择播放 MIDI 音乐的设备。设置完毕后，单击【应用】按钮即可应用设置。

⑤选择"语声"选项卡，如图 2-55 所示。

在该选项卡中的"播音"选项组中的"默认设备"下拉列表中可选择播音的默认设备；在"录音"选项组中的"默认设备"下拉列表中可选择录音的默认设备。单击【语声测试】按钮，可在弹出的"声音硬件测试向导"对话框中进行录音及播音的测试。

⑥选择"硬件"选项卡，如图 2-56 所示。

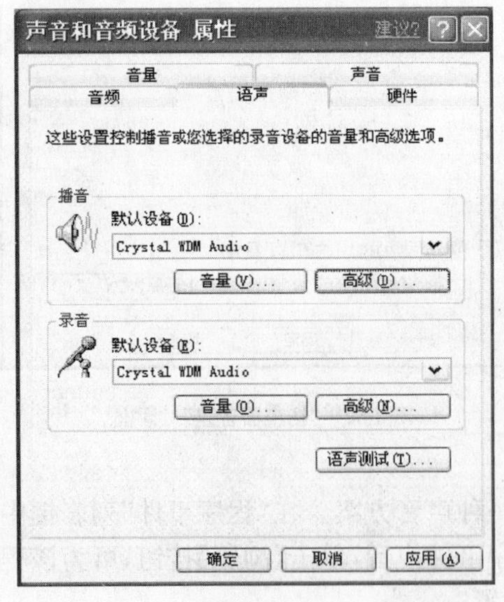

图 2-55 "语声"选项卡

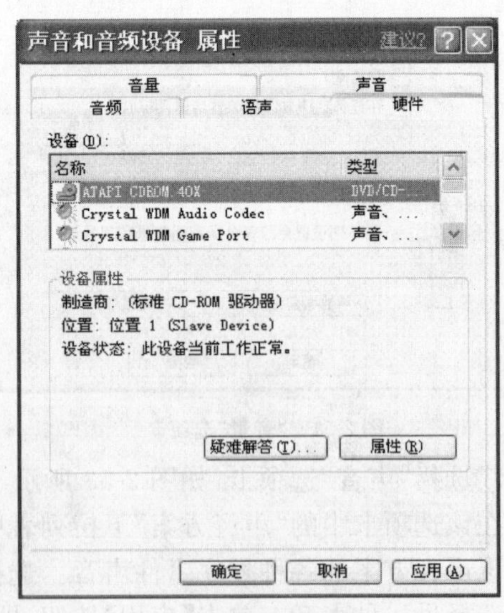

图 2-56 "硬件"选项卡

在该选项卡中的“设备”列表框中显示了所有声音和音频设备的名称和类型。单击一种声音和音频设备，可在“设备属性”选项组中看到该设备的详细信息。单击【属性】按钮，可查看该设备的属性、详细信息及驱动程序等。单击【应用】和【确定】按钮即可。

2.4.6 添加新程序

当用户需要安装应用程序时，首先需要将安装盘放入光驱或者软盘驱动器，有些应用程序会自动启动安装程序，用户只需按照屏幕上的提示逐步进行，即可完成程序的安装，有些程序则没有自动启动安装的功能，用户可使用 Windows XP 提供的安装应用程序的功能进行安装，操作步骤如下。

①在“控制面板”中单击【添加/删除程序】，打开“添加或删除程序”对话框，如图 2-57 所示。

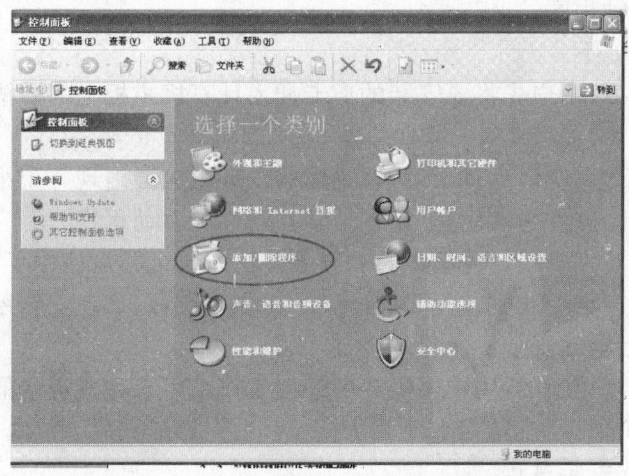

图 2-57 添加/删除程序

②单击【添加新程序】按钮，打开“添加新程序”对话框，如图 2-58 所示。

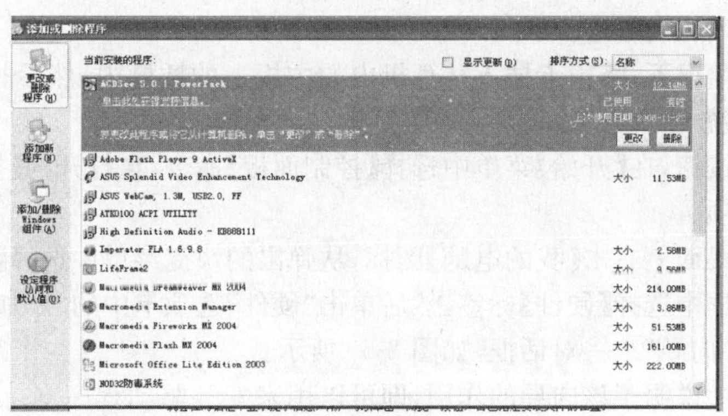

图 2-58 “添加新程序”对话框

③单击【CD 或软盘】按钮，打开“从软盘或光盘安装程序”对话框。

④单击【下一步】按钮，系统开始在软盘或光盘中搜索安装程序。

⑤搜索完毕，系统弹出“运行安装程序”对话框，如果系统搜索到了安装程序，则会在【打

开】文本框中显示安装文件的路径；如果没有搜索到，系统会在对话框中显示提示信息，用户可单击【浏览】按钮，指定安装文件的位置。

⑥单击【完成】按钮，系统开始安装应用程序。

2.4.7 即插即用功能及添加新硬件

Windows 系列操作系统是当今世界上最为流行、最为普及的 PC 操作系统。绝大多数 PC 硬件厂商都把能得到 Windows 操作系统的支持作为其产品的基本要求。因此，Windows 操作系统可以支持绝大多数硬件的工作。

(1)安装即插即用的声卡

在中文版 Windows XP 系统中安装新硬件是非常方便的，它自带了很多通过兼容测试的硬件驱动程序，对于即插即用的声卡，只要用户将声卡插入计算机的主板上，系统会检测到新硬件并自动加载其驱动程序。

具体的操作步骤如下。

①在关机的情况下，用户先将要安装的声卡插入计算机主板上的插槽内，然后打开计算机电源，启动 Windows XP 系统。

②在 Windows XP 系统启动登录后，在桌面的任务栏上会出现一个小图标，并有相应的文本框提示，先是“发现新硬件”，然后是“正在搜索新硬件的驱动程序”。

③当驱动程序安装完毕后，会提示用户“新硬件已安装上并可使用了”。

如果用户连接好声卡后才安装 Windows XP 操作系统，那么在安装系统的过程中，系统也会检测到新硬件，然后自动安装。

安装的过程是相当短暂的，用户不需要做任何工作就可以完成声卡的安装。所以说，中文版 Windows XP 的即插即用功能是非常强大的。

(2)硬件驱动程序安装过程

仍以安装声卡为例，介绍非即插即用硬件驱动程序的安装过程。

如果用户用的是以前购买的非即插即用声卡，一般会附带驱动程序光盘，用户可以通过手动从磁盘进行安装其驱动程序。

①在未开机的情况下，将声卡插入计算机内的主板上的插槽内，然后打开计算机电源，启动 Windows XP 系统。

②单击【开始】按钮，在【开始】菜单中选择【控制面板】命令，在打开的【控制面板】窗口中选择【添加新硬件】选项。

用户也可以在桌面上右击【我的电脑】图标，从弹出的快捷菜单中选择【属性】命令，在打开的“系统属性”对话框中选择【硬件】标签，然后单击“硬件”选项卡中的“添加硬件向导”按钮，都可以启动“添加硬件向导”之一对话框，如图 2-59 所示。

在这个对话框中说明了该向导的作用，即可以用来安装驱动程序支持添加到计算机的硬件，解决已添加的计算机硬件问题。

③当用户确定使用该向导后，单击【下一步】按钮，打开“添加硬件向导”之二对话框。这时系统会搜索最近连接到计算机但尚未安装的硬件，当搜索完毕后，将出现“硬件是否已连接？”对话框，询问用户是否已将这个硬件跟计算机连接，单击【是，硬件已连接好】单选按钮，单击

【下一步】按钮继续，如图 2-60 所示。

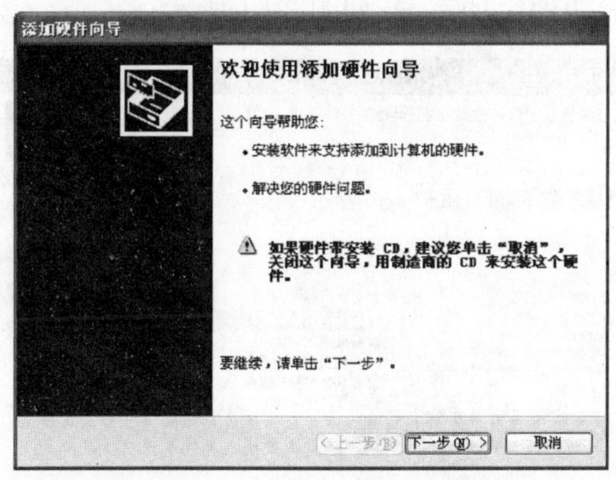

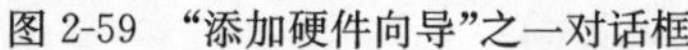

图 2-59 "添加硬件向导"之一对话框

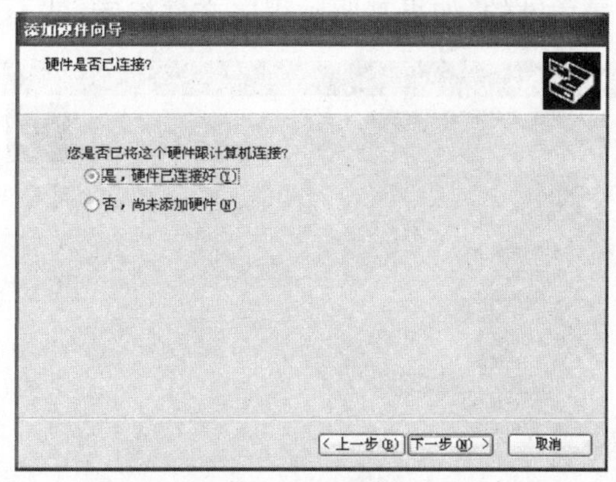

图 2-60 "添加硬件向导"之二对话框

④这时会出现显示用户计算机上所安装硬件情况的对话框，在"已安装的硬件"列表框中列出了当前用户的计算机上所安装的硬件，用户可以选择一个已安装的硬件，来查看其属性或者解决运行过程中所出现的问题，在这里要选择"添加新的硬件设备"选项，如图 2-61 所示。

⑤在接下来的对话框中让用户选择安装声卡的方式，如图 2-62 所示。

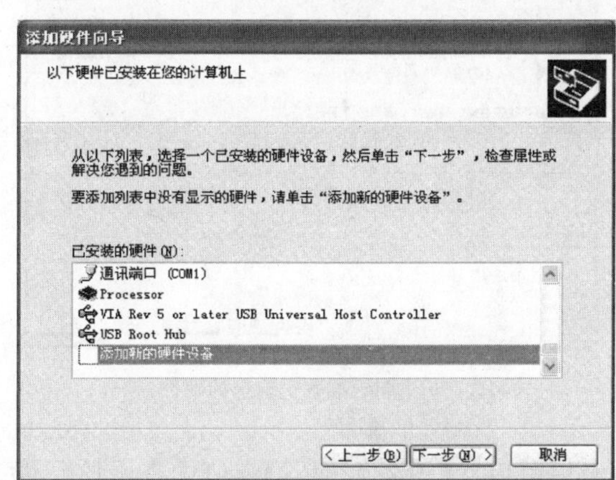

图 2-61 "添加硬件向导"之三对话框

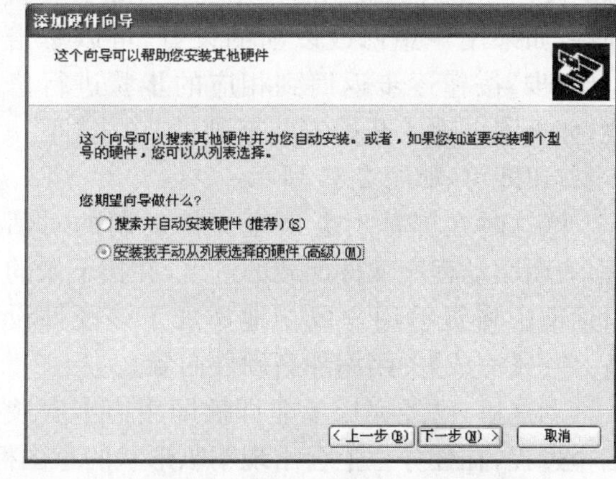

图 2-62 "添加硬件向导"之四对话框

如果用户对自己所要安装的硬件了解不是太深，可以让系统向导自动搜索并安装硬件，选择"搜索并自动安装硬件"单选项后，将出现一个显示系统搜索进度的对话框。

⑥如果用户知道所安装声卡的生产商和产品型号，可以选择"安装我手动从列表选择的硬件"单选项，单击【下一步】按钮，会出现要求用户选择所要安装硬件类型的对话框，在"常见硬件类型"列表框中列出了各种硬件类型，用户可以选择"声音、视频和游戏控制器"选项，然后单击【下一步】按钮继续，如图 2-63 所示。

⑦这时打开"选择要为此硬件安装的设备驱动程序"对话框，在左侧的"厂商"列表中显示了世界各大声卡的生产厂商，如果选择一个生厂商，在右侧的"型号"列表中会显示相应的产品型号。

如果用户所安装的声卡不在列表中显示，可以在光盘驱动器中插入厂商所附带的光盘，然后单击【从磁盘安装】按钮，在打开的光盘中找到相应的驱动程序，在整个安装步骤中，这一步是最关键的，如果其驱动程序文件出错，就不可能成功地添加声卡，如图 2-64 所示。

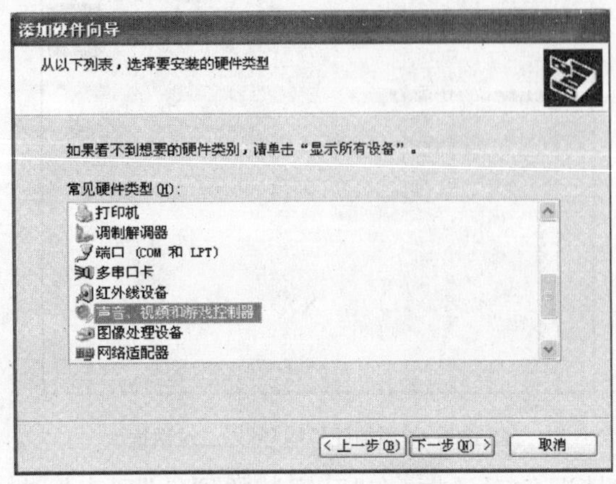

图 2-63 选择要安装的硬件类型

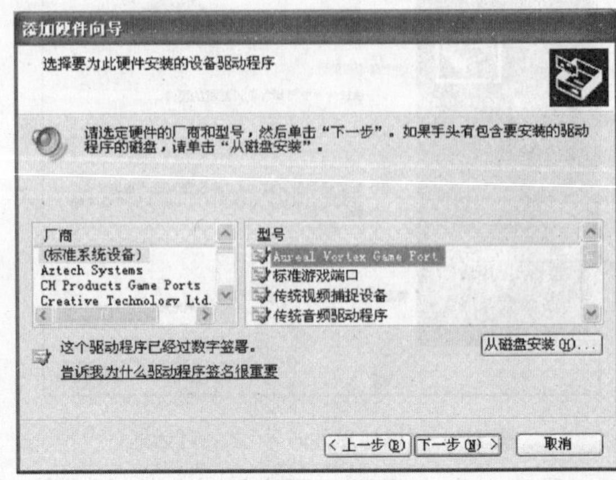

图 2-64 选择安装硬件的驱动程序

⑧当用户找到正确的驱动程序文件后，可单击【下一步】按钮，这时会出现"向导准备安装您的硬件"对话框，提示用户系统将开始安装新硬件，如果用户想修改以前的设置，可以单击【上一步】按钮逐步返回到相应的步骤进行修改，如果用户确认开始安装新硬件，单击【下一步】按钮即可，如图 2-65 所示。

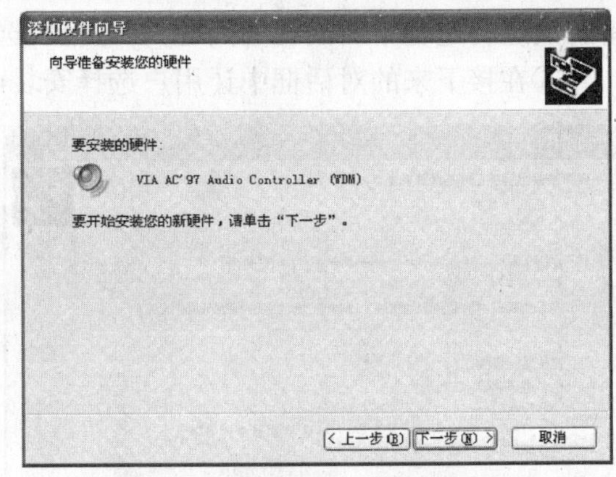

图 2-65 向导准备安装您的硬件

⑨这时在屏幕上会出现文件复制的对话框，表明驱动程序文件加载的进度，在接下来的对话框中将提示用户成功地添加了该硬件设备，单击【完成】关闭添加新硬件向导。

到这里，已经完成了非即插即用声卡安装的全过程，在任务栏上会出现喇叭形状的小图标，用户可以在【设备管理器】窗口中查看该硬件设备的相关资料。

在桌面上右击【我的电脑】图标，在弹出的快捷菜单中选择【属性】命令，在打开的"系统属性"对话框中选择"硬件"标签，在"硬件"选项卡中单击"设备管理器"按钮，就会打开"设备管理器"窗口，在"声音、视频和游戏控制器"选项下会出现刚安装的声卡设备，如果要查看该设备的属性，可选择并右击该选项，在弹出的快捷菜单中选择【属性】命令，在打开的"属性"对话框中会显示此设备的详细信息。

2.5 附件的应用

2.5.1 计算器的应用

计算器可以帮助用户完成数据的运算，它可分为标准计算器和科学计算器两种。标准计算器可以完成日常工作中简单的算术运算，科学计算器可以完成较为复杂的科学运算，如函数运算等。运算的结果不能直接保存，而是将结果存储在内存中，以供粘贴到别的应用程序和其他文档中，它的使用方法与日常生活中所使用的计算器的方法相同，可通过鼠标单击计算器上的按钮来取值，也可以通过从键盘上输入来操作。

(1)标准计算器

在处理一般的数据时，用户使用标准计算器就可以满足工作和生活的需要了，单击【开始】按钮，选择【所有程序】→【附件】→【计算器】命令，即可打开【计算器】窗口，系统默认为标准计算器，如图 2-66 所示。

计算器窗口包括标题栏、菜单栏、数字显示区和工作区几部分。

工作区由数字按钮、运算符按钮、存储按钮和操作按钮组成，当用户使用时可以先输入所要运算的算式的第一个数，在数字显示区内会显示相应的数，然后选择运算符，再输入第二个数，最后选择【=】按钮，即可得到运算后数值。在键盘上输入时，也是按照同样的方法，到最后敲回车键即可得到运算结果。

当用户在进行数值输入过程中出现错误时，可以单击【Backspace】键逐个进行删除，当需要全部清除时，可以单击【CE】按钮，当一次运算完成后，单击【C】按钮即可清除当前的运算结果，再次输入时可开始新的运算。

计算器的运算结果可以导入到其他应用程序中，用户可以选择【编辑】→【复制】命令把运算结果粘贴到别处，也可以从其他地方复制好运算算式后，选择【编辑】→【粘贴】命令，在计算器中进行运算。

(2)科学计算器

当用户从事专业的科研工作时，要经常进行较为复杂的科学运算，可以选择【查看】→【科学型】命令，弹出【科学计算器】窗口，如图 2-67 所示。

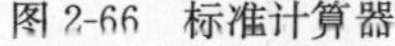
图 2-66 标准计算器

图 2-67 科学计算器

此窗口增加了数基数制选项、单位选项及一些函数运算符号，系统默认的是十进制，当用户改变其数制时，单位选项、数字区、运算符区的可选项将发生相应的改变。

用户在工作过程中，也许需要进行数制的转换，这时可以直接在数字显示区输入所要转换的数值，也可以利用运算结果进行转换，选择所需要的数制，在数字显示区会出现转换后的结果。

另外，科学计算器可以进行一些函数的运算，使用时要先确定运算的单位，在数字区输入数值，然后选择函数运算符，再单击【=】按钮，即可得到结果。

2.5.2 画图的应用

【画图】程序是一个位图编辑器，可以对各种位图格式的图画进行编辑，用户可以自己绘制图画，也可以对扫描的图片进行编辑修改，在编辑完成后，以BMP,JPG,GIF等格式存档，用户也可以发送到桌面和其他文本文档中。

(1)认识【画图】界面

当用户要使用画图工具时，可单击【开始】按钮，单击【所有程序】→【附件】→【画图】，这时用户可以进入【画图】界面，如图2-68所示，为程序默认状态。

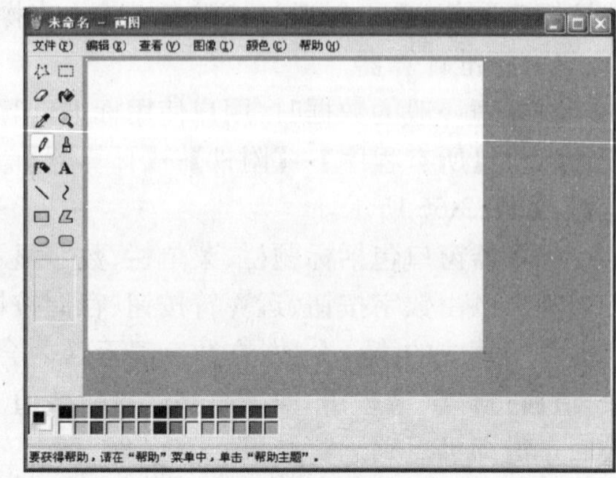

图2-68 【画图】界面

下面来简单介绍一下程序界面的构成。

①标题栏：在这里标明了用户正在使用的程序和正在编辑的文件。

②菜单栏：此区域提供了用户在操作时要用到的各种命令。

③工具箱：它包含了十六种常用的绘图工具和一个辅助选择框，为用户提供多种选择。

④颜料盒：它由显示多种颜色的小色块组成，用户可以随意改变绘图颜色。

⑤状态栏：它的内容随光标的移动而改变，标明了当前鼠标所处位置的信息。

⑥绘图区：处于整个界面的中间，为用户提供画布。

(2)页面设置

在用户使用画图程序之前，首先要根据自己的实际需要进行画布的选择，也就是要进行页面设置，确定所要绘制的图画大小及各种具体的格式。用户可以通过选择【文件】菜单中的【页面设置】命令来实现，如图2-69所示。

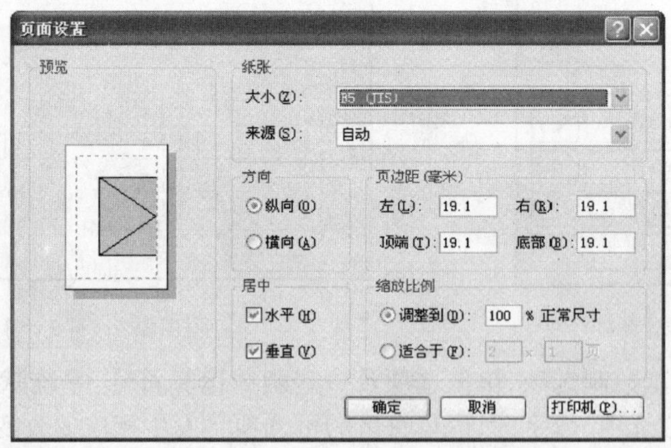

图2-69 “页面设置”对话框

在“纸张”选项组中，单击向下的箭头，会弹出一个下拉列表框，用户可以选择纸张的大小及来源，可从“纵向”和“横向”复选框中选择纸张的方向，还可进行页边距离及缩放比例的调整，当一切设置好之后，用户就可以进行绘画的工作了。

(3)使用工具箱

在【工具箱】中，为用户提供了十六种常用的工具，当每选择一种工具时，在下面的辅助选择框中会出现相应的信息。比如，当选择【放大镜】工具时，会显示放大的比例，当选择【刷子】工具时，会出现刷子大小及显示方式的选项，用户可自行选择。

①裁剪工具：利用此工具，可以对图片进行任意形状的裁切，单击此工具按钮，按下左键不松开，对所要进行的对象进行圈选后再松开手，此时出现虚框选区，拖动选区，即可看到效果。

②选定工具：此工具用于选中对象，使用时单击此按钮，拖动鼠标左键，可以拉出一个矩形选区对所要操作的对象进行选择，用户可对选中范围内的对象进行复制、移动、剪切等操作。

③橡皮工具：用于擦除绘图中不需要的部分，用户可根据要擦除的对象范围大小，来选择合适的橡皮擦，橡皮工具根据背景而变化，当用户改变其背景色时，橡皮会转换为绘图工具，类似于刷子的功能。

④填充工具：运用此工具可对一个选区内进行颜色的填充，来达到不同的表现效果，用户可以从颜料盒中进行颜色的选择，选定某种颜色后，单击改变前景色。右击改变背景色。在填充时，一定要在封闭的范围内进行，否则整个画布的颜色会发生改变，达不到预想的效果，在填充对象上单击填充前景色，右击填充背景色。

⑤取色工具：此工具的功能等同于在颜料盒中进行颜色的选择，运用此工具时可单击该工具按钮，在要操作的对象上单击，颜料盒中的前景色随之改变，而对其右击，则背景色会发生相应的改变。当用户需要对两个对象进行相同颜色填充，而这时前、背景色的颜色已经调乱时，可采用此工具，能保证其颜色的绝对相同。

⑥放大镜工具：当用户需要对某一区域进行详细观察时，可以使用放大镜进行放大，选择此工具按钮，绘图区会出现一个矩形选区，选择所要观察的对象，单击即可放大，再次单击回到原来的状态。用户可以在辅助选框中选择放大的比例。

⑦铅笔工具：此工具用于不规则线条的绘制，直接选择该工具按钮即可使用，线条的颜色依前景色而改变，可通过改变前景色来改变线条的颜色。

⑧刷子工具：使用此工具可绘制不规则的图形，使用时单击该工具按钮，在绘图区按下左键拖动即可绘制显示前景色的图画，按下右键拖动可绘制显示背景色图画。用户可以根据需要选择不同的笔刷粗细及形状。

⑨喷枪工具：使用喷枪工具能产生喷绘的效果，选择好颜色后，单击此按钮，即可进行喷绘，在喷绘点上停留的时间越久，其浓度越大；反之，其浓度越小。

⑩文字工具 A：用户可采用文字工具在图画中加入文字，单击此按钮，【查看】菜单中的【文字工具栏】便可以用。执行此命令，这时就会弹出【文字工具栏】，用户在文字输入框内输完文字并且选择后，可以设置文字的字体、字号，给文字加粗、倾斜、加下划线，改变文字的显示方向等，如图 2-70 所示。

⑪直线工具：此工具用于直线线条的绘制，先选择所需要的颜色及在辅助选择框中选择合适的宽度，单击直线工具按钮，拖动鼠标至所需要的位置再松开，即可得到直线，在拖动的过程中同时按【Shift】键，可起到约束的作用，这样可以画出水平线、垂直线或与水平线成 45°的线条。

⑫曲线工具：此工具用于曲线线条的绘制，先选择好线条的颜色及宽度，然后单击曲线按钮，拖动鼠标至所需要的位置再松开，然后在线条上选择一点，移动鼠标则线条会随之变化，调整至合适的弧度即可。

⑬矩形工具、椭圆工具、圆角矩形工具：这三种工具的应用基本相同，当单击工具按钮后，在绘图区直接拖动即可拉出相应的图形，在其辅助选择框中有三种选项，包括以前景色为边框的图形、以前景色为边框背景色填充的图形、以前景色填充没有边框的图形，在拉动鼠标的同时按【Shift】键，可以分别得到正方形、正圆、正圆角矩形工具。

⑭多边形工具：利用此工具用户可以绘制多边形，选定颜色后，单击【工具】按钮，在绘图区拖动鼠标左键，当需要弯曲时松开手，如此反复，到最后时双击鼠标，即可得到相应的多边形。

(4)图像及颜色的编辑

在画图工具栏的【图像】菜单中，用户可对图像进行简单的编辑，下面介绍相关的内容。

①在"翻转和旋转"对话框内有三个复选框：水平翻转、垂直翻转及按一定角度旋转。用户可以根据自己的需要进行选择，如图 2-71 所示。

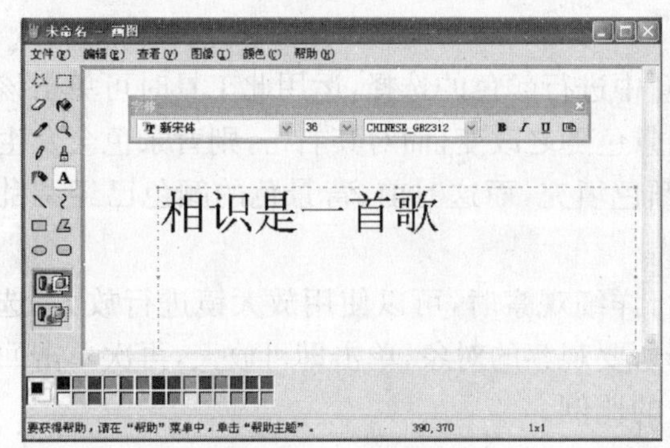

图 2-70　文字工具

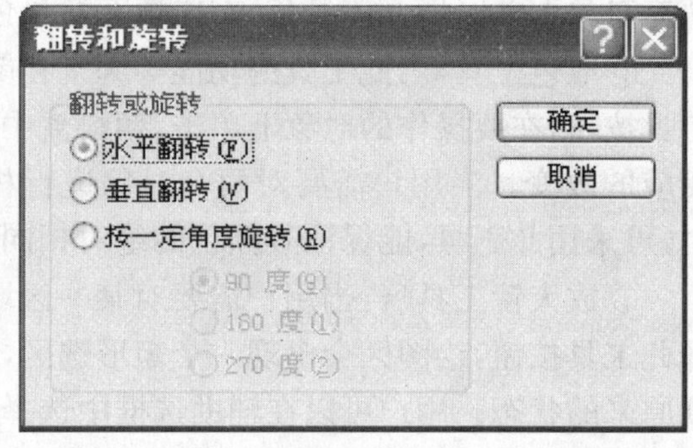

图 2-71　"翻转和旋转"对话框

②在"拉伸和扭曲"对话框内，有拉伸和扭曲两个选项组，用户可以选择水平和垂直方向拉伸的比例和扭曲的角度，如图 2-72 所示。

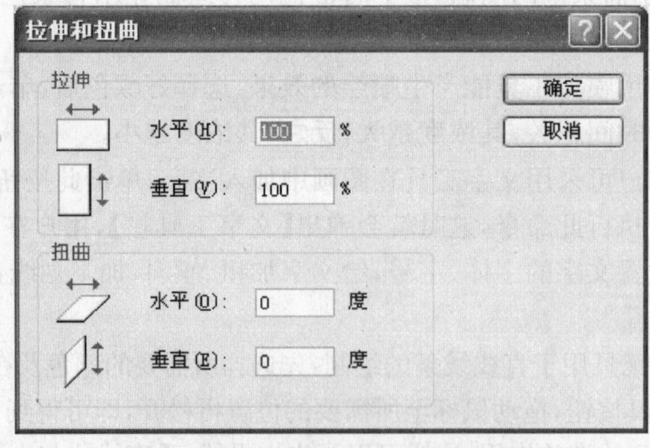

图 2-72　"拉伸和扭曲"对话框

③选择【图像】下的【反色】命令，图形即可呈反色显示，图 2-73、图 2-74 是执行【反色】命令后的两幅对比图。

图 2-73 【反色】前

图 2-74 【反色】后

④在“属性”对话框内，显示了保存过的文件属性，包括保存的时间、大小、分辨率及图片的高度、宽度等，用户可在“单位”选项组下选用不同的单位进行查看，如图 2-75 所示。

生活中的颜色是多种多样的，在颜料盒中提供的色彩也许远远不能满足用户的需要，当【颜色】菜单中为用户提供了选择的空间，执行【颜色】→【编辑颜色】命令，弹出“编辑颜色”对话框，用户可在“基本颜色”选项组中进行色彩的选择，也可以单击【添加到自定义颜色】按钮自定义颜色，然后再添加到“自定义颜色”选项组中，如图 2-76 所示。

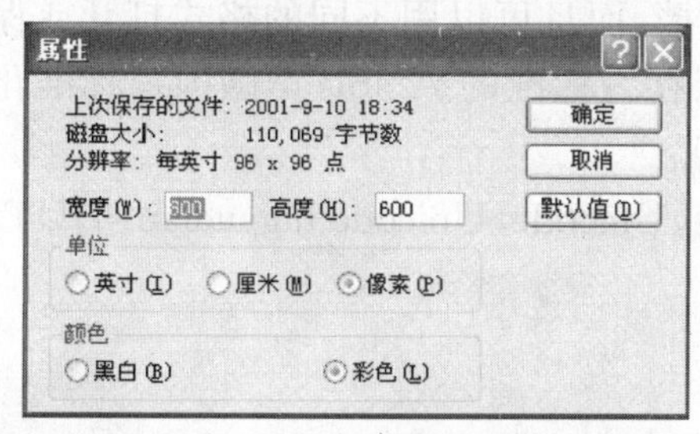

图 2-75 “属性”对话框

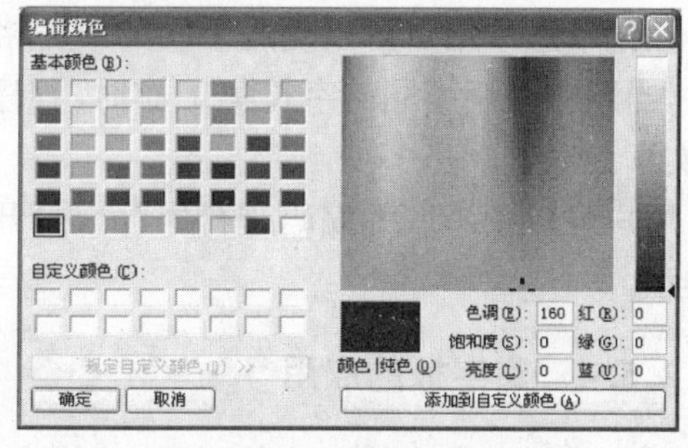

图 2-76 “编辑颜色”对话框

当用户的一幅作品完成后，可以设置为墙纸，还可以打印输出，具体的操作都是在【文件】菜单中实现的，用户可以直接执行相关的命令根据提示操作，这里不再过多叙述。

2.5.3 记事本的基本操作

记事本用于纯文本文档的编辑，功能没有写字板强大，适于编写一些篇幅短小的文件，由于它使用方便、快捷，应用也是比较多的，如一些程序的 READ ME 文件通常是以记事本的形式打开的。

在 Windows XP 系统中的【记事本】又新增了一些功能，如可以改变文档的阅读顺序，可以使用不同的语言格式来创建文档，可以若干不同的格式打开文件。

启动记事本时，用户可依以下步骤来操作：

单击【开始】按钮,选择【所有程序】→【附件】→【记事本】命令,即可启动记事本,如图 2-77 所示,它的界面与写字板的基本一样。

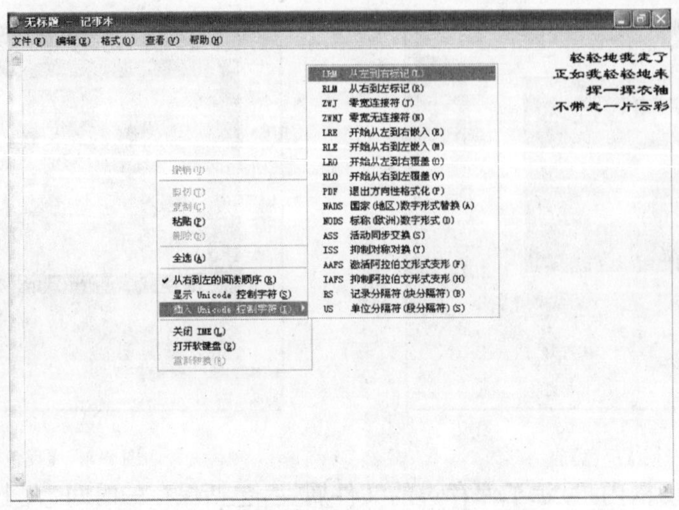

图 2-77 记事本

关于记事本的一些操作几乎都和写字板一样,在这里不再过多讲述,用户可参照上节关于写字板的介绍来使用。

为了适应不同用户的阅读习惯,在记事本中可以改变文字的阅读顺序,在工作区域右击,弹出快捷菜单,选择"从右到左的阅读顺序",则全文的内容都移到了工作区的右侧。

在记事本中用户可以使用不同的语言格式创建文档,而且可以用不同的格式打开或保存文件,当用户使用不同的字符集工作时,程序将默认保存为标准的 ANSI(美国国家标准化组织)文章。

用户可以用不同的编码进行保存或打开,如 ANSI,Unicode,Unicode bigendian 或 UTF-8 等类型。

2.5.4 写字板的应用

【写字板】是一个使用简单,但却功能强大的文字处理程序,用户可以利用它进行日常工作中文件的编辑。它不仅可以进行中英文文档的编辑,而且还可以图文混排,插入图片、声音、视频剪辑等多媒体资料。

(1)认识写字板

当用户要使用写字板时,可执行以下操作:

在桌面上单击【开始】按钮,在打开的【开始】菜单中执行【所有程序】→【附件】→【写字板】命令,这时就可以进入【写字板】界面,如图 2-78 所示。

从图中用户可以看到,它由标题栏、菜单栏、工具栏、格式栏、水平标尺、工作区和状态栏几部分组成。

(2)新建文档

当用户需要新建一个文档时,可以在【文件】菜单中进行操作,执行"新建"命令,弹出"新建”对话框，用户可以选择新建文档的类型，默认的为 RTF 格式的文档。单击【确定】后，即可新建一个文档进行文字的输入，如图 2-79 所示。

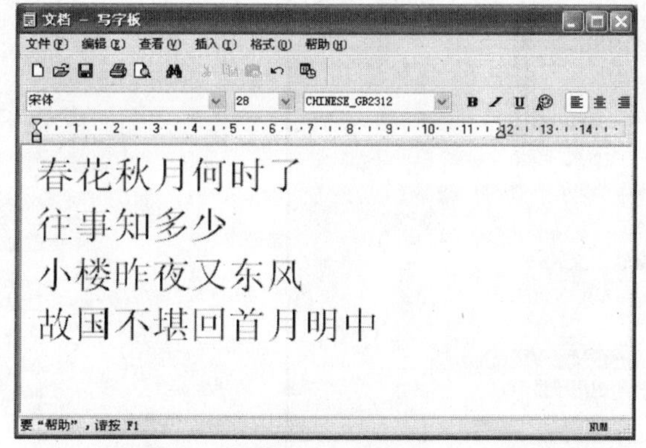

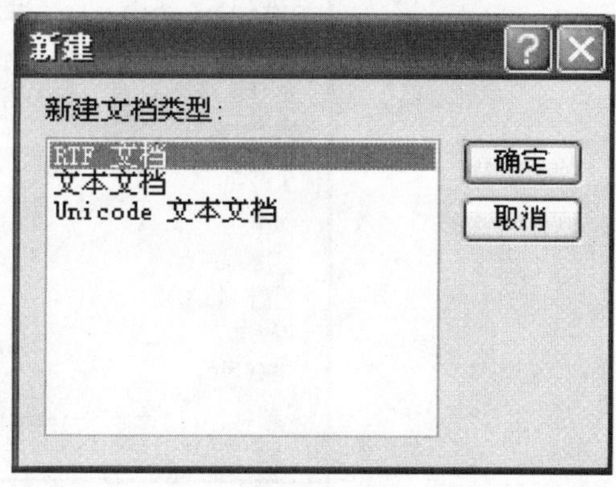

图 2-78 【写字板】界面

图 2-79 “新建”对话框

设置好文件格式后，还要进行页面的设置，在【文件】菜单选择【页面设置】命令，弹出“页面设置”对话框。在其中，用户可以选择张的大小、来源及使用方向，还可以进行页边距的调整，如图 2-80 所示。

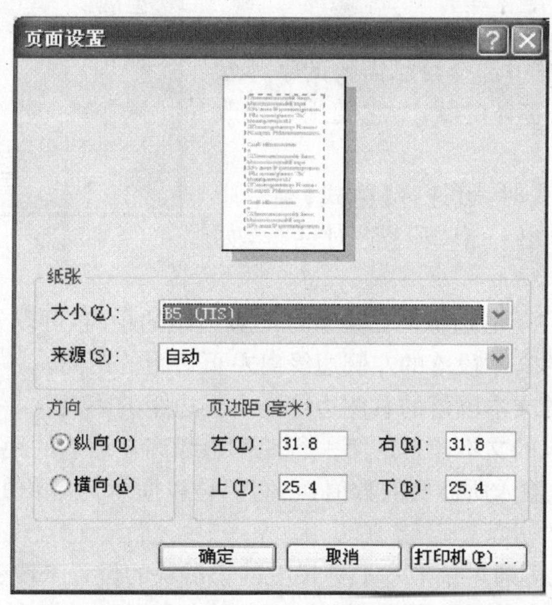

图 2-80 “页面设置”对话框

(3)字体及段落格式

当用户设置好文件的类型及页面后，就要进行字体及段落格式的选择了，如文件用于正式的场合，要选择庄重的字体，反之，可选择一些轻松活泼的字体。

用户可以直接在格式栏中进行字体、字形、字号和字体颜色的设置，也可以利用【格式】菜单中的【字体】命令来实现，选择这一命令后，出现“字体”对话框，如图 2-81 所示。

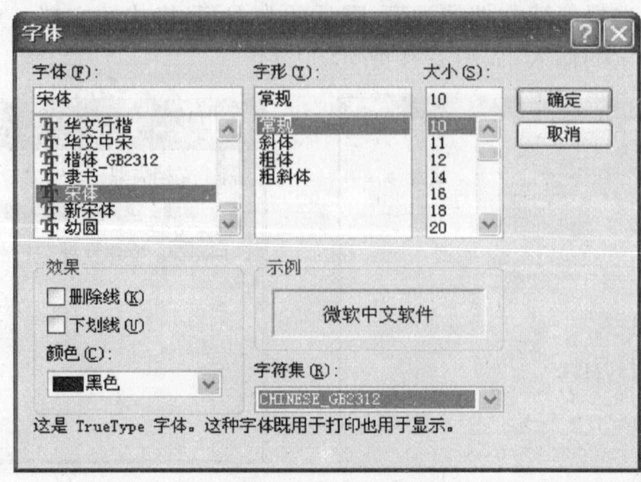

图 2-81 “字体”对话框

①在“字体”的下拉列表框中有多种中英文字体可供用户选择，默认为宋体；在“字形”中用户可以选择常规、斜体等；在字体的“大小”中，字号用阿拉伯数字标识的，字号越大，字体就越大，而用汉语标识的，字号越大，字体反而越小。

②在“效果”中可以添加删除线、下划线，用户可以在“颜色”的下拉列表框中选择自己需要的字体颜色，“示例”中显示了当前字体的状态，它随用户的改动而变化。

在用户设置段落格式时，可选择【格式】菜单中的【段落】命令，这时弹出一个“段落”对话框，如图 2-82所示。

图 2-82 “段落”对话框

缩进是指用户输入段落的边缘离已设置好的页边距的距离，可以分为以下三种。

☆ 左缩进：指输入的文本段落的左侧边缘离左页边距的距离。

☆ 右缩进：指输入的文本段落的右侧边缘离右页边距的距离。

☆ 首行缩进：指输入的文本段落的第一行左侧边缘离左缩进的距离。

在“段落”对话框中，输入所需要的数值，它们都是以厘米为单位的。确定后，文档中的段落会发生相应的改变。

调整缩进时，用户也可通过调节水平标尺上的小滑块的位置来改变缩进设置。

在【段落】命令中，有三种对齐方式：左对齐、右对齐和居中对齐。

当然，用户可以直接在格式栏上单击按钮左对齐、居中对齐和右对齐来进行文本的对齐。

有时，用户会编写一些属于并列关系的内容。这时，如果要加上项目符号，可以使全文简洁明了，更加富有条理性。用户可以先选中所要操作的对象，然后执行【格式】→【项目符号样式】命令，或者可以在格式栏上单击项目符号按钮来添加项目符号。

(4)编辑文档

编辑功能是写字板程序的灵魂,通过各种方法,如复制、剪切、粘贴等操作,使文档能符合用户的需要,下面来简单介绍几种常用的操作。

①选择

按下鼠标左键不放手,在所需要操作的对象上拖动,当文字呈反白显示时,说明已经选中对象。当需要选择全文时,可执行【编辑】→【全选】命令,或者使用快捷键【Ctrl+A】即可选定文档中的所有内容。

②删除

当用户选定不再需要的对象进行清除工作时,可以在键盘上按下【Delete】键,也可以在【编辑】菜单中执行【清除】或【剪切】命令,即可删除内容,所不同的是,【清除】是将内容放入到回收站中,而【剪切】是把内容存入了剪贴板中,可以进行还原粘贴。

③移动

先选中对象,当对象呈反白显示时,按下鼠标左键拖到所需要的位置再放手,即可完成移动的操作。

④复制

用户如要对文档内容进行复制时,可以先选定对象,使用【编辑】菜单中的【复制】命令,也可以使用快捷键【Ctrl+C】来进行。

移动与复制的区别在于,进行移动后,原来位置的内容不再存在,而复制后,原来的内容还存在。

⑤查找和替换

有时,用户需要在文档中寻找一些相关的字词,如果全靠手动查找,会浪费很多时间,利用【编辑】菜单中【查找】和【替换】就能轻松地找到所想要的内容。这样,会提高用户的工作效率。

在进行【查找】时,可选择【编辑】→【查找】命令,弹出"查找"对话框,用户可以在其中输入要查找的内容,单击【查找下一个】即可,如图 2-83 所示。

图 2-83 "查找"对话框

☆ 全字匹配:主要针对英文的查找,选择后,只有找到完整的单词后,才会出现提示,而其缩写则不会查找到。

☆ 区分大小写:当选择后,在查找的过程中,会严格地区分大小写。

说明:这两项一般都默认为不选择,用户如需要时,可选择其复选框。如果用户需要某些内容的替换时,可以选择【编辑】→【替换】命令,出现"替换"对话框,如图 2-84 所示。

在"查找内容"中输入原来的内容,即要被替换掉的内容,在"替换为"输入要替换后的内容,输入完成后,单击【查找下一处】按钮,即可查找到相关内容,单击【替换】只替换一处的内容,单击【全部替换】则在全文中都替换掉。

图 2-84 “替换”对话框

为了提高工作效率，用户可以利用快捷键或者通过在选定对象上右击后所产生的快捷菜单中进行操作，同样也可以完成各种操作。

(5)插入菜单

用户在创建文档的过程中，常常要进行时间的输入，利用【插入】菜单可以方便地插入当前的时间而不用逐条输入，而且可以插入各种格式的图片及声音等。

用户在使用时，先选定将要插入的位置，然后选择【编辑】→【日期和时间】命令，弹出“日期和时间”对话框，在其中为用户提供了多种格式的日期和时间，用户可随意选择，如图 2-85 所示。

在写字板中用户可以插入多种对象，当选择【插入】→【对象】命令后，即可弹出“插入对象”对话框，用户可以选择要插入的对象，在【结果】中显示了对所选项的说明，单击【确定】后，系统将打开所选的程序，用户可以选择所需要的内容插入，如图 2-86 所示。

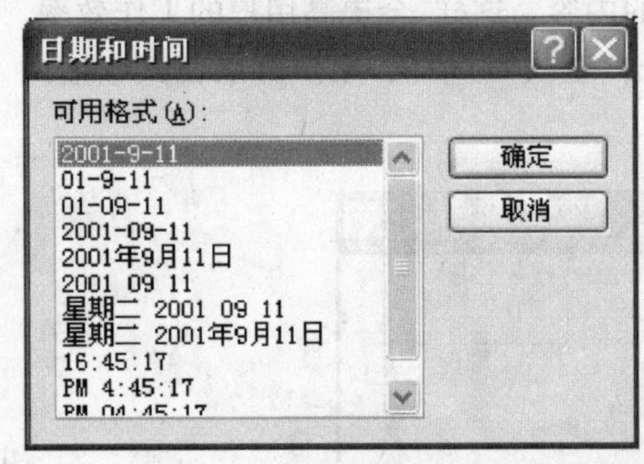

图 2-85 “日期和时间”对话框

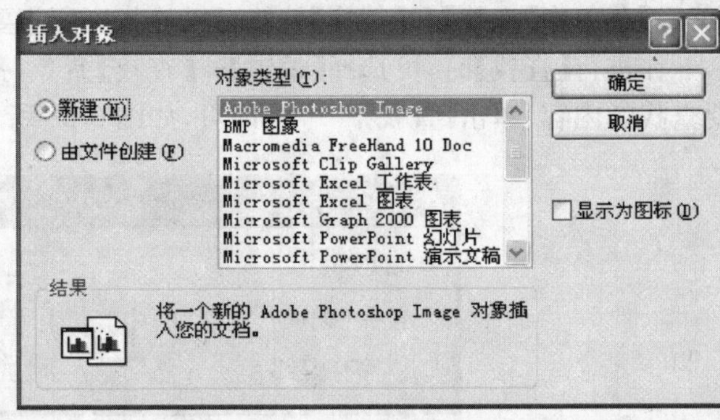

图 2-86 “插入对象”对话框

第 3 章　Word 2003

Word 2003 是办公自动化软件 Office 2003 系列的一个组件，由 Microsoft 公司开发，其主要功能是可以方便地进行文字处理和版式编排，它具有简单易学，界面友好，智能化程度高，与其他应用软件交换数据方便的特点。因此，它是一个深受广大用户欢迎的文字处理软件。虽然 Office 中各个组件分工不同，但它们都具有基本相同的操作、外观、菜单命令、工具栏及通用工具。在学习 Word 过程中，要不断归纳总结，体会 Office“风格”，为以后学习 Office 2003 系列中的其他组件打下良好的基础。

3.1　Word 2003 中文版基础知识

3.1.1　安装 Word 2003

(1)安装软件的来源

①到出售各种软件的公司购买【Office 2003 简体中文版】安装软件光盘。

②在网上搜索。如在百度(www. baidu. com)上搜索【Office 2003 简体中文版】，在搜索到的相关网页下载。

(2)安装步骤

①将光盘放入光驱，在桌面上会自动弹出如图 3-1 所示图形，随着所购买的光盘不同，弹出界面会有所区别。如果在桌面上没有弹出如图 3-1 所示图形，可以打开【我的电脑】，在【我的电脑】窗口中找到光盘盘符并双击打开，在弹出的窗口中双击【Setup. exe】 文件，将弹出如图 3-1 所示图形；打开光盘后，可以直接找到并打开【OFFICE11】文件夹，双击该文件夹中的【Setup. exe】 ，将直接弹出图 3-3 所示图形开始安装。

图 3-1　安装界面

②将鼠标移动到图 3-1 所示界面左下角的【Office 2003】按钮上时，图 3-1 变为图 3-2 所示图形，此时单击【Office 2003】按钮，程序开始安装，稍等几分钟后，弹出图 3-3 所示对话框，在该对话框中输入产品密钥(产品序列号)，该号码的获得可以是自动的，也可以在打开的【OFFICE11】文件夹中找到文件名为【SN】的记事本文件，打开该记事本文件，其中存放的即是产品密钥。填写完毕后单击 下一步(N) > 按钮，弹出如图 3-4 所示对话框。

图 3-2　鼠标移动到 Office 2003 按钮上的界面

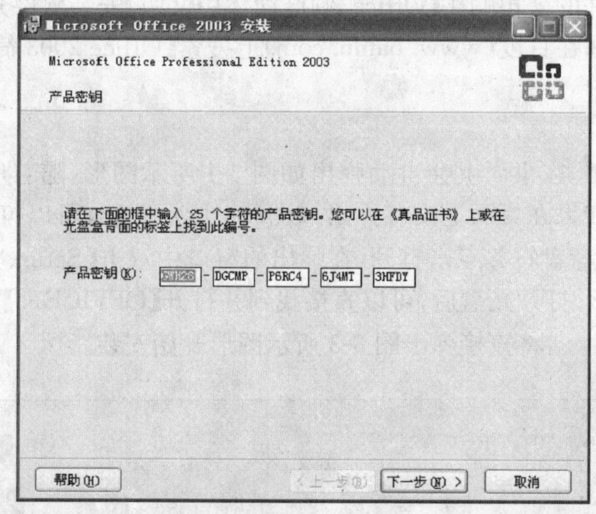

图 3-3　安装提示向导之一

③在该对话框中，输入用户信息，然后单击 下一步(N) > 按钮，弹出如图 3-5 所示对话框。

④在图 3-5 所示对话框中勾选【我接受《许可协议》中的条款】选项，然后单击 下一步(N) > 按钮，在弹出的对话框中，默认选项为【典型安装】，默认安装位置【c:\Program Files\Microsoft Office\Word 2003】，建议初学者应用默认安装，直接单击 下一步(N) > 按钮，弹出图 3-6 所示对话框。

⑤在图 3-6 所示对话框中，直接选择 安装(I) 按钮，等待几分钟后，安装完毕。弹出图 3-7 所示对话框。在该对话框中，单击 完成(F) 按钮，安装过程全部结束。

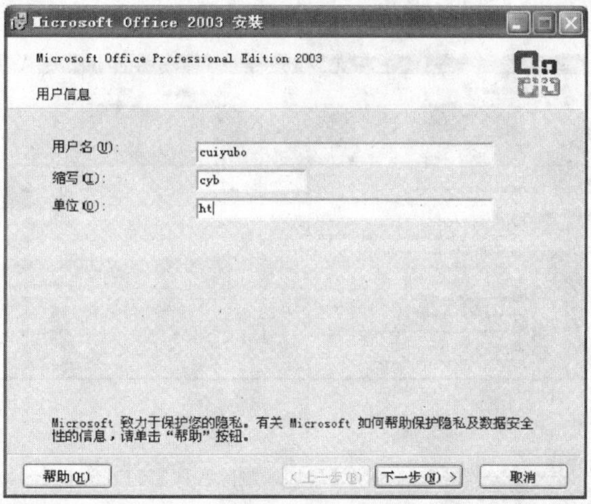

图 3-4　安装提示向导之二

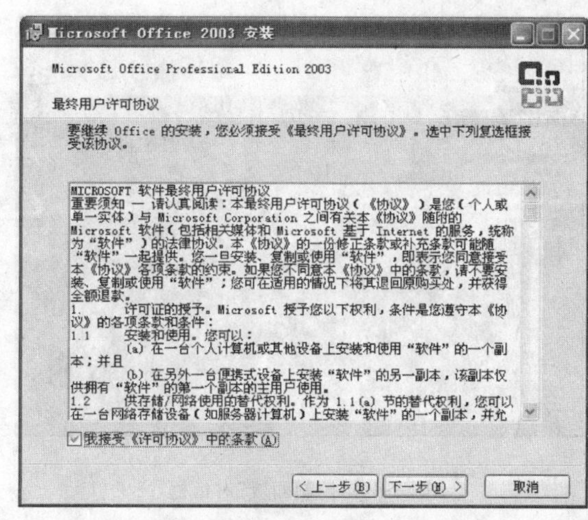

图 3-5　安装提示向导之三

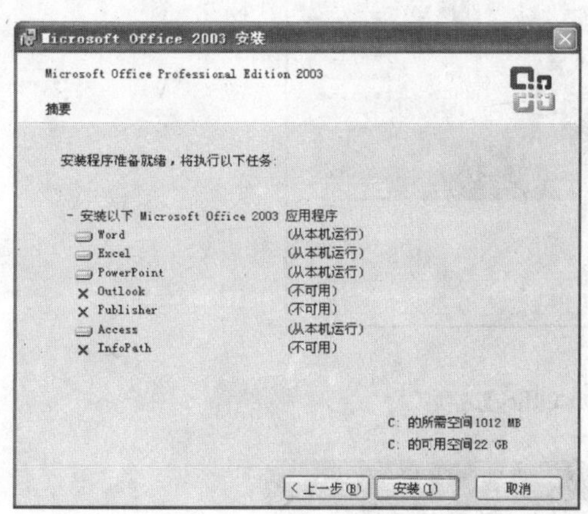

图 3-6　安装提示向导之四

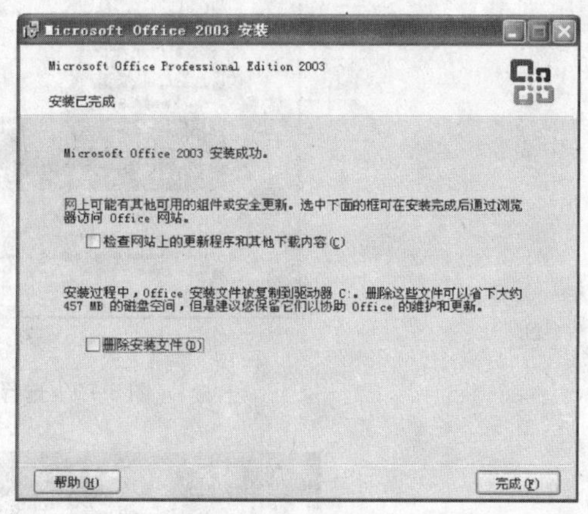

图 3-7　安装提示向导之五

3.1.2　卸载

(1)从【控制面板】中卸载

执行【开始】→【控制面板】命令，打开“控制面板”对话框，如图 3-8 所示。在右侧窗格中单击【添加或删除程序】选项按钮，弹出如图 3-9 所示【添加或删除程序】窗口，在【当前安装的程序】中选择【Microsoft Office Professional Edition 2003】选项，此时在该选项后面将出现【更改】和【删除】按钮，如图 3-10 所示。单击【删除】按钮，将弹出如图 3-11 所示对话框，单击【是】等待几分钟即可将该软件删除。

(2)重新使用【Office 2003】安装盘卸载

重新将【Office 2003】安装盘插入到光驱中，双击【SETUP. EXE】，在弹出的对话框中，选择【卸载(U)从本机上删除 Microsoft office 2003】，单击 下一步(N) > 按钮，根据提示即可将该软件删除。

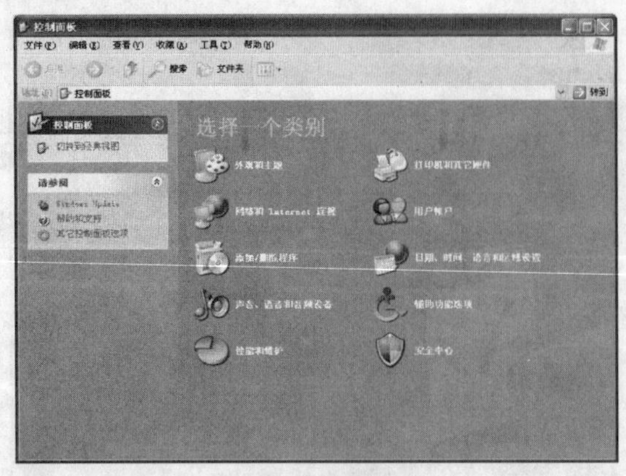

图 3-8 “控制面板”对话框

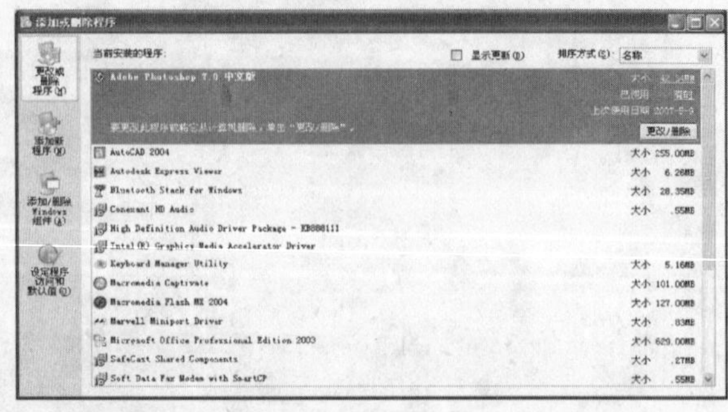

图 3-9 所示【添加或删除程序】窗口

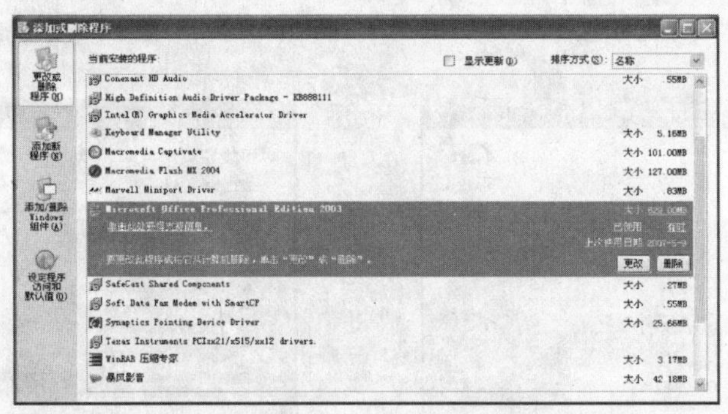

图 3-10 选择【Microsoft Office】选项

图 3-11 “添加或删除程序”对话框

3.1.3 启动和退出 Word 2003 中文版

(1)启动 Word 2003 中文版

①执行【开始】→【所有程序】→【Microsoft Office】→【Microsoft Office Word 2003】如图 3-12所示，即可启动 Word 2003 中文版。

②创建快捷方式启动。执行步骤(1)到图 3-12 所示图形时，在【Microsoft Office Word 2003】菜单项上单击鼠标右键，在弹出的快捷菜单中执行【发送到(N)】→【桌面快捷方式】，如图 3-13 所示。此时在桌面上即建立了 Word 2003 的快捷图标，完成快捷方式的创建后，只需双击它即可启动 Word 2003。

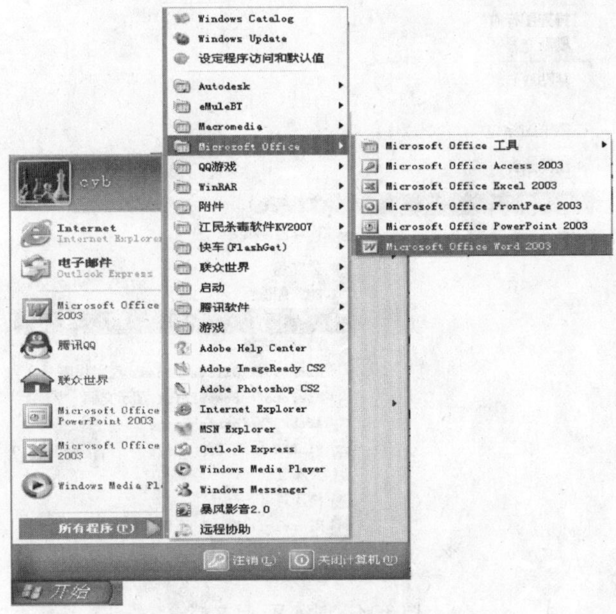

图 3-12　从【开始】菜单启动 Word 2003

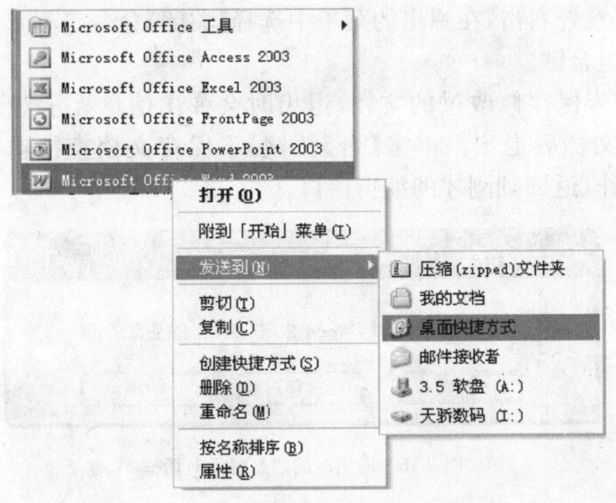

图 3-13　创建快捷方式

③通过创建 Word 文档启动。在 Windows 桌面的空白处右击，或者在【我的电脑】和【资源管理器】等窗口中单击鼠标右键，然后在弹出的快捷菜单中执行【新建】→【Microsoft Word 文档】命令，如图 3-14 所示，这时，屏幕上会出现一个【新建 Microsoft Word 文档】图标。双击该图标，即可启动并创建一篇新文档。

(2)退出 Word 2003 中文版

①单击标题栏右端的【关闭】按钮。

②单击标题栏最左端的控制菜单图标，在弹出的控制菜单中选择【关闭】命令。

③双击标题栏左端的控制菜单图标。

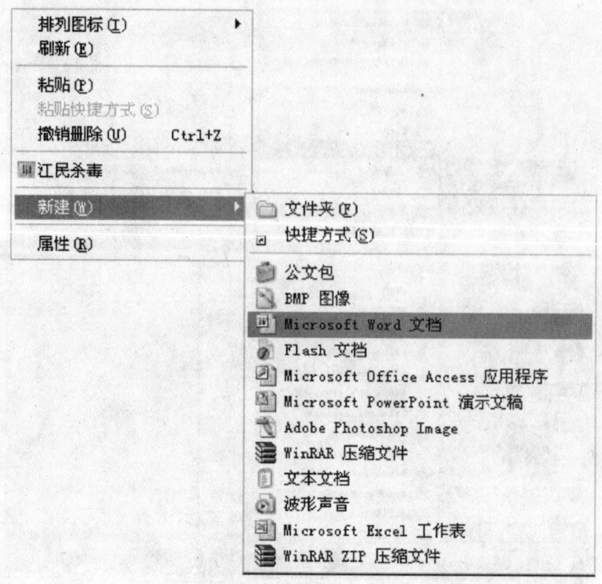

图 3-14 创建 Word 文档

④执行菜单【文件】→【退出】。

⑤在标题栏的任意处右击，在弹出的菜单中选择【关闭】命令。

⑥按【Alt+F4】组合键。

如果在退出之前未保存修改过的文档，退出时会弹出信息提示对话框，如图 3-15 所示。单击【是】按钮，保存文档后退出。单击【否】按钮，不保存文档直接退出。单击【取消】按钮 Word 会取消这次操作，返回到刚才的编辑窗口。

图 3-15 退出时的信息提示对话框

3.1.4 Word 2003 工作界面

启动 Word 2003 后将进入如图 3-16 所示的工作界面。

(1)标题栏

标题栏位于 Word 工作界面的最上方，用于显示当前正在编辑的文档的文件名等信息，如图 3-17 所示。

在标题栏的最左侧有一个程序控制图标，单击此图标会弹出控制菜单，从中可以进行窗口的还原、移动、最小化、最大化、关闭等操作。在标题栏最右侧依次为【最小化】按钮、【最大化/还原】按钮、【关闭】按钮。

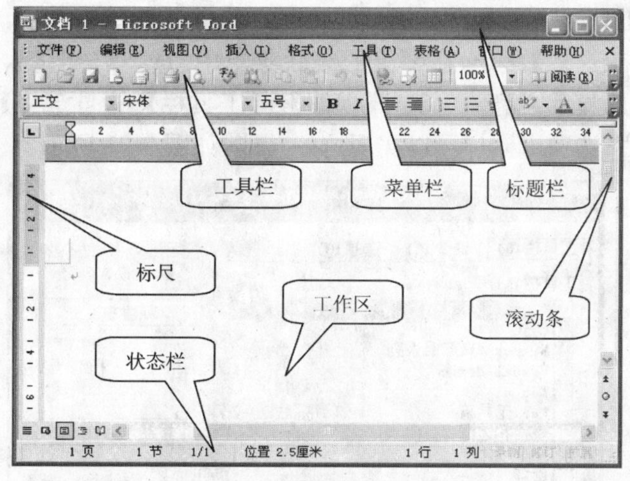

图 3-16 Word 2003 工作界面

图 3-17 标题栏

(2)菜单栏

菜单栏位于标题栏的下方,如图 3-18 所示。

图 3-18 菜单栏

要想快速打开某一个具体的菜单,在按住【Alt】键的同时按下与所选菜单右侧的带下划线的英文字母即可打开所选菜单。如按住【Alt + E】将打开【编辑】菜单。

单击菜单栏中的每一项菜单都会弹出一个子菜单,如图 3-19 所示。其中,灰色的菜单项表示该菜单不可用,只有在进行了其他的相关操作之后该菜单项才会有效,如【调整宽度】菜单项;后面带有省略号的菜单项表示该单击该菜单项会弹出对话框,如"边框和底纹"菜单项;后面带有三角符号的菜单项表示还有级联菜单,如图 3-19 中的"中文版式"菜单项。

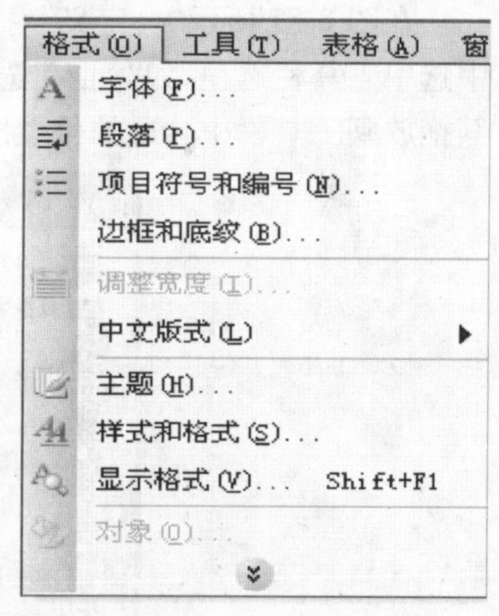

图 3-19 "格式"菜单下的级联菜单

(3)工具栏

工具栏是将常用的菜单命令以工具按钮的形式表示出来。它一般位于菜单栏的下方。在默认状态下,显示【常用】工具栏和【格式】工具栏两种,如图 3-20 所示。

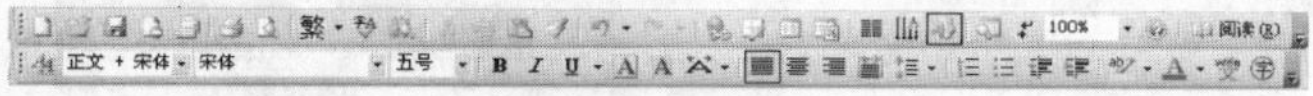

图 3-20 工具栏

通过对工具按钮的操作,用户可以快速地执行使用频率较高的菜单命令,从而提高工作效率。当然用户也可以根据自己的需要安排工具栏的显示位置等。

①显示或隐藏工具栏

执行【视图】→【工具栏】命令，在弹出的级联菜单中，选择需要显示或隐藏的工具栏并单击，即可实现工具栏的显示或隐藏。执行【视图】→【工具栏】→【自定义】命令，在弹出的“自定义”对话框的“工具栏”选项卡同样可以实现这一功能，如图 3-21 所示。

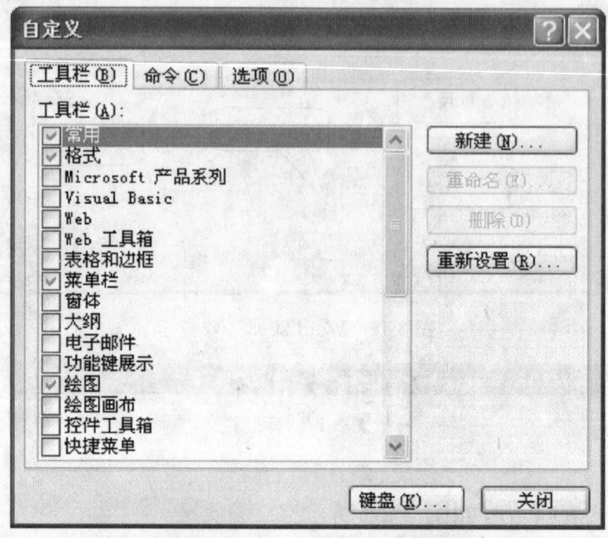

图 3-21 “自定义”对话框

②在工具栏中添加或删除工具按钮

在图 3-21 所示“自定义”对话框中选择“命令”选项卡，如图 3-22 所示。在“类别”列表框中选中工具栏选项，如“插入”选项，然后在右侧“命令”列表框中选择命令，如【公式编辑器】，将其拖放到工具栏中合适的位置即可在工具栏上添加一个【公式编辑器】按钮。

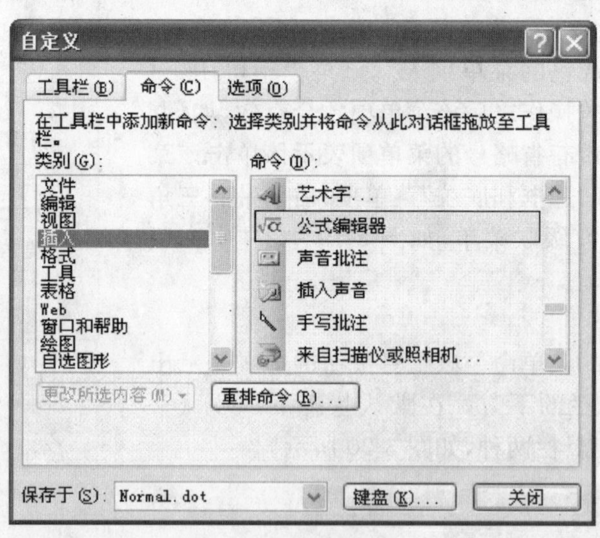

图 3-22 “命令”选项卡

选中工具栏上的任意按钮，将其拖放到图 3-22 所示的“命令”列表框中，即可删除工具栏上的按钮。

(4)工作区

工作区也称之为文档编辑区，是用来创建、编辑、修改和查阅文档的地方，用户对文档进行的各种操作都是通过工作区来完成的。

工作区是由标尺、滚动条、前一页、后一页、选择浏览对象按钮等组成的。

(5)状态栏

状态栏位于工作区的最下方，用来显示 Word 文档当前的状态信息，如当前编辑文档的页码、当前光标定位符在文档中的位置等。

3.1.5 文档的基本操作

文档实际上是指对使用 Word 创建的信函、书稿、通知及说明书等的统称。学会文档的基本操作是用户使用 Word 2003 中文版进行文档编辑所必须具备的基本技巧。

(1)创建新文档

在启动 Word 2003 后，程序会自动创建一个 Normal 模板的空白文档，默认文件名为【文档 1】，用户在其中直接编辑内容即可。在此基础上创建空白文档的方法主要有以下几种：

①执行【文件】→【新建】命令，在工作区的右侧会出现【新建文档】任务窗格，如图 3-23 所示，选择“空白文档”即可；

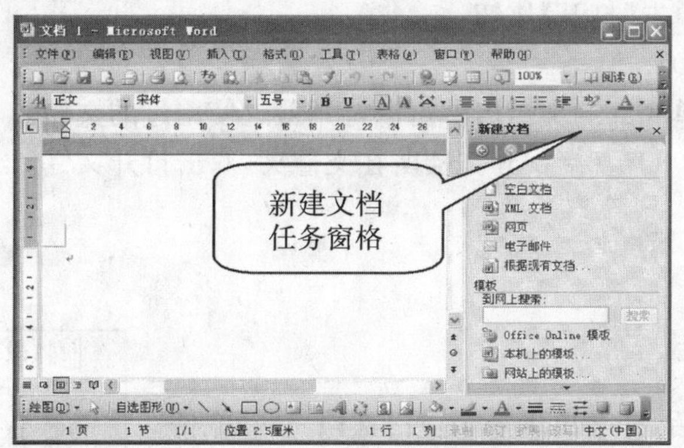

图 3-23 【新建文档】任务窗格

②快捷键【Ctrl+N】；

③单击常用工具栏上的【新建】按钮。

(2)保存文档

Word 2003 工作时，所建立的文档是驻留在内存和保存于磁盘上的临时文件中的。只有对文档进行了保存工作，用户才把文档永久的保存下来。

①执行【文件】→【保存】命令，如果是第一次保存文档，则弹出如图 3-24 所示“另存为”对话框，选择保存路径与保存类型，输入文件名，单击【保存】按钮即可。如果文档不是第一次保存，则不会弹出“另存为”对话框，而是以当前文件替换原有文件，从而实现文件的更新。

②快捷键【Ctrl+S】。

③如果对保存过的文档进行了新的修改，即想保存修改后的文档，又不想覆盖修改前的文档，则执行【文件】→【另保存】命令，在弹出的“另存为”对话框中，对文档进行新的保存设置。

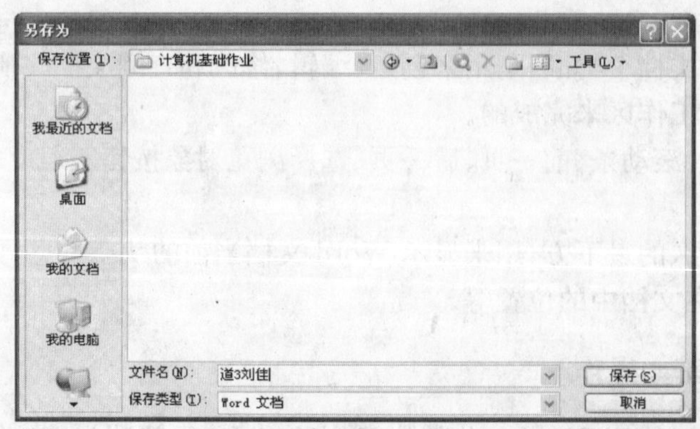

图 3-24 “另存为”对话框

④自动保存文档

执行【工具】→【选项】命令，在弹出的“选项”对话框，选择“保存”选项卡，选中“自动保存时间间隔”复选框，并输入间隔时间。单击【确定】按钮即可。

(3)打开文档

①执行【文件】→【打开】命令，在弹出的“打开”对话框中，找到文件所在目录，双击需要打开的文件或选择文件单击【打开】按钮。

②快捷键【Ctrl+O】

③单击【文件】菜单底部的文档名称可以打开最近使用过的文档。

④不启动 Word 2003，直接找开文档所在文件夹，双击打开文件。

3.2 文本的基本操作

3.2.1 输入文本

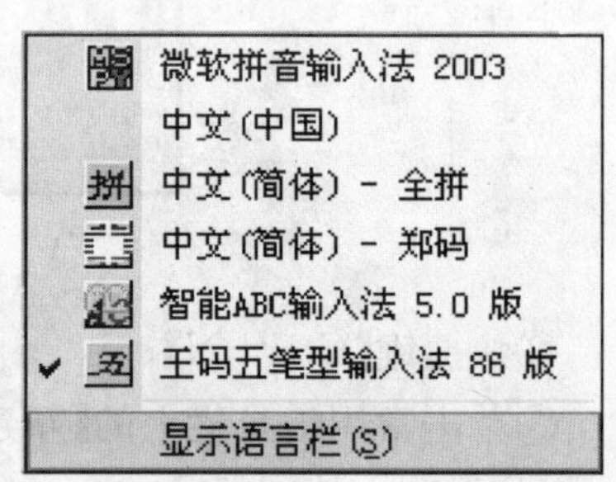

图 3-25 输入法的选择

启动 Word 2003 后，即会出现一个空白文档，在新文件窗口中，有一个闪烁的光标，它所在的位置就是文本的插入点。此时可单击任务栏上的输入法指示器，在弹出的菜单中选择要使用的输入法，如图 3-25 所示，即可输入文本。一般安装好 Windows 操作系统后，系统会自带一些基本的输入法，便如微软拼音、智能 ABC 等，在安装 Word 2003 时，也可以选择输入法的安装(在选择安装类型时选择自定义安装)。输入法之间的切换可以使用【Ctrl +Shift】组合键进行，也可以通过【Ctrl +空格】来实现中英文输入之间的切换。

在 Word 2003 中默认的模式为插入模式。在插入模式下，用户输入的文本将在插入点的右侧出现，而插入点右侧的文本将依次向后延伸。而在改写模式下，用户输入的文本将依次替换插入点右侧的文本。两种模式之间的切换方式为按下【Insert】键或双击状态栏中的【改写】显示器。

在输入过程中，当文字到达一行的最右端时，输入的文本将自动跳转到下一行。当输入的文字占满该页最后一行后，将自动地切换至新的一页继续文本的输入。当需要将文字手动换行时，可以按【Enter】键或【Shift+ Enter】键，按【Enter】键在结束该行的同时结束该段；而按【Shift+ Enter】键则只换行，并不结束一个段落，实际上前一行与后一行之间仍被视为一个段落，如图 3-26 所示。

挥手从兹去。↵ 更那堪凄然相向，苦情重诉。↵ 眼角眉梢都似恨，热泪欲零还住。↵ 知误会前翻书语。↵ 过眼滔滔云共雾，算人间知己吾与汝.↵ 人有病，天知否？↵ 今朝霜重东门路，↵ 照横塘半天残月，凄清如许。↵ 汽笛一声肠已断，从此天涯孤旅。↵ 凭割断愁思恨缕。↵ 要似昆仑崩绝壁，又恰像台风扫环宇.↵ 重比翼，和云翥。	挥手从兹去。↓ 更那堪凄然相向，苦情重诉。↓ 眼角眉梢都似恨，热泪欲零还住。↓ 知误会前翻书语。↓ 过眼滔滔云共雾，算人间知己吾与汝.↓ 人有病，天知否？↓ 今朝霜重东门路，↓ 照横塘半天残月，凄清如许。↓ 汽笛一声肠已断，从此天涯孤旅。↓ 凭割断愁思恨缕。↓ 要似昆仑崩绝壁，又恰像台风扫环宇.↓ 重比翼，和云翥。

图 3-26　手动换行

3.2.2　选定文档

在编辑文本时，一般情况下要求先选定操作对象，才能对象进行编辑。

(1)拖动鼠标选择文本

把鼠标指针放到要选择文本的开始位置，按住鼠标左键，拖动鼠标经过这段文本，被拖动经过的文本会高亮显示，在到达需选定文本的末尾时，释放鼠标，这段文本就被选定了。如图 3-27所示中，文本“我挥舞普通的手帕，只是说明，人登上世界屋脊像所有人爬上自己家屋顶那么普通。”。

站在巅峰的回答

意大利人伦霍尔德·米什尼在成功地登上了 8848.13 米的珠穆朗玛峰峰顶后，接受了记者采访。

记者：海拔 8000 米的高度被登山运动员称为“死亡高度”，你怎么在这氧气极为稀薄的死亡高度不带氧气瓶呢？你有特异功能吗？

米什尼：医生会证明我的肺功能和你的差不多，是人肺的功能，不是秃鹫肺的功能！我在证明 8000 米的高度不是人的死亡高度！我在这个高度上每走一步都要停下来深呼吸 20 次，吸入维持生命活力的氧再走。人没有秃鹫的肺，但人有秃鹫所不具备的脑袋。

记者：米什尼先生，你还是人类唯一征服了世界屋脊上全部 8000 米以上高峰的人。

米什尼：记者先生，你又说错了，我不是人类的“唯一”，而应该说是“第一个”。

记者：对，“第一个”，而不是“唯一”的一个。我想请问，所有登上世界高峰的人都带一面自己国家的国旗，为什么你只掏出一块手帕？难道手帕上有着比国旗更能激发你浪漫情怀的东西？——对不起，我涉及你的隐私了。

米什尼：我的手帕不是夫人或情人送的，而是随意从商店里买的，没有任何人移情在上面。我挥舞普通的手帕，只是说明，人登上世界屋脊像所有人爬上自己家屋顶那么普通。我不带国旗，就是告诉世人，不仅仅是意大利人才能登上这个高度！

图 3-27　被选定的文本

(2)通过选定栏选择文本

当鼠标移动到文本工作区的左侧时，鼠标会变成指向右侧的白色箭头，此时鼠标所在位置即为选定栏。

在选定栏单击鼠标，选定鼠标所对应行的单行；在选定栏双击鼠标，选定鼠标对应段的一段；在选定栏三击鼠标，则选定全篇文档。

(3)选择相邻或不相邻的文本

将光标插入点定位在要选择的起始位置，然后按下【Shift】键不放，再移动鼠标指针到要选择的末端位置单击鼠标即可选择连续文本。

选择第一部分文本之后，按下【Ctrl】键不放，并移动鼠标指针逐个部分选择即可选择不连续文本。如图 3-27 所示"伦霍尔德·米什尼在成功……峰顶"、"我在这个高度上每走一步……但人有秃鹫所不具备的脑袋"和"我不是人类的唯一，而应该说是第一个"。

(4)选择垂直的文本

按下【Alt】键不放，拖动鼠标选择垂直文本即可。

(5)使用扩展选取模式

双击状态栏上的【扩展】指示器，切换扩展选取模式的激活与否，如图 3-28 所示，扩展选取模式被激活。

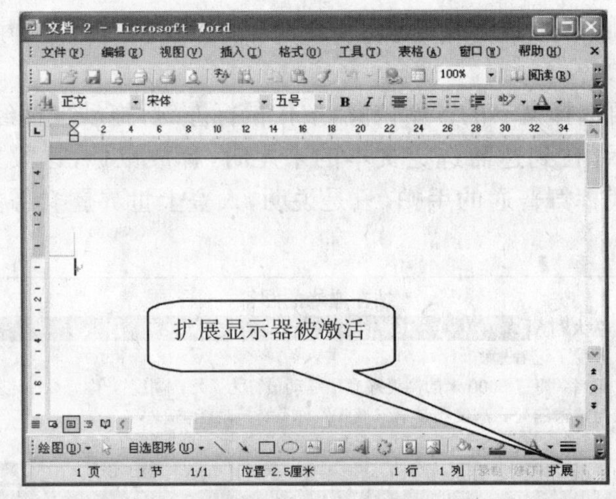

图 3-28 扩展显示器被激活

扩展模式被激活以后，可以通过按光标移动键、【End】键 、【Home】键、单击鼠标等操作对文本进行扩展选取。按下 1～5 次 F8 键分别会对文本进行激活扩展模式、选取一个词、一个句子、一个段落、全篇文本的操作，按【ESC】键关闭扩展选取模式。

3.2.3 移动文本

首先将要移动的文本选定，再对文本进行移动。

(1)鼠标拖动法

如果移动的距离在一屏之内，使用鼠标拖动法移动文本是最便捷的选择。

在选定的文本上按住鼠标左键拖动到目标位置即可。

(2)剪切法

①当有对象被选定时,剪切命令处于可执行状态。剪切命令的执行方法如下:

☆ 执行【编辑】→【剪切】命令;

☆ 组合键【Ctrl+X】;

☆ 在右击弹出的快捷菜单中选择【剪切】命令;

☆ 单击【常用】工具栏上的【剪切】按钮。

②当有对象被剪切或复制时,粘贴命令处于可执行状态,粘贴命令的执行方法如下:

☆ 执行【编辑】→【粘贴】命令;

☆ 组合键【Ctrl+V】;

☆ 在右击弹出的快捷菜单中选择【粘贴】命令;

☆ 单击【常用】工具栏上的【粘贴】按钮。

③选定要移动的文本后,执行剪切命令,将插入点移动到目标位置,执行粘贴命令即可完成文本的移动。

3.2.4 复制文本

与剪切命令相似,当有对象被选定时,复制命令处于可执行状态。复制命令的执行方法如下:

☆ 执行【编辑】→【复制】命令;

☆ 组合键【Ctrl+C】;

☆ 在右击弹出的快捷菜单中选择【复制】命令;

☆ 单击【常用】工具栏上的【复制】按钮。

选定要复制的文本,执行复制命令,将插入点移动到目标位置,执行粘贴命令即可完成复制。

3.2.5 剪贴板的应用

一般情况下,剪切或复制的内容均被放到剪贴板上,在粘贴时调用。但是,默认的剪贴板只能容纳 1 项内容,再次复制的内容将自动替换剪贴板中原有的内容。打开的剪贴板能够保存 24 项内容,用户进行第 2 次复制或剪切操作时,Word 2003 会自动打开剪贴板任务窗格,如图 3-29 所示,也可以执行【编辑】→【Office 剪贴板】命令打开剪贴板任务窗格。

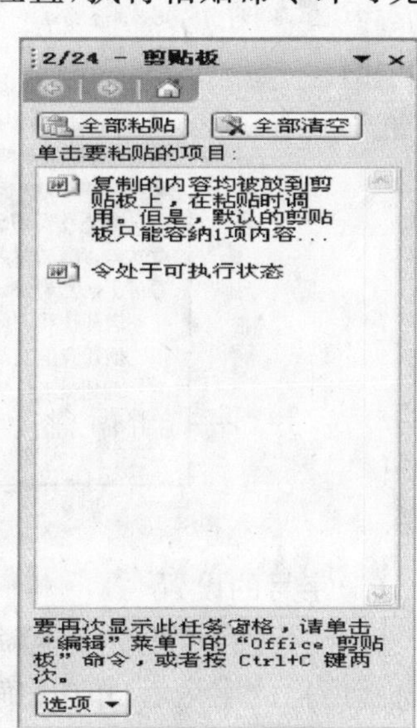

图 3-29 剪贴板任务窗格

当剪贴板中的内容数已满 24 项后,继续进行剪切或复制操作时,那么第 1 项内容将被清除,其他各项内容依次前移,从而容纳最后 1 项内容。单击【全部粘贴】按钮,可将剪贴板中所有内容粘贴到当前光标所在位置上,单击【全部清空】按钮,将一次清空剪贴板的全部内容。在剪贴板任务窗格中单击某项内容即可插入到当前光标所在位置,粘贴后该剪贴项仍保存在剪贴板中。单击某项右内容右侧的下拉按钮时，可以选择其中的删除项将该项内容从剪贴板上删除。

当不再需要剪贴板时，可以执行【编辑】→【Office 剪贴板】命令，或者单击剪贴板任务窗格右上角的关闭按钮关闭剪贴板。

3.2.6 删除文本

使用【退格键】删除光标前面的文本，使用【Delete】键删除光标后面的文本，执行【编辑】→【清除】→【内容】删除选定的文本，使用剪切命令也可删除选定的文本。

3.2.7 文本的字体、字号及对齐方式的设置

对已有文本进行字体、字号及对齐方式的设置时，必须先选定文本，再进行设置。否则，所进行的设置只对在插入点将要输入的文本有效。

(1)设置文本字体

☆ 执行【格式】→【字体】命令，在弹出的字体对话框中，选择“字体”选项卡，在中文字体或西文字体下拉列表框中选择所需的字体后，单击【确定】按钮。

☆ 单击【格式】工具栏中的字体下拉按钮，在“字体”下接列表中选择合适的字体即可。如图 3-30 所示，设置标题文字“犯错的成本”为华文行楷，第一段文字为“华文彩云”，第二段文字为“华文新魏”，第三、四段文字为“隶书”。

犯错的成本

前些日子采访了一位高位截瘫者。他 60 岁了，从事体育理论工作，事业上很有成就。可是说来令人难过，当年他是一名英姿飒爽的体操运动员，参加过全国运动会。20 多岁时从吊环上落地，因一个动作差错，偏偏本应在一旁的教练又正好走开，导致了他的大半生在轮椅上度过。

有许是由职业决定的，世界上有些犯错的后果是如此严重，比如司机肇事的差错，比如医生的误诊。这世界上有些犯错的后果又是如果轻描淡写，没关系，错了就改嘛；哪里跌倒哪里爬起嘛……

不怕犯错，有错就改，真是这样吗？

想起我上小学的时候，我的语文老师是这样批改作业的：把我们的作业本拿起来对着灯光照一照，有像皮擦过的痕迹就要扣分，超过 3 个痕迹就要重写。重写时标准还是一样，所以就有做一次作业用了半本练习薄的记录。

他不许我们错，甚至不能容忍我们已改正的错，那时我们对他恨之入骨，长大成人后才知老师的良苦用心。在他的苛刻要求下，我们后来就很少写错了，再后来就基本不写错了，判断失误的差错当然是有的，但随心所欲的笔误是绝对没了。

老师让我们懂得，一个错就是一个错，即使改过来也有痕迹。

他让我们懂得，要是改过来太容易了，我们就会轻易地犯错。

直到今天，每每看到那些一而再、再而三地犯错的人和事，我就知道，那准是改正太容易了，今天的说法是，犯错的成本太低了。

（摘自百花文艺出版社《门后的风铃》一书）

图 3-30 设置字体、字号、对齐方式的文本

(2)字号的设置

☆ 执行【格式】→【字体】命令，在弹出的字体对话框中，选择“字体”选项卡，在字号列表框中选择所需的字号后，单击【确定】按钮。

☆ 单击【格式】工具栏中的字号下拉按钮，在“字号”下接列表中选择合适的字号即可。如图 3-30 所示，设置标题文字“犯错的成本”为三号，第一段文字为“小四”，第二段文字为“小

四”，第三、四段文字为“四号”。文本“(摘自百花文艺出版社《门后的风铃》一书)”设置为小五。

(3)字形的设置

☆ 执行【格式】→【字体】命令，在弹出的字体对话框中，选择“字体”选项卡，在字形列表框中选择所需的字形后，单击【确定】按钮。

☆ 单击【格式】工具栏中的字形加粗**B**、字形倾斜*I*按钮，切换字形的设置与否。如图 3-30 所示，设置标题文字“犯错的成本”为加粗，第一段文字为倾斜，第五段文字为加粗、倾斜。

(4)对齐文本的设置

【格式】工具栏上的对齐按钮分别为两端对齐、居中、右对齐、分散对齐。对过单击这些按钮进行对齐方式的切换。

☆ 两端对齐：默认情况下输入的文本采用两端对齐即左对齐方式。

☆ 分散对齐：将光标所在段的最后一行文本通过加大字符间距使其充满一行。

3.2.8 颜色、下划线的设置

(1)颜色的设置

☆ 执行【格式】→【字体】命令，在弹出的字体对话框中，选择“字体”选项卡，在字体颜色下拉列表框中选择所需的字体颜色后，单击【确定】按钮。

☆ 单击【格式】工具栏中的字体颜色下拉按钮，弹出下拉列表，如图 3-31 所示，从中选择合适的颜色；或者在“颜色”下拉列表中选择“其他颜色”选项，弹出颜色对话框，如图 3-32 所示，可以在“标准”选项卡与“自定义”选项卡中选择合适的颜色，单击【确定】即可。

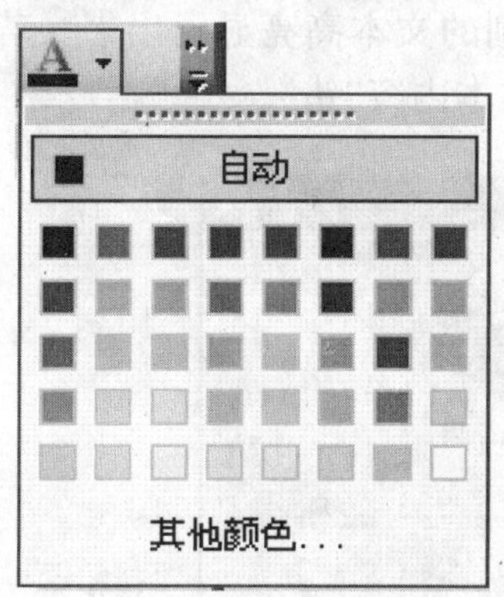

图 3-31 颜色下拉列表

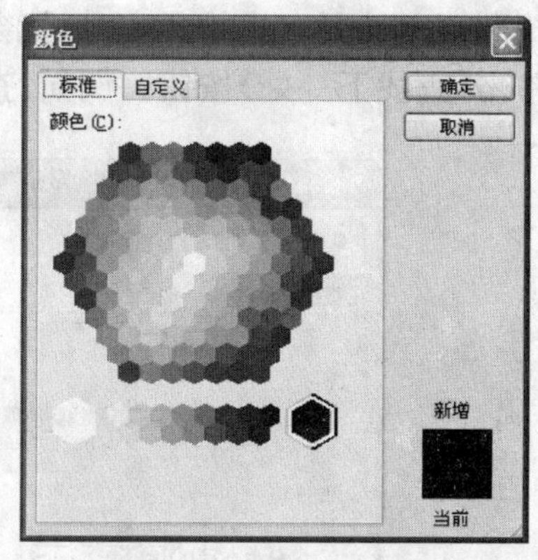

图 3-32 “颜色”对话框

(2)下划线的设置

☆ 执行【格式】→【字体】命令，在弹出的字体对话框中，选择“字体”选项卡，在下划线线形下拉列表框中选择所需的下划线线形，当选择了下划线线形后，下划线颜色下拉列表框变为可选，单击该下拉列表，从中选择合适的颜色，单击【确定】按钮。

☆ 单击【格式】工具栏中的下划线线形下拉按钮，弹出下拉列表，如图 3-33 所示，从中选择合适的下划线线形，可以选择“下划线颜色”选项，在弹出的“颜色”下拉列表中选择合适的颜色；也可以在“颜色”下拉列表中选择“其他颜色”选项，弹出颜色对话框，如图 3-32 所示，在“标准”选项卡与“自定义”选项卡中选择合适的颜色，单击【确定】即可。

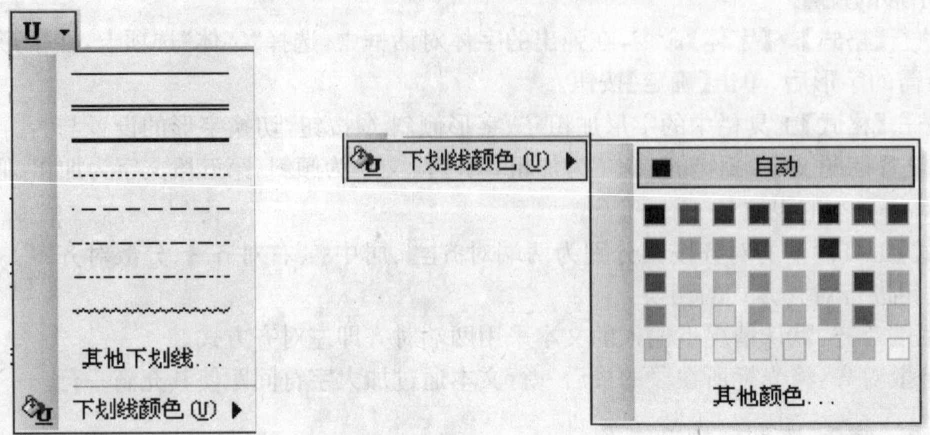

图 3-33　下划线线形下拉列表及下划线颜色下拉列表

3.2.9　查找与替换文本

(1)查找文本

①普通查找

执行【编辑】→【查找】命令，或按组合键【Ctrl +F】，打开“查找和替换”对话框，如图 3-34 所示。在【查找内容】下拉列表框中输入要查找的文本，单击【查找下一处】按钮，就会开始查找文本，当找到第 1 处要查找的文本时，就会停下来，并把找到的文本高亮显示出来。若要继续查找，再单击【查找下一处】按钮。例如，查找图 3-30 中的文本内容“错”。

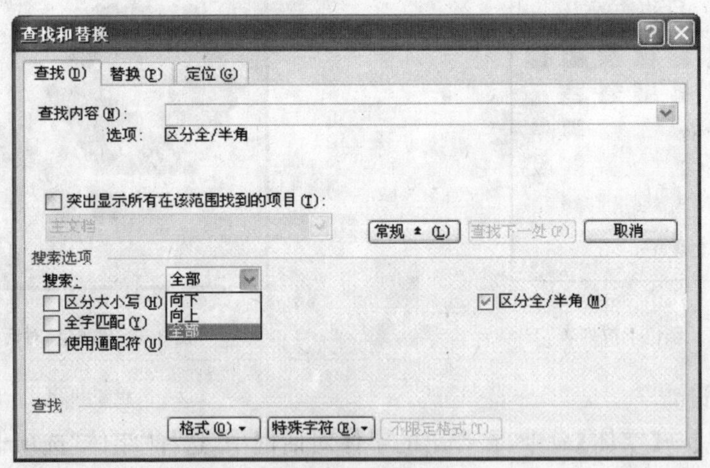

图 3-34　“查找”选项卡的高级形式

②限制查找的范围

单击“查找和替换”对话框中的【高级】按钮，对话框变成如图 3-34 所示。在“搜索”下拉列表框中列出了“向下”、“向上”和“全部”3 个选项，用于指定搜索的方向。

在“搜索选项”选项组中有“区分大小写”、“全字区配”、“使用通配符”“区分全/半角”4个复选框，它们用来限制查找内容的形式。全字区配复选项被选中时，只有全字区配的单词才可以被查找到；使用通配符复选框被选中时，可以在查找时使用通配符进行查找，如要查找“?ea*”单词，系统会将“pear”、“really”等都查找出来。

(2)替换文本

执行【编辑】→【替换】命令，或按组合键【Ctrl ＋H】，打开“查找和替换”对话框，选择“替换”选项卡，如图3-35所示。在“查找内容”下拉列表框中输入要被替换掉的文本，在“替换为”下拉列表框中输入替换文本，这时单击【查找下一处】按钮，系统开始查找要替换的文本，找到后会选中该文本并高亮显示。用户如果决定替换，可单击【替换】按钮，如果不想替换，可以单击【查找下一处】按钮继续查找。如果单击【全部替换】按钮，系统将不再等待用户确认而自动替换所有需要替换的文本。例如，查找图3-30中的文本内容“错”，全部替换为“错误”。

查找和替换

查找(D) 替换(P) 定位(G)

查找内容(N):
选项: 区分全/半角

替换为(I):

高级 ¥ (M) 替换(R) 全部替换(A) 查找下一处(F) 取消

图3-35 “替换”选项卡

(3)查找和替换特定格式的文本

下面将图3-30所示内容中所有倾斜字体改为非倾斜带下划线的字体。

在图3-34所示“查找和替换”对话框“查找”选项卡的高级形式中单击【格式】按钮，会弹出如图3-36所示下拉菜单，在菜单中选择【字体】命令，弹出“字体”对话框，在该对话框中的“字

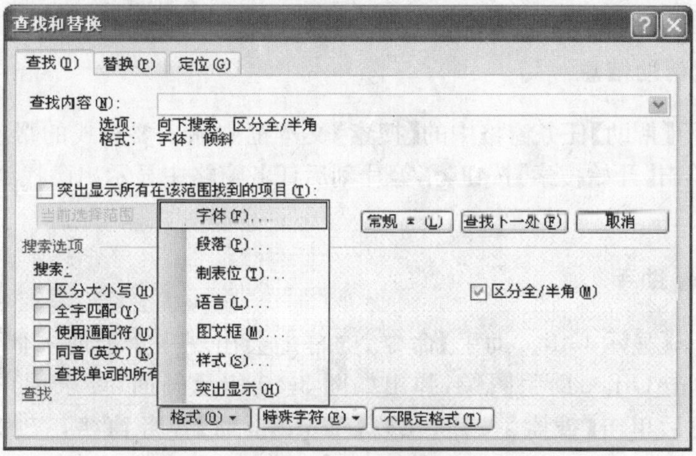

查找和替换

查找(D) 替换(P) 定位(G)

查找内容(N):
选项: 向下搜索, 区分全/半角
格式: 字体: 倾斜

突出显示所有在该范围找到的项目(T):
当前选择范围

字体(F)...
段落(P)...
制表位(T)...
语言(L)...
图文框(M)...
样式(S)...
突出显示(H)

常规 ± (L) 查找下一处(F) 取消

搜索选项
搜索:
区分大小写(H)
全字匹配(Y)
使用通配符(U)
同音(英文)(K)
查找单词的所有
查找

区分全/半角(M)

格式(O) ▾ 特殊字符(E) ▾ 不限定格式(T)

图3-36 选择指定的查找格式

形”选项表中选择“倾斜”，再单击“替换”选项卡中的【高级】按钮，单击【格式】按钮，在弹出的和图 3-26 相似的下拉菜单中选择【字体】命令，在弹出的“字体”对话框中选择合适的下划线，单击【确定】按钮。将“查找内容”设为空，单击【查找下一处】按钮在文档在查找，找到要替换的内容后，单击【替换为】按钮即可。

3.3 Word 2003 帮助系统

3.3.1 使用目录获得帮助帮助信息

执行【帮助】→【Microsoft Office Word 帮助】命令，或按【F1】键，可以打开如图 3-37 所示【帮助】任务窗格。单击【目录】主题，展开目录下的所有子主题，单击想了解的主题内容，将打开【Microsoft Office Word 帮助】窗口，如图 3-38 所示，在其中就可以了解到相应的帮助信息。

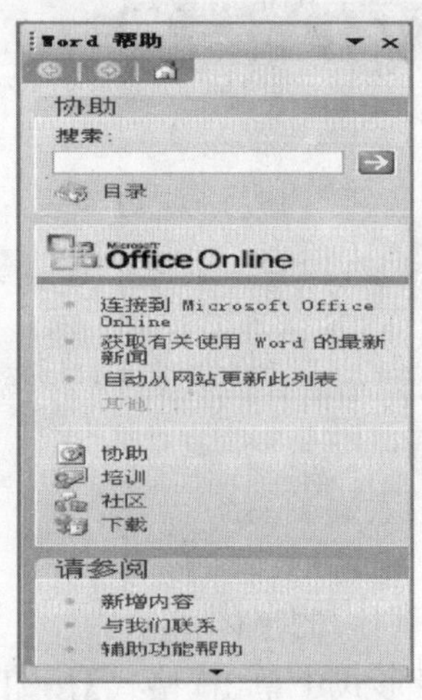

图 3-37 【帮助】任务窗格

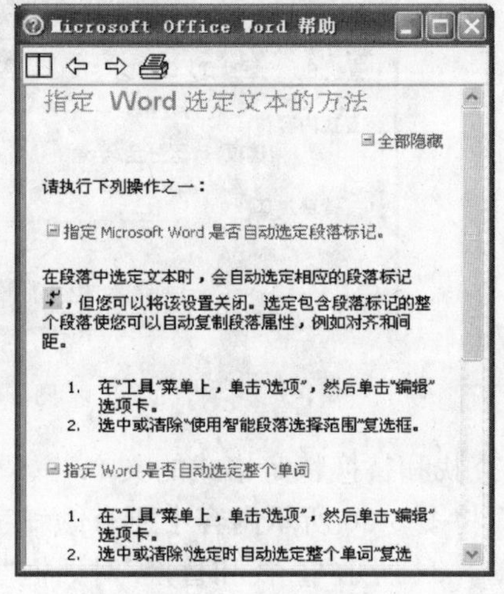

图 3-38 【Microsoft Office Word 帮助】窗口

3.3.2 搜索帮助信息

在图 3-37 所示【帮助】任务窗格中的【搜索】文本框中输入要查找的帮助信息，如【创建】，然后按回车键或单击【开始搜索】按钮，稍等片刻后任务窗格中显示出已找到的搜索结果，单击搜索到的主题即可。

3.3.3 Office 助手

执行【帮助】→【显示 Office 助手】命令，屏幕上会出现一个卡通木偶即 Office 助手，如图 3-39 所示。单击 Office 助手图像，弹出如图 3-40 所示画面，要求用户输入要查找的主题信息，输入信息后单击【搜索】按钮，出现【Word 帮助】任务窗格，查找要获得帮助信息即可。

图 3-39　Office 助手

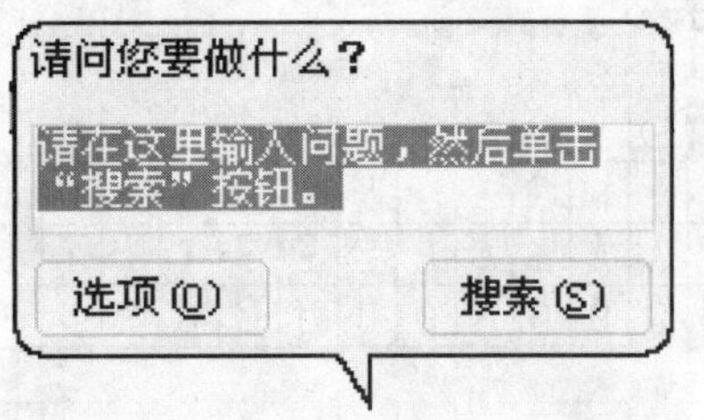

图 3-40　输入要帮助的信息

在 Office 助手上右击，就会弹出如图 3-41 所示快捷菜单，选择【选项】命令，弹出如图 3-42 所示“Office 助手”对话框，在该对话框中可以按自己的需要，通过选中对话框中的复选框来设置。

图 3-41　“Office 助手”快捷菜单

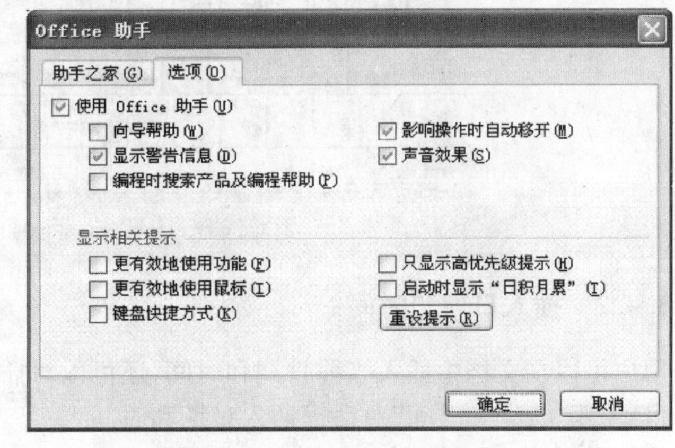

图 3-42　“Office 助手”对话框

3.4　在文档中插入对象

3.4.1　插入特殊符号

(1)利用菜单插入

执行【插入】→【符号】命令，弹出如图 3-43 所示的“符号”对话框。在“字体”下拉列表中选择所需的字体，在“子集”下拉列表中选择一个专用字符集，在下方的字符列表中选择所需的符号，单击【插入】按钮，便可插入字符，也可以直接双击字符来插入。

(2)利用软键盘插入

调出任意一种中文输入法，在输入提示框上右击软键盘，弹出如图 3-44 所示选项，选择需要插入的符号类型，如“特殊符号”，弹出如图 3-45 所示的特殊符号软键盘，从中选择合适的特殊符号即可。

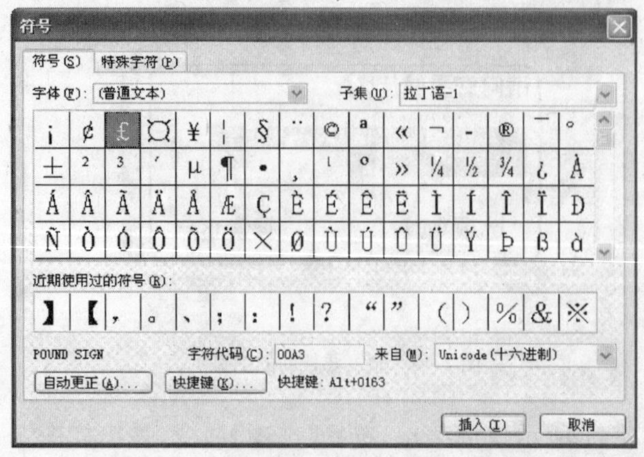

图 3-43 “符号”对话框

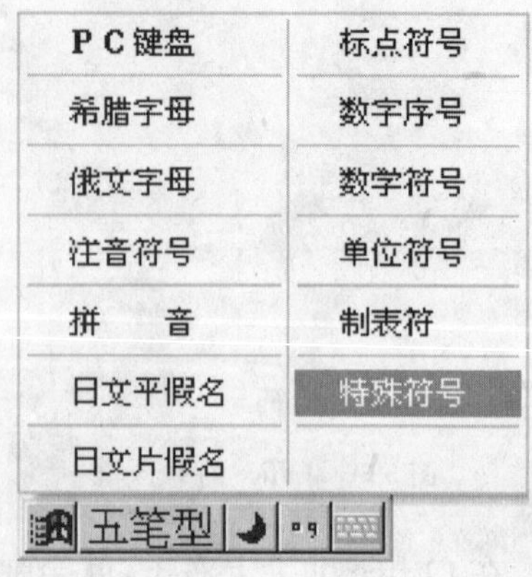

图 3-44 13 种软键盘

图 3-45 特殊符号软键盘

3.4.2 插入日期和时间

用户可以在文档中插入当前日期和时间，还可以对插入的日期和时间进行更新。

(1)使用“日期和时间”对话框插入日期和时间

执行【插入】→【日期和时间】命令，弹出如图 3-46 所示“日期和时间”对话框，选择日期和时间格式，单击【确定】按钮即可。

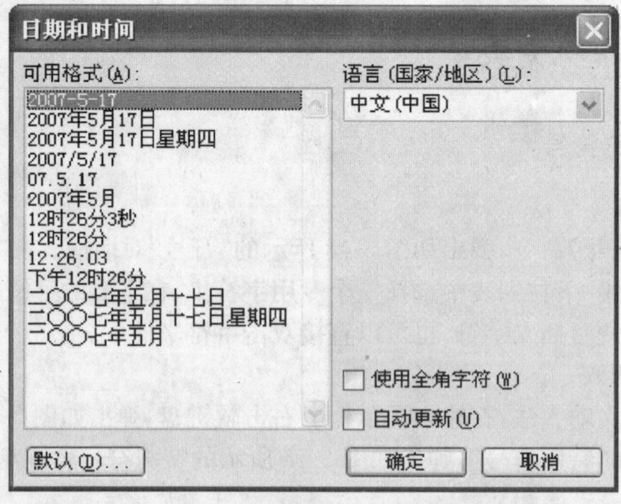

图 3-46 “日期和时间”对话框

(2)自动插入日期和时间

执行【插入】→【自动图文集】→【自动图文集…】命令，弹出如图 3-47 所示“自动更正”对话框，选择“自动图文集”选项卡，选中“显示‘记忆式键入’建议”复选框即可。

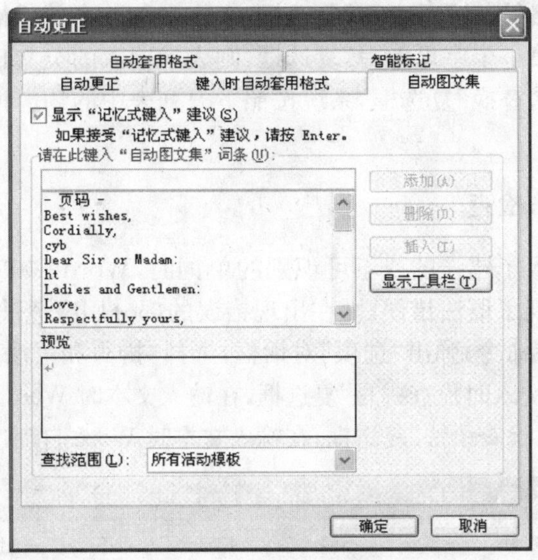

图 3-47 “自动更正”对话框

3.4.3 自动更正错误

自动更正功能，是在输入过程中，自动地修改输入的错误，并自动扩展常用的缩写词，从而加快输入速度。

执行【工具】→【自动更正选项】命令，弹出“自动更正”对话框，选择“自动更正”选项卡，如图 3-48 所示。

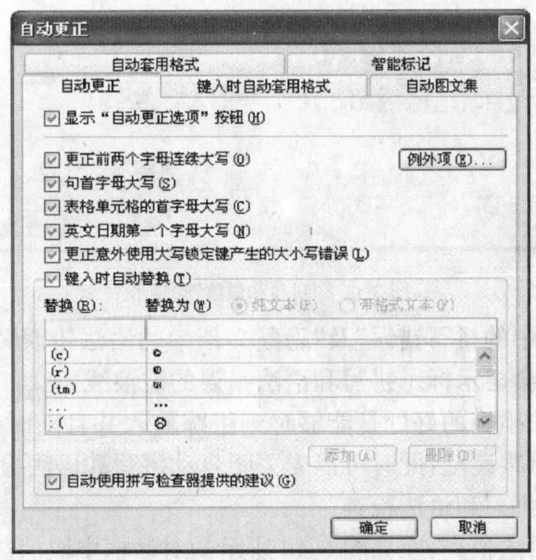

图 3-48 “自动更正”选项卡

☆ 选中“更正前两个字母连续大写”复选框之后，当用户在句首连续输入两个大写字母时，第 2 个大写字母被自动更正为小写字母。

☆ 选中“句首字母大写”复选框，系统将每句话的第一个字母更正为大写。

☆ 选在“表格单元格的首字母大写”复选框，表格中每一个单元格的首字母均大写。

☆ 选中“英文日期第一个字母大写”复选框，则表示输入的英文日期第一个字母在写。

☆ 选在“键入时自动替换”复选框，系统按照下方列表中的约定把输入的文本转换为约定的内容。

3.4.4 拼写与语法检查

当在文档中无意输入了错误的或不可识别的单词时，Word 2003 会在该单词下用红色波浪线进行标记。如果出现了语法错误，则在出现错误的部分用绿色波浪线进行标记。

执行【工具】→【选项】命令，弹出“选项”对话框，选择“拼写和语法”选项卡，如图 3-49 所示。在“拼写”选项组中选中“键入时检查拼写”复选框，在输入文本时 Word 自动进行拼写检查，在“语法”选项组中选中“键入时检查语法”复选框，在输入文本时 Word 自动进行语法检查。

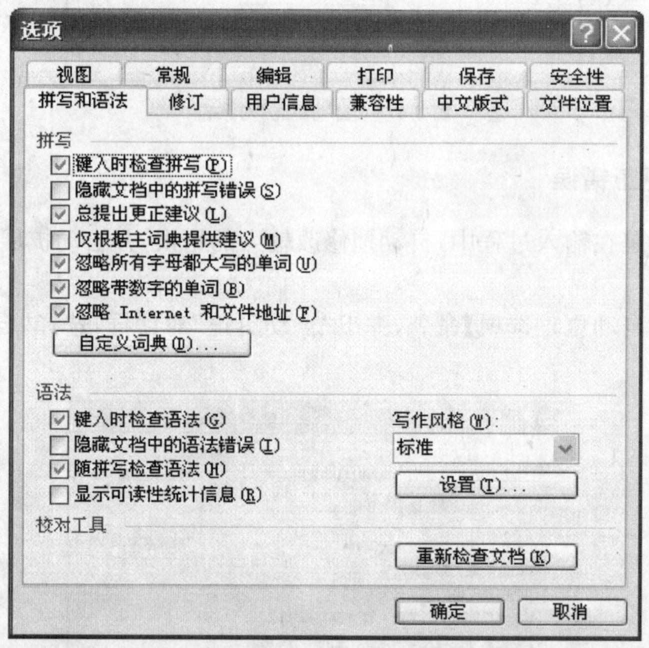

图 3-49 “拼写和语法”选项卡

如果选中“隐藏文档中的拼写错误”及“隐藏文档中的语法错误”复选框，则在对文档进行拼写和语法检查后，将不会显示标示拼写和语法错误的波浪线。

使用自动拼写和语法检查的好处是能够时刻跟踪输入并且随时标记错误。但是，有时下划线和波浪线使文档显得很凌乱，此时可以先关闭自动拼写和语法检查功能，完成文档的输入和编辑后，再对文档进行拼写和语法检查。

要关闭自动拼写和语法检查，在如图 3-49 所示的对话框中取消选中“键入时检查拼写”复选框和“键入时检查语法”复选框，或选中“隐藏文档中的拼写错误”及“隐藏文档中的语法错误”复选框。

3.5 文字效果的设置

3.5.1 文字效果的设置

执行【格式】→【字体】命令，在弹出的“字体”对话框中选择“字体”选项卡，从“效果”选项组中可以看到，Word 2003 为用户提供了 11 种字体效果，如图 3-50 所示，常用效果如下。

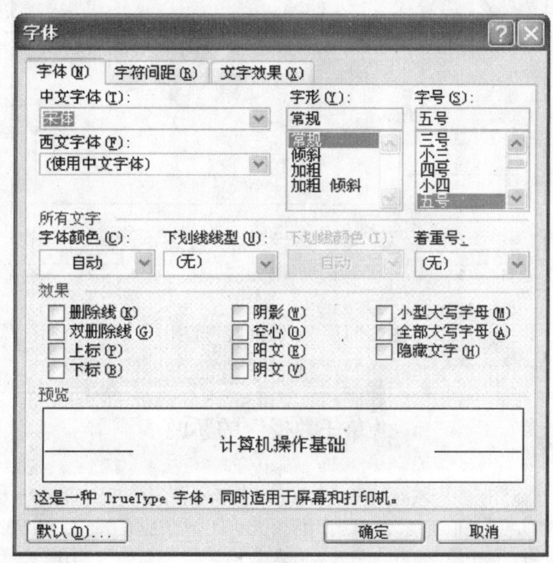

图 3-50 设置文字效果

以“计算机操作基础”字样为例

☆ 删除线效果：计算机操作基础

☆ 双删除线效果：计算机操作基础

☆ 上标：计算机操作^{基础}

☆ 下标：计算机操作$_{\text{基础}}$

☆ 隐藏文字：在单击【格式】工具栏中的【显示或隐藏编辑标记】按钮后，应用此效果的文字将会被自动隐蔽。

☆ 常规：计算机操作基础

3.5.2 设置字符位置及间距

(1)字符位置的设置

执行【格式】→【字体】命令，选择“字符间距”选项卡，如图 3-51 所示。在“位置”下拉列表中共有 3 个选项，分别是“标准”、“提升”和“降低”，右边是“磅值”文本框。

如图 3-52 所示，内容第一段中的文本“大学”设置字符降低、磅值为 6；文本“研究生”设置字符提升、磅值为 3；文本“未名湖畔”设置字符提升、磅值为 6。

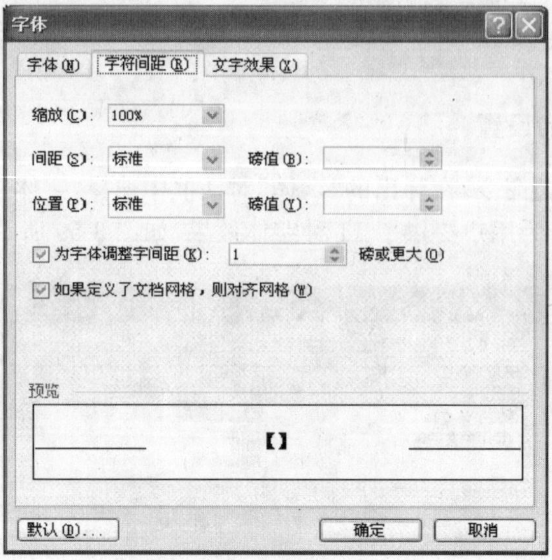

字体

字体(N) 字符间距(R) 文字效果(X)

缩放(C): 100%

间距(S): 标准 磅值(B):

位置(P): 标准 磅值(Y):

☑ 为字体调整字间距(K): 1 磅或更大(O)

☑ 如果定义了文档网格，则对齐网格(W)

预览

【】

默认(D)... 确定 取消

图 3-51 “字符间距”选项卡

“专任教授”的骄傲

陈平原

在36年前，夏秋之际，粤东山村一间破旧的教室里，走进一个16岁的插队知青。作为民办教师，那是他的第一堂课。山村孩子没上过幼儿园，头一回被拘在教室里，坐那么长时间，很不适应。不一会儿，有人举手：“我要尿尿。”你刚给他解释，上课的时候不要随便走动；那边又有人哭起来了，问为什么，说是尿裤子了。本以为初入道，从一年级教起比较保险，没想到当“孩子王”还真不容易。可抱怨归抱怨，这个知青，却从此与“教师”这一职业结下了不解之缘。“文革”结束，高考制度恢复，这名知青走出大山，念完了大学，再念研究生，最后落户在未名湖畔。有了早年教书的经验，深知上课时不能让听众有急于上厕所的感觉，二十几年来，这位从小学一年级教到大学博士班的教师，认真面对每一堂课。大概是天道酬勤吧，这位昔日的知青，居然被评为2006年的“北大十佳教师”，真让人感慨系之。

你猜出来了，这个人就是我。

教书光荣，但教好书不容易。除了个人的天赋、才学以及后天的努力，学术环境无疑是至关重要的。我从不敢说“是金子就会发光”之类的大话。古今中上，“怀才不遇”的，那才是常态；像我这样，就那么一点点才华，能得到较好的发挥，得益于北大相对宽松自由的学术环境，更得益于我所在的小集体——北大中文系。留校教书二十几年，经历诸多风雨，全靠诸位前辈遮挡，我才得以从容读书。只是随着时光流逝，他们中的绝大多数人已退出讲堂。我至今仍清晰地记得，林庚先生上最后一堂课时，学生们如痴如醉，久久不愿散去；钱理群教授最后一次在北大讲鲁迅，多少听众热泪盈眶。现在，他们或者退而不休，回到安宁的书斋，从事自己喜欢的专业著述；或者已经谢世，隐入历史的深处。作为仍然活跃在讲台上的教师，我衷心感谢他们给予的提携与鼓励。

（马树强摘自《人民日报》2007年1月16日）

图 3-52 设置字体效果的文本

(2)字符间距的设置

如图 3-51 所示“字符间距”选项卡。在“间距”下拉列表中共有 3 个选项，分别是“标准”、“加宽”和“紧缩”，右边是“磅值”文本框。

如图 3-52 所示内容最后一段中的文本“是金子就会发光”设置字符紧缩、磅值为 1；文本“久久不愿散去”设置字符加宽、磅值为 1.2；文本“现在，他们或者退而不休……至结尾”设置字符紧缩、磅值为 0.7。

(3)动态效果的设置

在图 3-51 所示“字体”对话框中，选择“文字效果”选项卡，如图 3-53 所示。选择相应的动态效果后，单击【确定】即可。

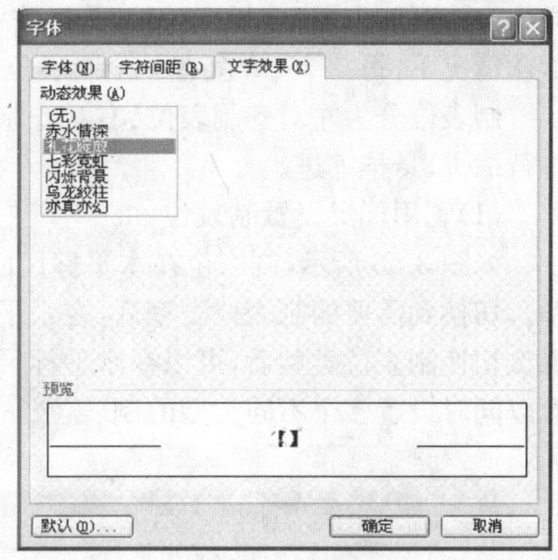

图 3-53 【文字效果】选项卡

选中图 3-52 中的标题文本“专任教授的骄傲”，设置动态效果为“赤水情深”。

3.5.3 设置首字下沉效果

首字下沉效果是对某一段落的首字进行设置，因此在设置首字下沉效果时，将插入点定位在需要设定首字下沉的段落中即可。

执行【格式】→【首字下沉】命令，弹出如图 3-54 所示左侧“首字下沉”对话框，在“位置”选项组中设置是否下沉及下沉位置。当选择了“下沉”或“悬挂”后，下方的“选项”选项组处于可执行状态，如图 3-54所示右侧图形。

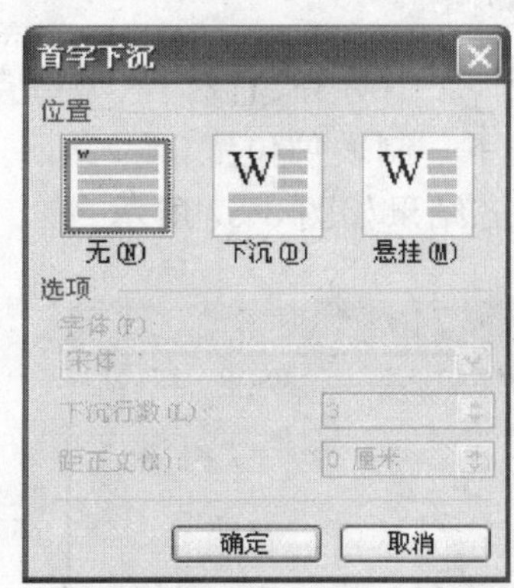

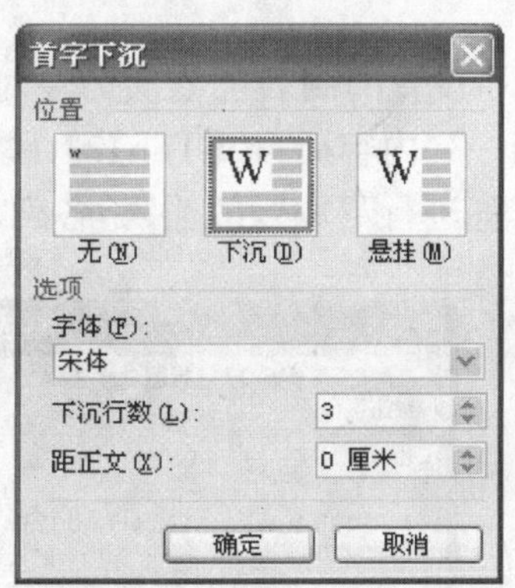

图 3-54 “首字下沉”对话框

对图 3-52 中的第一段设置首字下沉，下沉行数设置为 3，字体为华文行楷，距正文 0 厘米，第三段设置首字悬挂，下沉行数设置为 2，字体为默认，距正文 0 厘米。设置效果如图 3-55 所示。

3.5.4 制表位的设置

一般情况下，使用【Tab】键对齐文本，而不要使用空格键。因为由于字号选择的不同，同样的空格可能占据不同的空间。而每按一次【Tab】,光标就会从当前位置移动到下一制表位。默认情况下,每 0.75cm 就有一个制表位。

制表位分为左对齐制表位、右对齐制表位、居中制表位、小数点对齐制表位、竖线制表位、首行缩进、悬挂缩进。

(1)利用标尺设置制表位

如图 3-56 所示,制表位在水平标尺的左侧,通过连续单击该制表位,可以切换制表位的类型。切换到需要的制表位类型后,在水平标尺上的适当位置单击,就可以产生一个制表位。当再次切换制表位类型后,可以在水平标尺上的另一位置单击,再次产生一个制表位。根据需要可以同时设置多个不同类型的制表位。

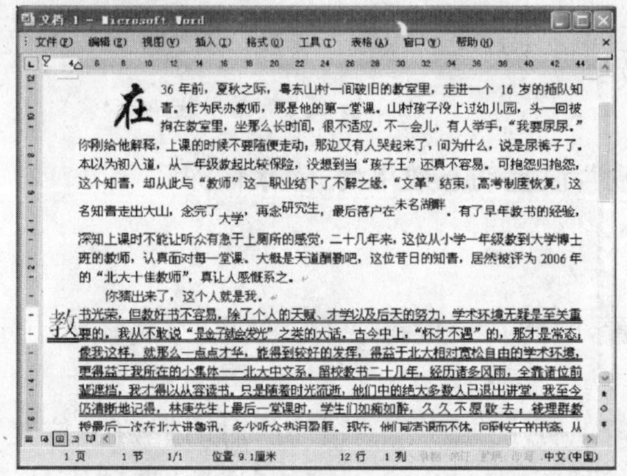

图 3-55　首字下沉设置效果

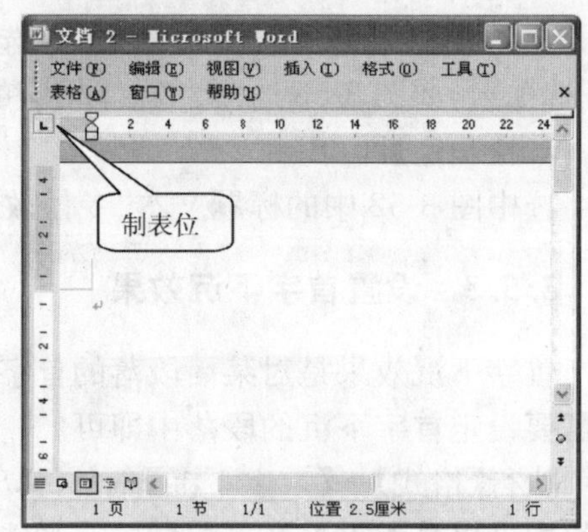

图 3-56　标尺上的制表位

如图 3-57 所示,设置的制表位依次为左对齐、居中对齐、右对齐、小数点对齐。当在文本区输入完第一行第一列内容后,按【Tab】键,跳到下一制表位位置,输入第一行第二列,输入到第一行最后按回车键进行下一行的输入,各列对齐结果如图 3-57 所示。

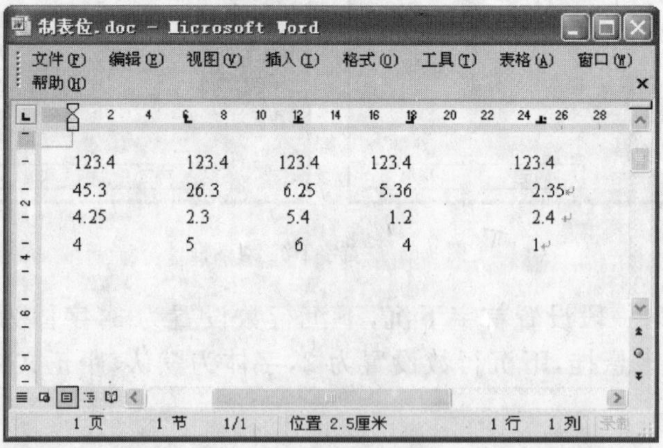

图 3-57　标尺不同类型的制表位

(2)用对话框设置制表位

执行【格式】→【制表位】命令，弹出如图 3-58 所示"制表位"对话框。在"制表位位置"文本框中输入精确的制表位位置；在"对齐方式"选项组中设置文本对齐方式；在"前导符"选项组中设置文本至前一制表位之间的填充符号；单击【设置】按钮就可以设置一个制表位，设置好的制表位会显示在"制表位位置"文本框中，接着可以不关闭对话框，继续设置下一个制表位。设置完毕单击【确定】按钮。

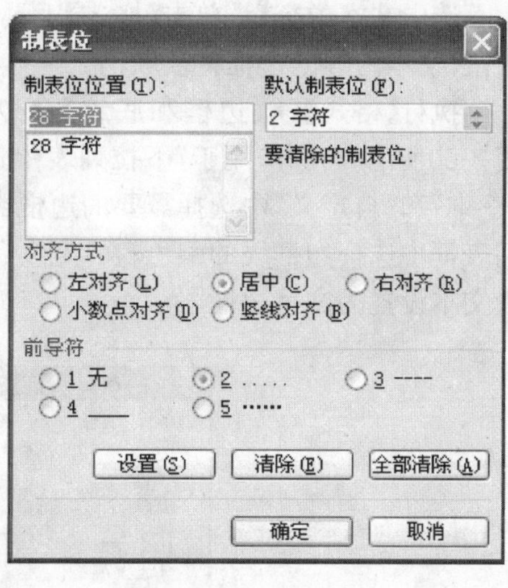

图 3-58 "制表位"对话框

(3)在水平标尺上的制表位符号上双击鼠标也会弹出"制表位"对话框

图 3-59 所示目录的设置如下：在水平标尺的右侧靠近页边的位置设置一个右对齐制表位，然后双击该制表位，在弹出的"制表位"对话框中，选择"前导符"为 5，其余选项不做更改，单击【确定】按钮。

(4)删除制表位

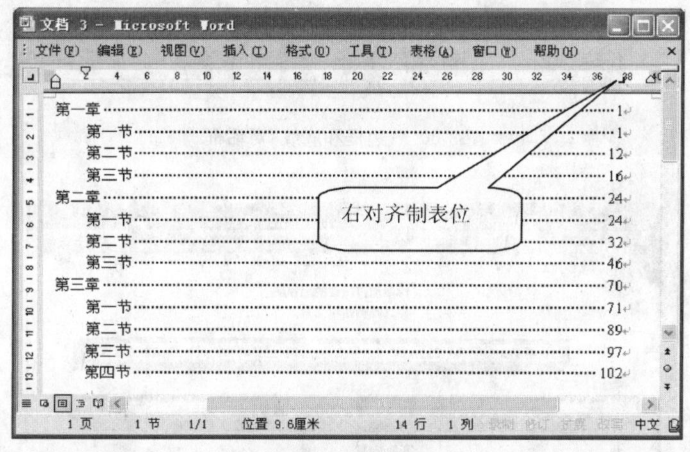

图 3-59 前导符的设置

用鼠标将制表位拖离标尺即可删除制表位，删除制表位后时，光标所在行或选定的段落会发生相应变化。

3.6 格式化文档

3.6.1 边框的设置

在文字或整篇文本中设置边框和底纹，可以突出文档在的内容，给人以深刻的印象，从而使文档更加美观。

(1)文字边框

选中文本内容后，单击【格式】工具栏上的【字符边框】按钮A即可，再次单击【字符边框】按钮，文本内容的边框将被取消。

执行【格式】→【边框和底纹】命令，弹出“边框和底纹”对话框，选择“边框”选项卡，如图 3-60所示。在“应用于”下拉列表中选择“文字”；在“设置”选项组的“无”、“方框”、“阴影”、“三维”和“自定义”中选择需要的边框类型；在“线型”列表框中选择需要的线型；在“颜色”下拉列表框中选择边框线的颜色；在“宽度”下拉列表框中选择边框线的宽度。如图 3-61 中的第一段文本设置为文字边框。

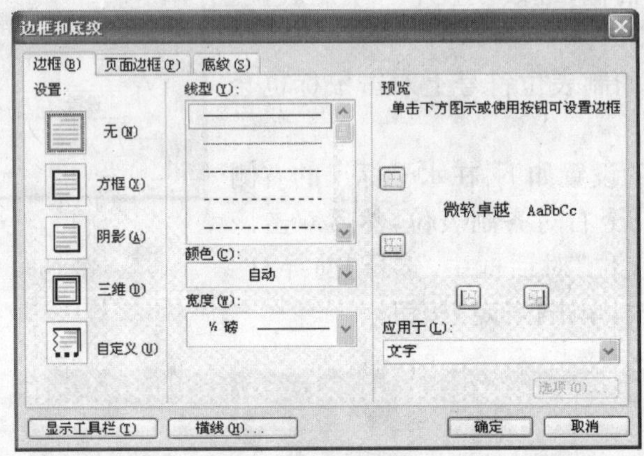

图 3-60 “边框和底纹”对话框

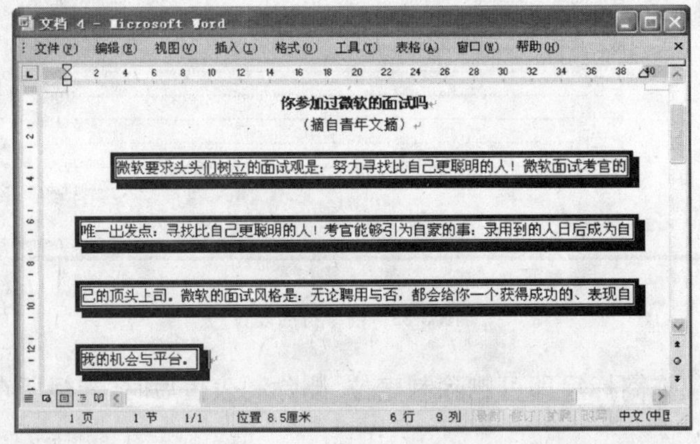

图 3-61 文字边框的设置

(2)段落边框

在图 3-60 所示对话框的“应用于”下拉列表中选择“段落”，则对光标所在段落设置边框。如果选择的是“自定义”类型，则在“预览”框中通过单击按钮，设置边框线的位置。如图 3-62 所示的各段文本设置为不同的段落边框。

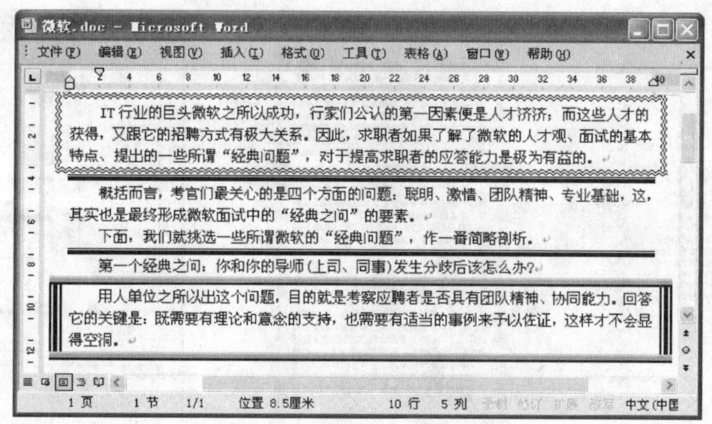

图 3-62　段落边框的设置

(3)页面边框的设置

执行【格式】→【边框和底纹】命令，弹出“边框和底纹”对话框，选择“页面边框”选项卡，如图 3-63 所示。页面边框中增加了“艺术型”下拉列表，可以在该下拉列表中选择艺术小图形。当选择了一种页面边框类型后，单击【选项】按钮，弹出如图 3-64 所示“边框和底纹选项”对话框，在该对话框中根据度量依据可以设置页面边框的边距。

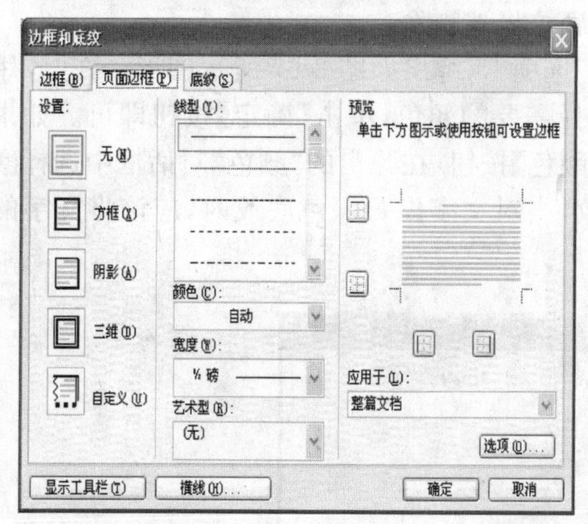

图 3-63　“页面边框”选项卡

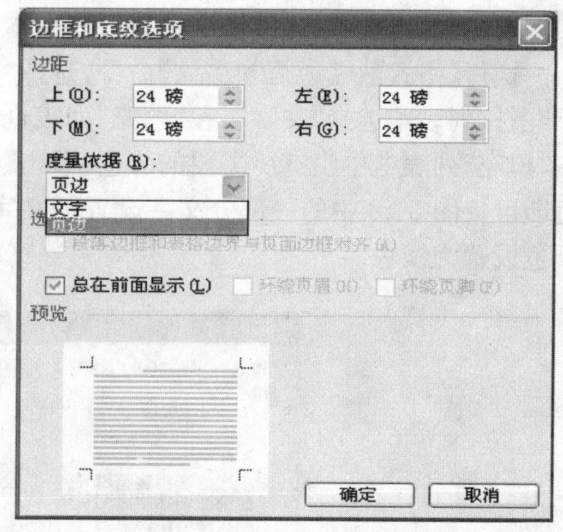

图 3-64　“边框和底纹选项”对话框

图 3-65 是设置了页面边框的两种效果图。

(4)横线的设置

单击图 3-63 所示对话框中的【横线】按钮，稍等片刻后，弹出如图 3-66 所示的“横线”对话框。拖动滚动条可以选择更多的横线，选择所需的横线后单击【确定】按钮，在插入点的位置将插入所选的横线。选中该横线后按【Delete】键即可删除。

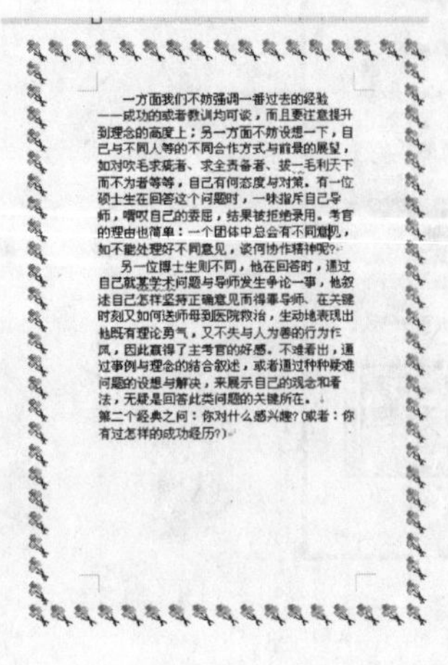

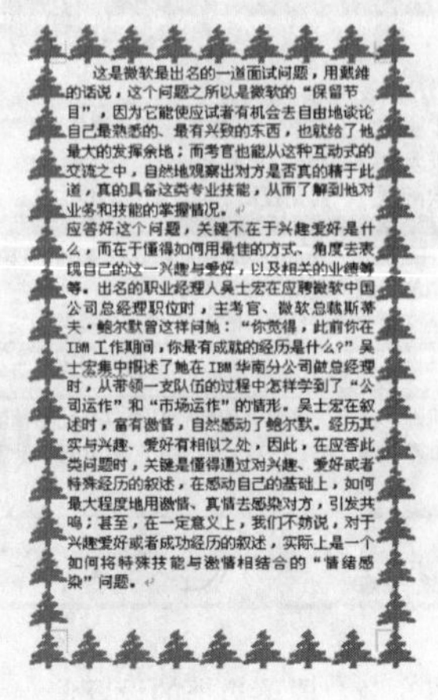

图 3-65　页面边框效果图

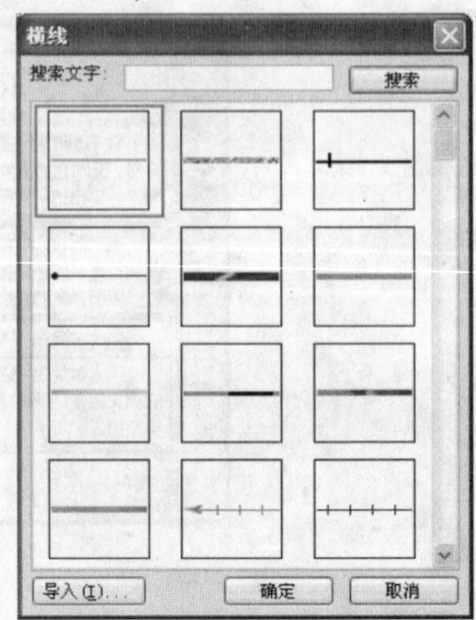

图 3-66　"横线"对话框

3.6.2　底纹的设置

(1)文字底纹

选中需要设置底纹的文本,单击【格式】工具栏上的【字符底纹】按钮 A,选定的文本上即加上了底纹,再次单击【字符底纹】按钮,文本上的底纹将被删除。

执行【格式】→【边框和底纹】命令,选择"底纹"选项卡,弹出如图 3-67 所示图形。在"应用于"下拉列表中选择"文字",在"填充"列表框中选择需要的颜色,单击【确定】按钮即可。如果在"填充"列表框中没有所需要的颜色,单击【其他颜色】按钮,在弹出的"颜色"对话框中选择颜色即可。图 3-68 中的一部分文字设置了文字底纹,当对文字设置深色底纹时,应该将文字的颜色设置为浅色。

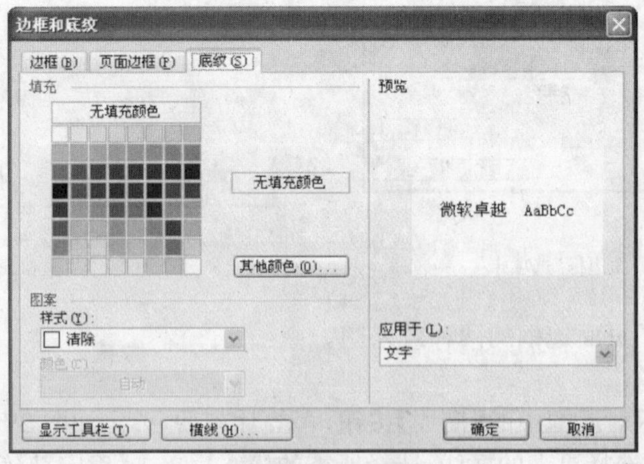

图 3-67　"底纹"选项卡

一方面我们不妨强调一番过去的经验——成功的或者教训均可谈，而且要注意提升到理念的高度上；另一方面不防设想一下，自己与不同人等的不同合作方式与前景的展望，如对吹毛求疵者、求全责备者、拔一毛利天下而不为者等等，自己有何态度与对策。有一位硕士生在回答这个问题时，一味指斥自己导师，喟叹自己的委屈，结果被拒绝录用。考官的理由也简单：一个团体中总会有不同意见，如不能处理好不同意见，谈何协作精神呢？

另一位博士生则不同，他在回答时，通过自己就某学术问题与导师发生争论一事，他叙述自己怎样坚持正确意见而得罪导师、在关键时刻又如何送师母到医院救治，生动地表现出他既有理论勇气，又不失与人为善的行为作风，因此赢得了主考官的好感。不难看出，通过事例与理念的结合叙述，或者通过种种疑难问题的设想与解决，来展示自己的观念和看法，无疑是回答此类问题的关键所在。

图 3-68　设置文字底纹的效果

(2)设置段落底纹

在图 3-67 所示对话框中，在"应用于"下拉列表中选择"段落"，在"填充"列表框中选择一种颜色后，单击【确定】按钮，光标点所在的段落将设置底纹成功。图 3-69 为设置段落底纹的文字效果。

第二个经典之问：你对什么感兴趣？（或者：你有过怎样的成功经历？）

这是微软最出名的一道面试问题，用戴维的话说，这个问题之所以是微软的"保留节目"，因为它能使应试者有机会去自由地谈论自己最熟悉的、最有兴致的东西，也就给了他最大的发挥余地。

应答好这个问题，关键不在于兴趣爱好是什么，而在于懂得如何用最佳的方式、角度去表现自己的这一兴趣与爱好，以及相关的业绩等等。

出名的职业经理人吴士宏在应聘微软中国公司总经理职位时，主考官、微软总裁斯蒂夫·鲍尔默曾这样问她："你觉得，此前你在 IBM 工作期间，你最有成就的经历是什么？"吴士宏集中概述了她在 IBM 华南分公司做总经理时，从带领一支队伍的过程中怎样学到了"公司运作"和"市场运作"的情形。吴士宏在叙述时，富有激情，自然感动了鲍尔默。

图 3-69　设置段落底纹的效果

3.6.3　中文版式的设置

(1)拼音指南

在 Word 2003 中一次最多能够给 30 个汉字标注拼音。

选中需要进行标注拼音的文字，如"关键不在于"，执行【格式】→【中文版式】→【拼音指南】命令，弹出如图 3-70 所示"拼音指南"对话框。此时，在"拼音文字"列表框中，会自动填上相应的文本框，如果要更改默认的拼音，可以单击相应的文本框进行修改。如果修改后想恢复为默认的拼音，可以单击【默认读音】按钮；在"对齐方式"下拉列表框中，选择一种拼音与字符的对齐方式。在"字体"和"字号"下拉列表框中，分别选择拼音字母的字体和字号。单击【确定】按钮，标注拼音完毕。单击"拼音指南"对话框中的【全部删除】按钮，则删除所标注的拼音。图 3-71 中的部分文本标注了拼音。

(2)带圈字符

带圈字符只对单字设置有效，选定要设置带圈字符的文字，执行【格式】→【中文版式】→【带圈字符】命令，弹出如图 3-72 所示"带圈字符"对话框。设置"样式"和"圈号"，单击【确定】按钮，设置完毕。图 3-71 中的部分文本进行了带圈字符的设置。

(3)纵横混排

选定需要纵向排版的文本，执行【格式】→【中文版式】→【纵横混排】命令，弹出如图 3-73

所示“纵横混排”对话框。“适应行宽”复选框用于设置纵向排版的文字所占的宽度是否与行同宽。图 3-71 中文本“最大程度”设置了纵横混排效果。

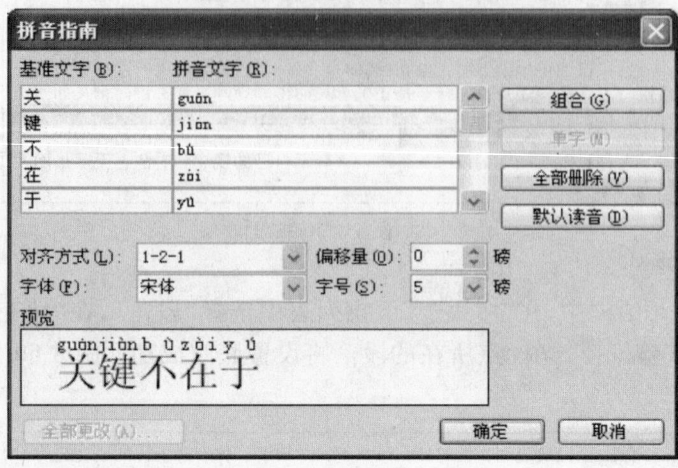

图 3-70 “拼音指南”对话框

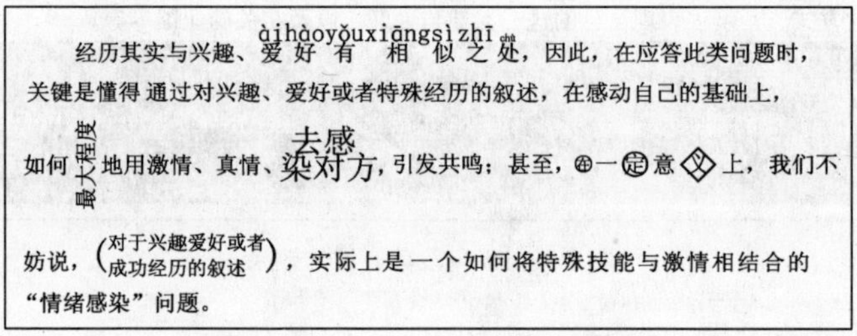

àihàoyǒuxiāngsìzhīchù
经历其实与兴趣、爱好有相似之处，因此，在应答此类问题时，
关键是懂得通过对兴趣、爱好或者特殊经历的叙述，在感动自己的基础上，
如何最大程度地用激情、真情、去感染对方，引发共鸣；甚至，在一定意义上，我们不
妨说，（对于兴趣爱好或者成功经历的叙述），实际上是一个如何将特殊技能与激情相结合的
“情绪感染”问题。

图 3-71 中文版式的效果

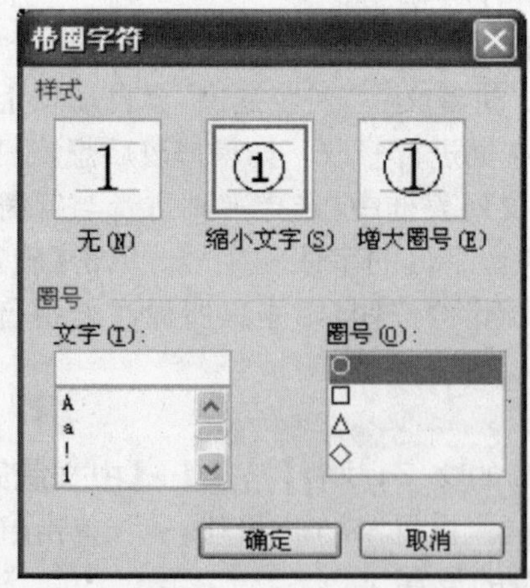

图 3-72 “带圈字符”对话框

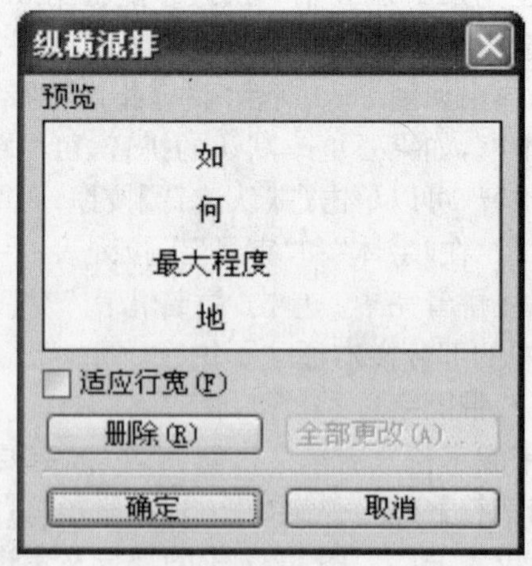

图 3-73 “纵横混排”对话框

(4)合并字符

选定合并字符的文本后(最多六个字),执行【格式】→【中文版式】→【合并字符】命令,弹出如图 3-74 所示"合并字符"对话框。在"字体"下拉列表中设置合并字符的字体;在"字号"下拉列表中设置合并字符的字号,当字号设置过小时,设置合并字符效果的文字将看不清楚,因此应对合并字符的文字字号加以设置;也可以单击【确定】按钮之后,对设置合并字符的文本应用"格式"工具栏上的字号下拉列表设置字号。图 3-71 中的文本"去感染对方"设置了合并字符效果。

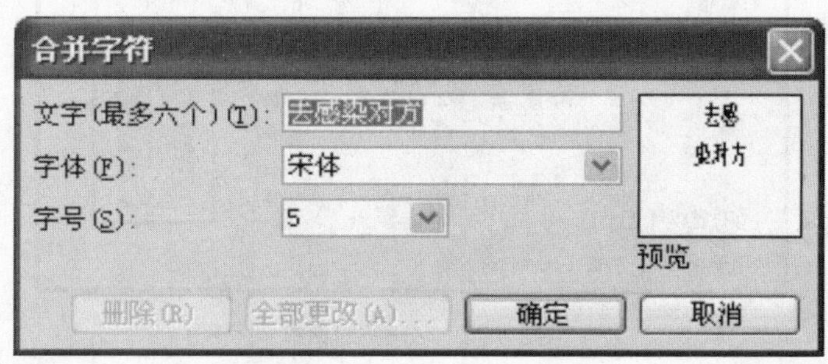

图 3-74 "合并字符"对话框

(5)双行合一

选定需要设置双行合一的文本,执行【格式】→【中文版式】→【双行合一】命令,弹出如图 3-75 所示"双行合一"对话框,"带括号"复选框用于设置文本是否带括号;"括号样式"下拉列表可以设置括号样式。设置双行合一效果的文本,看起来字号很小,所以设置双行合一的文本的字号应该比其他字号稍大一些。图 3-71 中的文本"对于兴趣爱好或者成功经历的叙述"设置了双行合一效果。

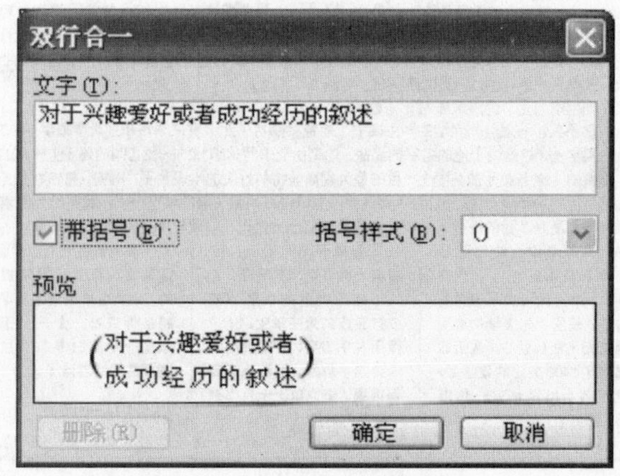

图 3-75 "双行合一"对话框

3.6.4 分栏的设置

选定要分栏的文本。执行【格式】→【分栏】命令,弹出"分栏"对话框,如图 3-76 所示。在"预设"选项组中设置要分的栏数。如果没有符合要求的栏数,可以在"栏数"文本框中指定

2～45之间的任意数作为分栏数；选中“分隔线”复选框，可以在各个栏之间添加分隔线；在“宽度和间距”选项组中可以设置各栏的宽度和间距；选中“栏宽相等”复选框，则设置当前所有栏的栏宽和间距相等。当选择“预设”选项组中的“一栏”时，则取消分栏设置。

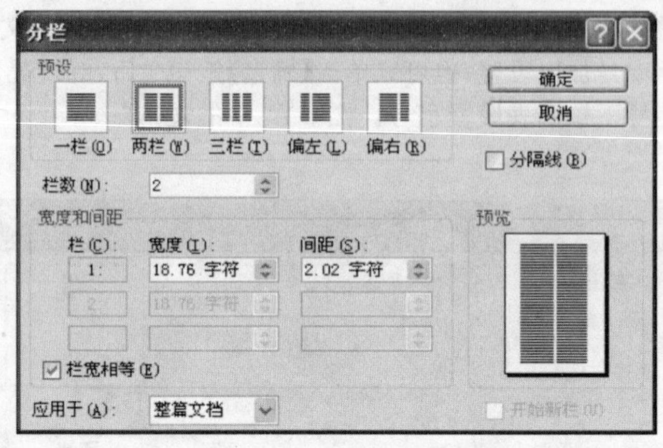

图 3-76 “分栏”对话框

选定需要分栏的按钮后，在【常用】工具栏上单击【分栏】按钮，可以对选中文本进行1～7栏的栏宽和间距都相等的分栏。如果分栏的文本包括文章的最后一段，在选择文本时，注意不能将最后一个换行标记选上。

图 3-77 对不同段落设置了不同的分栏效果。

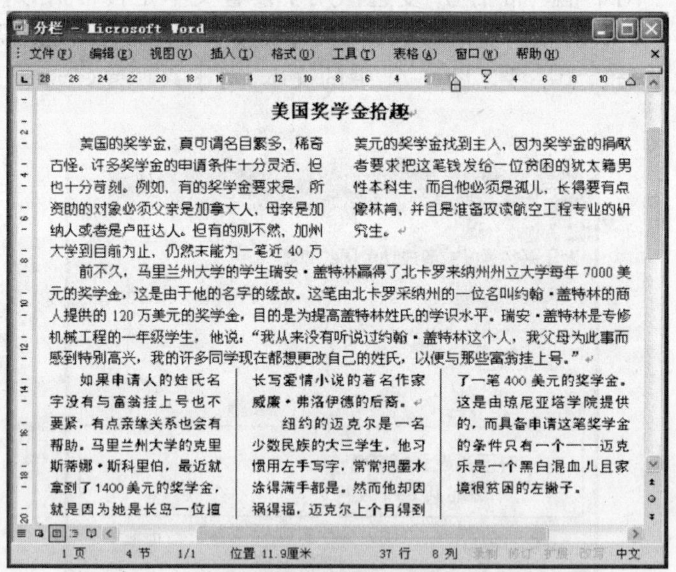

图 3-77 分栏效果的设置

3.6.5 项目符号与编号的设置

(1)项目符号的设置

①工具按钮设置

选定需要设置项目符号的文本，单击【格式】工具栏上的【项目符号】按钮☰即可切换项目符号的设定与否。当对设置了项目符号的文本进行手动换行时，默认情况下，换到的下一行也设定了与上一行相同的项目符号，如果要取消该行的项目符号可以按回车键或退格键。

②对话框设置

执行【格式】→【项目符号和编号】命令，弹出“项目符号和编号”对话框，选择“项目符号”选项卡，如图 3-78 所示。在该对话框中任意选择一种项目符号后，“自定义”按钮变为可选状态，单击“自定义”按钮，弹出如图 3-79 所示“自定义项目符号列表”对话框，选择“项目符号字符”选项组中的“字体”、“字符”和“图片”按钮，可以对将要设置的项目符号的字体、字符类型进行设置；可以通过“项目符号位置”、“文字位置”选项组对项目符号及文字的缩进进行设置。设置完毕后单击【确定】按钮。

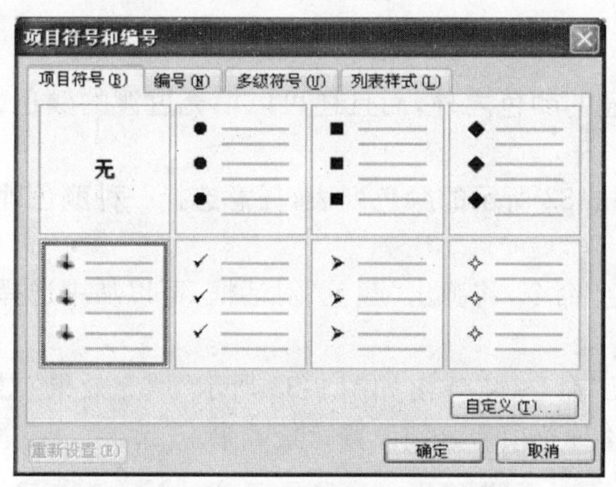

图 3-78 “项目符号”选项卡

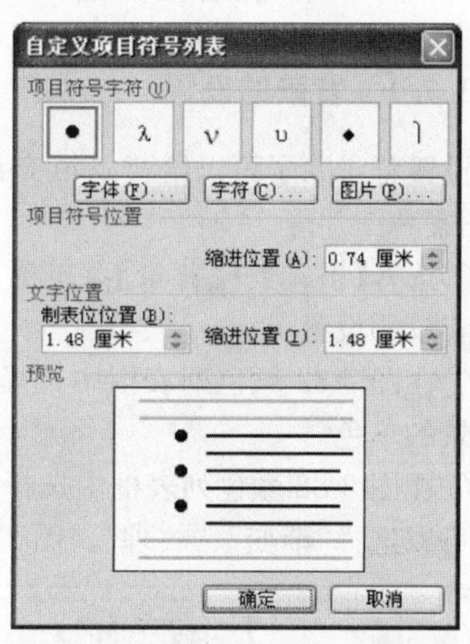

图 3-79 “自定义项目符号列表”对话框

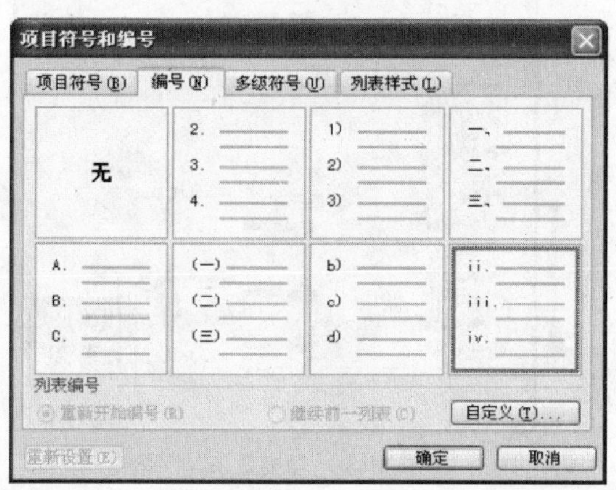

图 3-80 “编号”选项卡

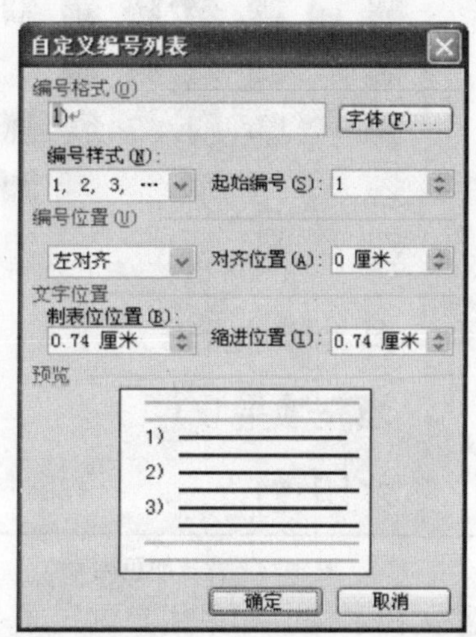

图 3-81 “自定义编号列表”对话框

(2)编号的设置

①工具按钮设置

选定需要设置编号的文本,单击【格式】工具栏上的【编号】按钮 即可切换编号的设定与否。当对设置了编号的文本进行手动换行时,默认情况下,换到的下一行延续上一行的编号,如果要取消该行的编号可以按回车键或退格键。

②对话框设置

执行【格式】→【项目符号和编号】命令,弹出"项目符号和编号"对话框,选择"编号"选项卡,如图 3-80 所示。任意选择一种编号后单击【自定义】按钮,弹出如图 3-81 所示"自定义编号列表"对话框,设置完毕后单击【确定】按钮。

3.7 Word 视图和多窗口操作

3.7.1 背景的设置

设置背景除了可以给背景填充许多种普通的颜色之外,而且还可以填充过渡的颜色、纹理、图案和图片等。

①选择【格式】→【背景】菜单项,弹出如图 3-82 所示的颜色列表,任意选择一种颜色即可完成背景的设置。

②在图 3-82 颜色列表框中选择"其他颜色"命令,将弹出"颜色"对话框,可以从中选择用于背景的单色。

③在图 3-82 颜色列表框中选择"填充效果"命令,将弹出如图 3-83 所示"填充效果"对话框。可以选择"渐变"、"纹理"、"图案"、"图片"4 种选项卡分别设置背景效果。

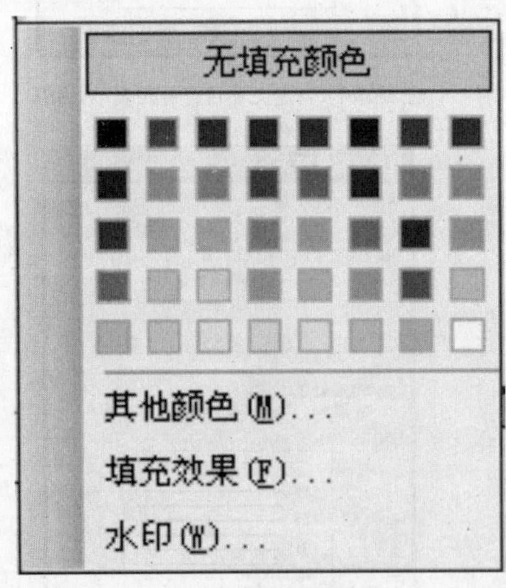

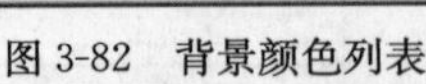
图 3-82 背景颜色列表

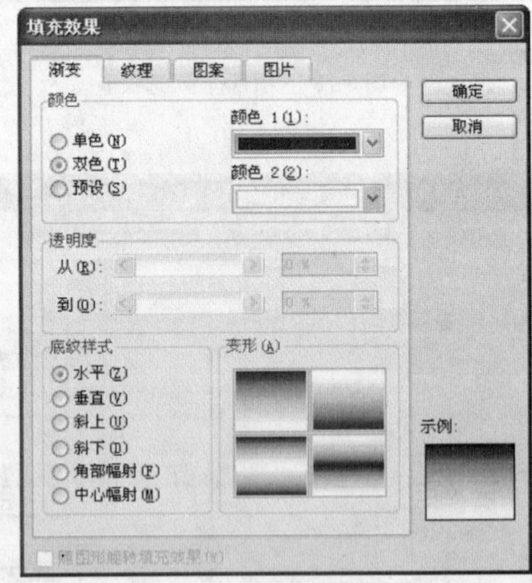

图 3-83 "填充效果"对话框

④文档水印。如果用户制定了一个合同,而合同属于商业机密文件,制作时则应该在每页加上机密水印字样,以提示双方处理合同文件时必须谨慎,负起保密责任。

在图 3-82 所示列表框中,选择"水印"选项,将弹出如图 3-84 所示"水印"对话框,选择"图片水印”单选框，通过【选择图片】按钮，可以选择图片，通过“缩放”下拉列表，设置图片的尺寸，选中“冲蚀”复选框后，图片将显示冲蚀效果。单击【确定】按钮，在文档中就设置了图片水印。

可以在文档中设置“文字水印”，选择图 3-84 中的“文字水印”单选框，在“文字”下拉列表中可以选择作为水印的文字；在“字体”下拉列表中设置水印的字体；在“尺寸”下拉列表中可以设置水印的尺寸；在“颜色”下拉列表中可以设置水印的颜色；通过“版式”选项组可以设置水印为“斜式”或“水平”；选择“半透明”复选框，可以将水印文字设置为半透明，单击【确定】按钮，设置文字水印完毕。

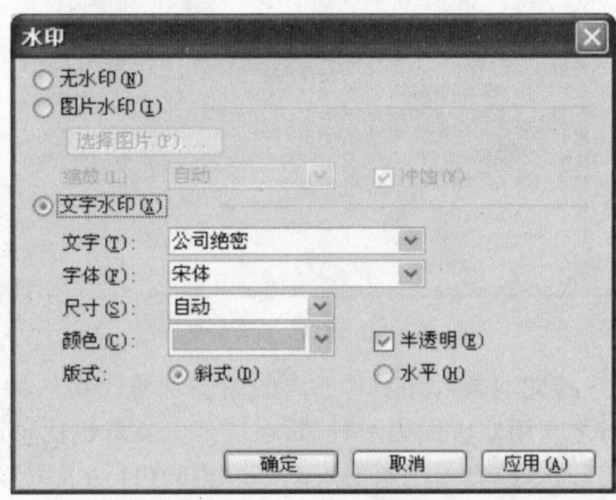

图 3-84 “水印”对话框

图 3-85 中的文档内容设置的背景效果是以图片为背景，图 3-86 中的文档内容设置了文字水印。

图 3-85 图片背景的设置效果

3.7.2 文档视图

Word 2003 提供了多种显示方式，称为视图。

(1)普通视图

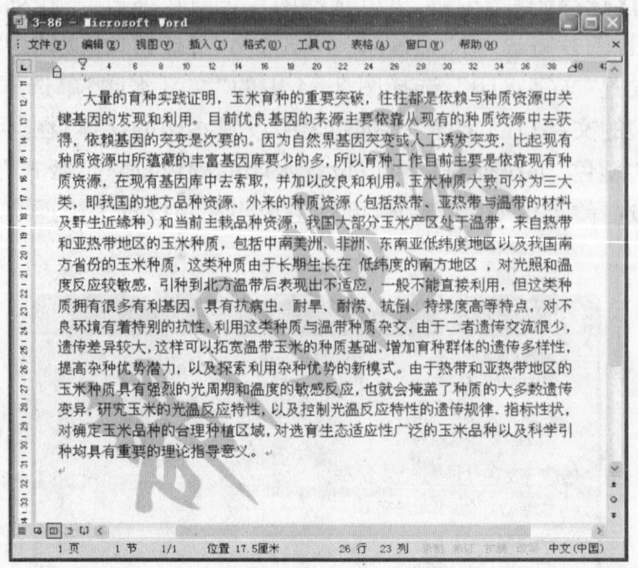

图 3-86 水印的设置效果

普通视图方式是最好的文本录入和图片插入的编辑环境。在这种方式下，页与页之间用单虚线表示分页，节与节之间用双虚线表示分节，在屏幕上文章也比较连贯易读。

执行【视图】→【普通】命令或者单击水平滚动条左边的【普通视图】按钮可以进入普通视图模式。

普通视图不显示页眉和页脚、分栏，不能绘制图形，不能图文混排。

(2)页面视图

页面视图除了能够显示普通视图方式所能显示的所有内容之外，还能显示页眉、页脚脚注及批注等，适于进行绘图、插入图表操作和一些排版操作，在页面视图下可以完成任何排版工作。

执行【视图】→【页面】命令，或者单击水平滚动条左边的【页面视图】按钮可以进入页面视图模式。

(3)大纲视图

大纲视图将所有的标题分级显示出来，在大纲视图下，可以通过标题的操作，改变文档的层次结构。

执行【视图】→【大纲】命令，或单击水平滚动条左边的【大纲视图】按钮可以进入大纲视图模式。

(4)Web 版式视图

Web 版式视图是一种“所见即所得”的视图形式。在 Web 版式视图中，编辑的网页将会与在浏览器中所显示的一样，如果使用 Word 编辑网页，则必须在 Web 版式视图下才能完整地显示用户所编辑的网页效果。

执行【视图】→【Web 版式】命令，或单击水平滚动条左边的【Web 版式视图】按钮可以进入 Web 版式视图模式。

(5)阅读版式视图

阅读版式视图是一种专门用来阅读文档的视图，在这种视图下进行阅读文档，用户会感觉到非常方便快捷。在阅读版式视图下，Word 会隐藏除“阅读版式”和“审阅”工具栏以外的所有工具栏，则窗口工作区中显示最多的内容。

执行【视图】→【阅读版式】命令，或单击【阅读版式视图】按钮可以进入阅读版式视图模式。

单击“阅读版式”工具栏上的【关闭】按钮可以退出阅读版式视图模式，也可以按【Esc】或【Alt + C】组合键退出。

由于阅读版式视图设计用于屏幕上阅读文档，页面按屏幕标号进行编号，而不是按页码编号。

3.8 段落的基本设置

段落是构成整个文档的主干，在输入文本时，只有需要另起一段时才需要按回车键，否则应该由 Word 2003 自动换行。如果只想换行不想分段，则按软回车，即【Shift +Enter】键。

在进行段落格式设置时，当设定一个段落的格式后，开始新的一段时，新段落的格式完全和上一段一样，这种格式设置会保持到文档结束。如果某些段落格式需要不同，可以单独设置。

3.8.1 设置段落的缩进

段落缩进的设置可以应用标尺上的游标及菜单进行设置，段落缩进分为首行缩进、悬挂缩进、左缩进及右缩进，将插入点放在需设置缩进的段落中任意位置，再进行设置。

图 3-87 为标尺上的各种缩进游标。

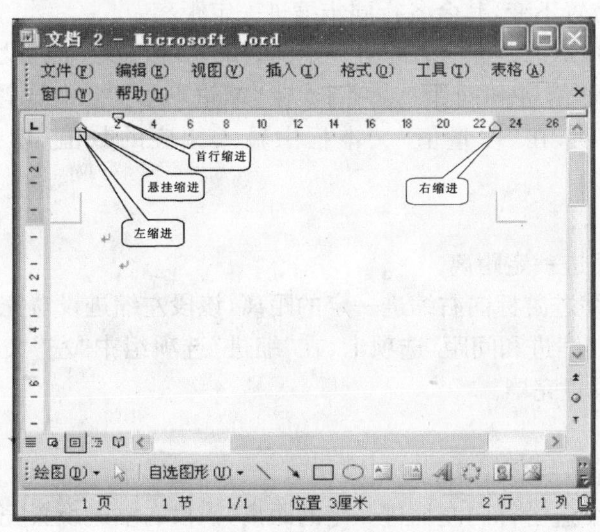

图 3-87 标尺上的缩进游标

(1)首行缩进

首行缩进指的是段落的第一行缩进。

☆ 用鼠标拖动首行缩进游标向右缩进两个字的距离，该段首行设置完毕。

☆ 执行【格式】→【段落】命令，在弹出的对话框中选择“缩进和间距”选项卡，如图 3-88 所示，在“缩进”选项组中选择“特殊格式”下拉列表中的“首行缩进”选项，在“度量值”文本框中输入相应的数值，如果段落文本是五号字，则输入 0.77 厘米，单击【确定】按钮，设置完毕。

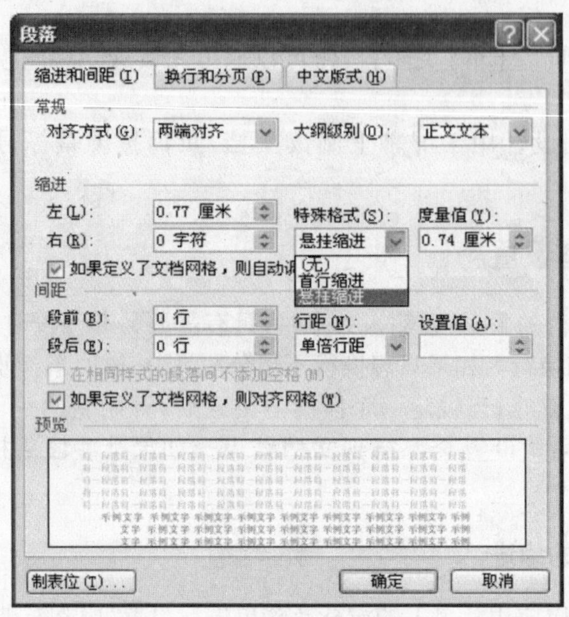

图 3-88 “缩进和间距”选项卡

(2)悬挂缩进

段落的首行起始位置不变，其余各行同步缩进一定距离。

☆ 用鼠标拖动悬挂缩进游标向右缩进一定的距离，该段悬挂缩进设置完毕。

☆ 在图 3-88 所示“缩进和间距”选项卡，在“缩进”选项组中选择“特殊格式”下拉列表中的“悬挂缩进”选项，在“度量值”文本框中输入相应的数值，单击【确定】按钮，设置完毕。

(3)左缩进

指整个段落向右缩进一定距离。

☆ 用鼠标拖动左缩进游标向右缩进一定的距离，该段左缩进设置完毕。

☆ 在图 3-88 所示“缩进和间距”选项卡，在“缩进”选项组中“左”文本框中输入相应的数值，单击【确定】按钮，设置完毕。

(4)右缩进

指整个段落向左缩进一定距离。

☆ 用鼠标拖动右缩进游标向左缩进一定的距离，该段右缩进设置完毕。

☆ 在图 3-88 所示“缩进和间距”选项卡，在“缩进”选项组中“右”文本框中输入相应的数值，单击【确定】按钮，设置完毕。

图 3-89 的第一段设置首行缩进 2 个字符，第二段设置首行缩进 2 个字符、悬挂缩进 1 厘米，第三段设置右缩进 2.5 个字符。

行动的力量

做一件事情，只要开始行动，就算获得了一半的成功。

演讲大师齐格勒提醒我们，世界上牵引力最大的火车头停在铁轨上，为了防滑，只需在它 8 个驱动轮前面塞一块一英寸见方的木块，这个庞然大物就无法动弹，然而，一旦这个巨型火车头开始启动，小小的木块就再也挡不住它了：当它的时速达到 100 英里时，一堵 5 英尺厚的钢筋混凝土墙也能轻而易举地被它撞穿。从一块小木块令其无法动弹，到能撞穿一堵钢筋水泥墙，火车头的威力变得如此巨大，原因不是别的，只因为它开动起来了。

其实，人的威力也会变得巨大无比，许多令人难以想象的障碍也能被你轻松突破，当然前提是：你必须行动起来。不然只知道浮想，如停在铁轨上的火车头，那就连一块小木块也无法推开。

图 3-89　段落缩进效果

3.8.2　设置段落间距和行间距

在【格式】工具栏上有一个【行距】按钮，单击该下拉按钮，在弹出的下拉列表中可以选择不同的行距，如果没有所需的行距，则选择“其他”选项，将会弹出如图 3-88 所示“缩进和行距”选项卡，通过“间距”选项组的“行距”下拉列表框和“设置值”微调框，可以设置各种行距。

在“缩进和行距”选项卡中，通过“段前”和“段后”两个微调框可以设置段前间距和段后间距。

图 3-90 第一段设置段前、段后间距分别为 0.5 行，行间是固定值 22 磅；第二段段前 0.5 行，段后设置为自动。

善良的力度

一对夫妻很幸运地订到了火车票，上车后却发现有位女士坐在他们的位子上，先生示意太太坐在她旁边的位子上，却没有请那位女士让位。太太坐定后仔细一看，发现那位女士右脚有点不方便，才了解先生为何不请她起来。他就这样从嘉义一直站到台北。

下了车之后，心疼先生的太太就说：“让位是善行，但从嘉义到台北这么久，中途大可请她把位子还给你，换你坐一下。”

先生却说：“人家不方便一辈子，我们就不方便这 3 小时而已。”太太听了很感动，觉得世界都变得温存许多。

“人家不方便一辈子，我们就不方便这 3 小时而已。”

图 3-90　行距及段间距效果

3.9　插入对象

3.9.1　公式编辑器的应用

公式编辑器能以直观的操作方法帮助用户生成各种公式，从简单的 $y=x^2$ 到复杂的各种数学公式。

(1)公式编辑器的安装

在安装 Word 2003 时，如果采用的是【典型安装】(Word 2003 的安装参见 3.1.1)方式，则公式编辑器不在安装之列,所以需要添加安装公式编辑器。

将安装光盘放入光驱,在弹出的安装界面中选择【Office 2003】或在【Office 11】文件夹下运行【Setup. exe 】文件,稍等片刻后弹出如图 3-91 a)所示对话框,在该对话框中选择"添加或删除功能"单选框,单击【下一步】按钮,弹出如图 3-91 b)图形所示对话框,在该对话框中选中"选择应用程序的高级自定义"复选框,单击【下一步】按钮,在弹出的对话框中选择【Office 工具】目录下的【公式编辑器】,选择【从本机运行】,如图 3-91 c)所示,单击【更新】按钮,安装完毕。

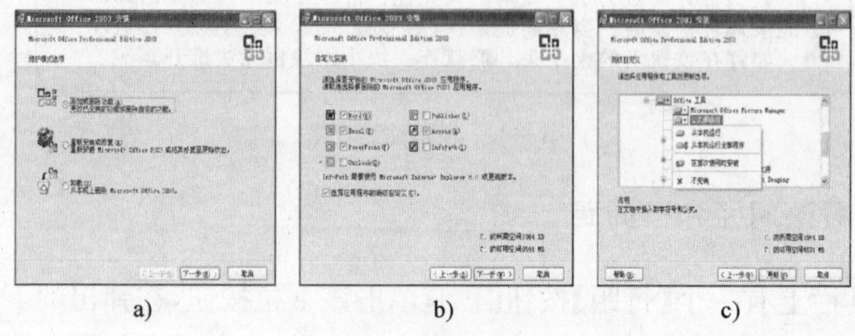

a) b) c)

图 3-91 安装公式编辑器的提示向导

(2)公式编辑器的应用

执行【插入】→【对象】命令,弹出如图 3-92 所示对话框,选择"新建"选项卡,拖动滚动条找到【Microsoft 公式 3.0】选项,单击【确定】按钮,弹出如图 3-93 所示【公式】工具栏,同时进入公式编辑器窗口,应用键盘或【公式】工具栏上的各种工具模板输入所需要的公式,公式输入完毕后,单击公式编辑器以外的任何位置,即可返回文档。

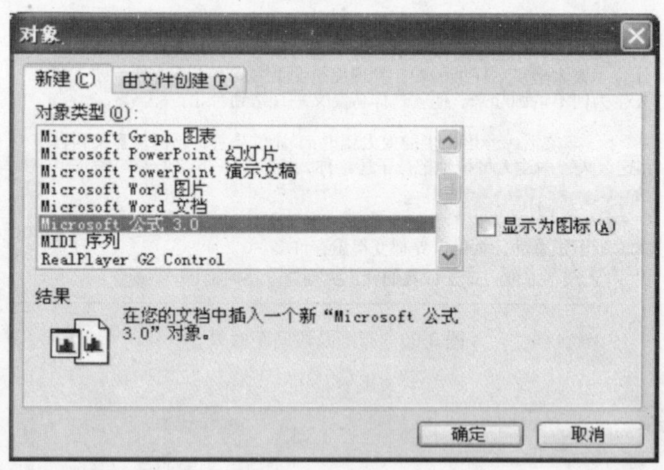

图 3-92 "新建"选项卡

公式插入文档后,单击公式即被选中,可以对公式进行复制、粘贴、删除等操作。用鼠标拖动被选定公式周围的小框,可以改变公式的长度、宽度和大小。如果要对公式进行修改,只需双击公式,就可以转换到公式编辑器的编辑窗口,重新编辑公式。

如果输入的公式较多,需要频繁的应用公式编辑器,则可以将公式编辑器命令按钮添加到【常用】或【格式】工具栏,添加方法参见 3.1.4 节。

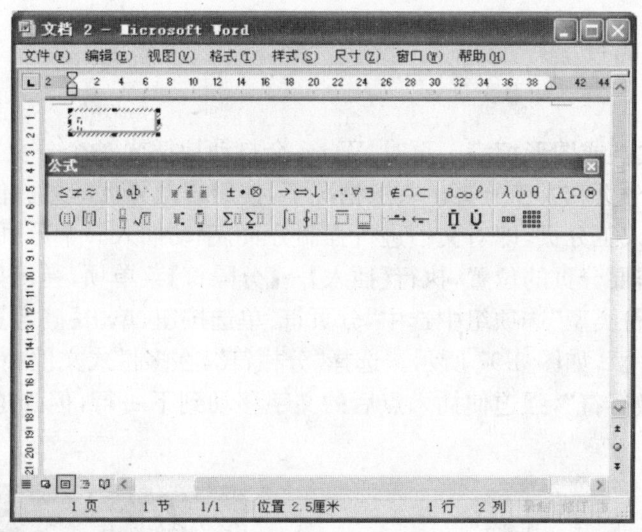

图 3-93 公式编辑器窗口

(3)公式中的样式和字体

在建立公式时,公式编辑器会按照数学方面的排版惯例自动调整字号、间距和字体。在编辑公式时,如果要改变输入字符的样式,可以打开公式编辑器窗口的“样式”菜单,在其中选择所需要的样式,或选择“样式”菜单下的“定义”选项,将弹出“样式”对话框,如图3-94所示。在该对话框中可以对样式进行相应的设置。图3-95中的文档应用了大量的数学公式。

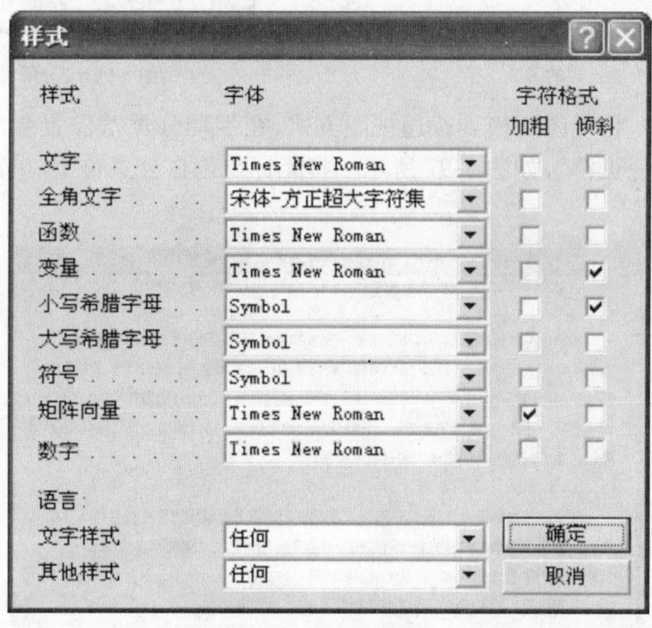

图 3-94 “样式”对话框

3.9.2　插入分隔符

(1)设置分页符

当用户编排的文档或图形填满一页时，Word 会自动地插入一个分页符。Word 提供了两种分页功能，即自动分页和人工分页。一般情况下，使用自动分页即可。但是用户如果有特定的需要，也可以进行人工分页，即对文档进行强制分页，手动插入一个分页符。

将插入点定在需要分页的位置，执行【插入】→【分隔符】菜单项，弹出如图 3-96 所示“分隔符”对话框，在“分隔符类型”选项组中选中“分页符”单选按钮，单击【确定】按钮，插入点后面的所有内容将进入下一页，如图 3-97 所示。选择“分栏符”，在多栏式文件中，使插入点后的文字移到下一栏；选择“换行符”，强迫使插入点后的文字移动到下一行，但强迫换行后的文字仍属于同一段落。

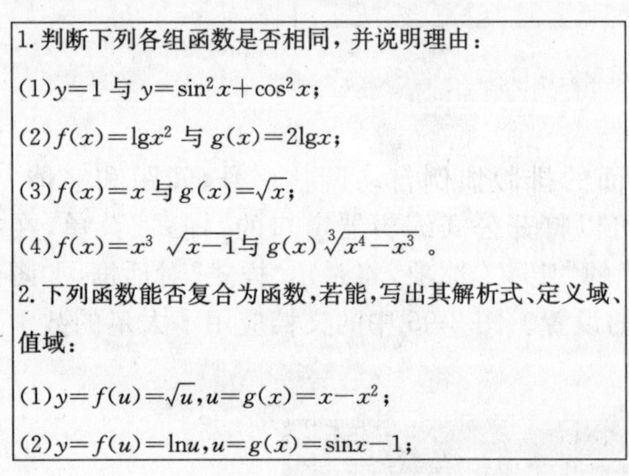

1. 判断下列各组函数是否相同，并说明理由：

(1) $y=1$ 与 $y=\sin^2x+\cos^2x$；

(2) $f(x)=\lg x^2$ 与 $g(x)=2\lg x$；

(3) $f(x)=x$ 与 $g(x)=\sqrt{x}$；

(4) $f(x)=x^3\ \sqrt{x-1}$ 与 $g(x)\ \sqrt[3]{x^4-x^3}$ 。

2. 下列函数能否复合为函数，若能，写出其解析式、定义域、值域：

(1) $y=f(u)=\sqrt{u}, u=g(x)=x-x^2$；

(2) $y=f(u)=\ln u, u=g(x)=\sin x-1$；

图 3-95　数学公式的输入

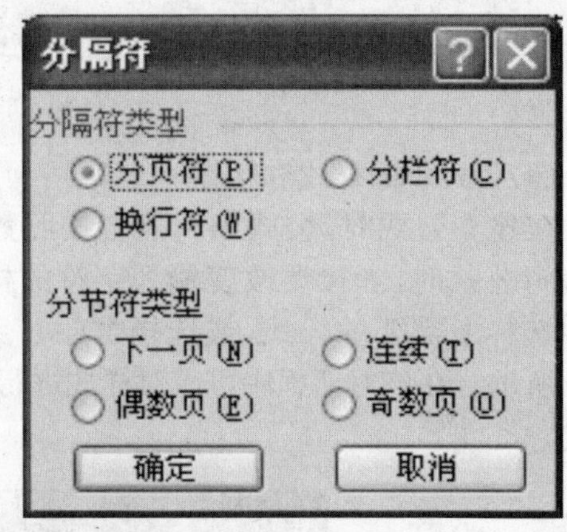

图 3-96　“分隔符”对话框

如果需要删除分页符，将视图切换到普通视图方式，在手动分页符位置会出现一条虚线提示，同时标有文字说明“分页符”，如图 3-97 所示。将光标定位在分页符上，单击【Delete】键即可删除分页符。

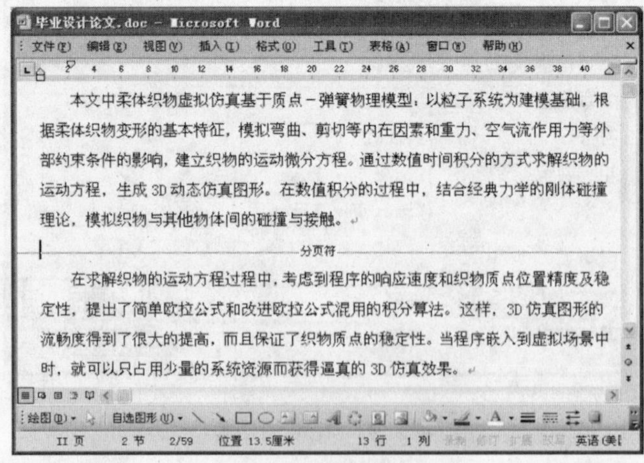

本文中柔体织物虚拟仿真基于质点－弹簧物理模型，以粒子系统为建模基础，根据柔体织物变形的基本特征，模拟弯曲、剪切等内在因素和重力、空气流作用力等外部约束条件的影响，建立织物的运动微分方程。通过数值时间积分的方式求解织物的运动方程，生成 3D 动态仿真图形。在数值积分的过程中，结合经典力学的刚体碰撞理论，模拟织物与其他物体间的碰撞与接触。

在求解织物的运动方程过程中，考虑到程序的响应速度和织物质点位置精度及稳定性，提出了简单欧拉公式和改进欧拉公式混用的积分算法。这样，3D 仿真图形的流畅度得到了很大的提高，而且保证了织物质点的稳定性。当程序嵌入到虚拟场景中时，就可以只占用少量的系统资源而获得逼真的 3D 仿真效果。

图 3-97　分页符的设置

(2)设置分节符

默认情况下,Word 将整篇文档作为一节来处理,用户可以将文档设置为多个节,每节可以进行独立设置。

执行【插入】→【分隔符】菜单项,弹出如图 3-96 所示的“分隔符”对话框,在该对话框中能够看出分节符类型分为 4 类。选择“下一页”,新节从下一页开始;选择“连续”,新节从本节插入点之后开始;选择“偶数页”,新节从下一个偶数页开始;选择“奇数页”,新节从下一个奇数页开始。

3.9.3 插入文件

当编辑长文档时,经常会把文档分成几个文件分别编辑,当最后需要把所有文件合成一个完整的文档时,则需要插入文件操作。插入文件操作是指将一个文件插入到另一个文件的指定位置,插入的位置可以是文档的任意位置。

将插入点定位在文档中放置新文件的位置,执行【插入】→【文件】命令,弹出如图 3-98 所示“插入文件”对话框,在该对话框的“查找范围”下拉列表中选择插入文件所在路径,找到插入文件后,选择文件后单击【插入】按钮或双击文件,即可将文件插入到插入点处。

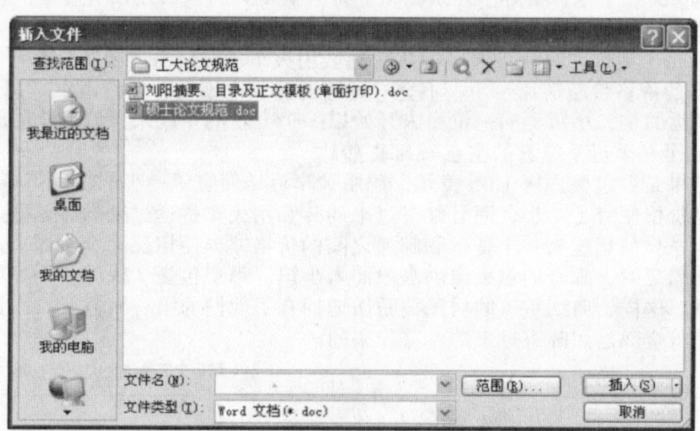

图 3-98 “插入文件”对话框

将图 3-99 所示文档内容命名为文件“成功只是多说一句话”,将图 3-100 所示文档内容命名为文件“简单的办法”,用户可以应用插入文件的方法将两个文件合成为一个文件。

3.9.4 插入基本图形

基本图形一般情况下通过“绘图”工具栏上的按钮实现,因此应该先调出“绘图”工具栏,方法参见 3.1.4 节。“绘图”工具栏如图 3-101 所示。

(1)绘图画布

在一张画布上可以绘制多个图形,当所绘制的多个图形需要组合且独立编辑的时候,在画布上绘制图形就显的非常便捷。

成功只是多说一句话

大专毕业的阿琳因为一时找不到工作，只好进了一家百货公司做营业员。尽管别人都认为她做营业员太可惜，但她却很珍惜这份工作。阿琳热情周到的服务很快便得到了顾客和领导的好评。

阿琳所在的柜组前面有道不起眼的台阶，时常会有顾客经过时不小心被绊一下。所以每当有不知情的顾客经过时，阿琳总是善意地提醒一句请小心前面的台阶。别的同事见了都总是笑她多此一举，那些人又不买自己柜组的商品，管那闲事干嘛。阿琳对此也从不争辩，总是一笑置之。

一天，公司老总进行巡视时正巧经过那道台阶，阿琳还是像以前一样习惯性地提醒说请小心前面的台阶。老总一愣，但很快便明白了是怎么回事，他没有说什么，只是看着阿琳，脸上流露出一种赞赏的笑容。很快阿琳便被提升为柜组组长，一年之后，她成了这家公司的副总经理。

一个人的成功，有时只是比别人多说一句话而已。

[摘自小故事网 www.xiaogushi.com]

图 3-99　文件“成功只是多说一句话”

简单的办法

1916 年，位于美国犹他州的小镇弗纳尔的居民非常渴望修建一座砖砌的银行。

这座银行将是小镇上的第一家银行。

镇长买好了地，备好了建筑图纸，万事俱备，只差砖还没有着落。就在一切仿佛都进展得很顺利的时候，障碍出现了。这是一个致命的障碍，由于它，整个工程计划将化为泡影：从盐湖城用火车运砖，每磅要 2.5 美元。这个昂贵的价格将断送掉一切：不会有足够的砖，也不会有银行了。

幸运的是，小镇里的一位商人开始以一个全新的角度来考虑这个问题。他想出了一个近乎愚蠢的主意—邮寄砖！

结果是：包裹每磅 1.05 美元，比用火车运送便宜了一半的价钱。事实上，不仅是价格便宜了一半，而且邮寄过来的砖和用火车货运过来的砖是同一班列车运送！就是这么一个货运和邮递之间的价格差异使情况完全不同了。

几周之内，邮寄的包裹像洪水般涌入小镇。每个包裹 7 块砖，刚好可以不超重。这样，弗纳尔镇的居民很骄傲地拥有了他们的第一家银行。而且，这家银行全部是用邮寄过来的砖盖起来的。

[摘自小故事网 www.xiaogushi.com]

图 3-100　文件“简单的办法”

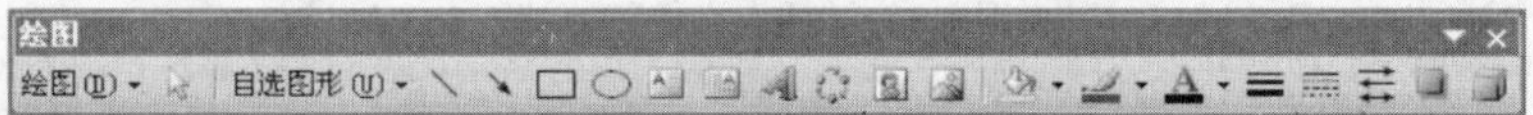

图 3-101　“绘图”工具栏

单击“绘图”工具栏上的按钮准备在文档中绘图时，在文档中会出现一个显示有“在此处创建图形”的绘图画布区域，同时出现“绘图画布”工具栏，如图 3-102 所示。

在绘图画布区域绘制了两个或者两个以上的图形时，“绘图画布”工具栏上的【调整】按钮将被激活，单击该按钮，绘图区域将会根据各个图形所在的位置关系自动调整大小；需要对绘图画布区域放大时，单击“绘图画布”工具栏上的【扩大】按钮，可以连续多次单击；当需要绘图画布区域中的图形随同绘图画布同步缩放时，单击“绘图画布”工具栏上的【缩放绘图】按钮，使该按钮处于按下状态。

调用绘图命令后，所绘制的图形可以在画布上绘制，也可以在画布外绘制。如果不需要在画布上绘制，则在出现的绘图画布区域外任意位置绘制，绘图画布会自动消失。

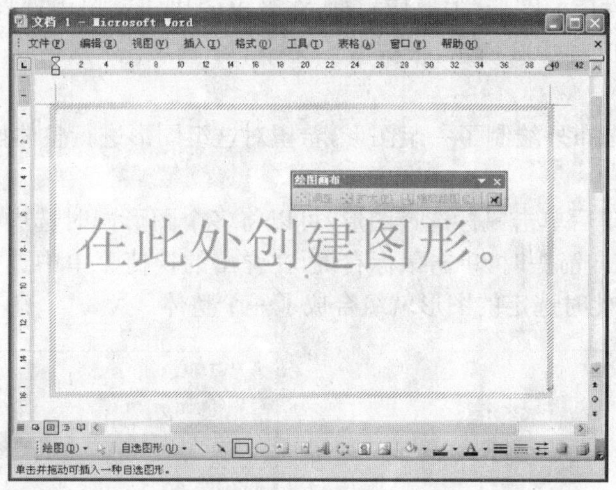

图 3-102 "在此处创建图形"的绘图画布区域

(2)绘制图形

单击"绘图"工具栏上的"直线"按钮，在文档工作区拖动鼠标即可绘制成功。单击"绘图"工具栏上的"箭头"、"矩形"、"椭圆"均可以绘制出相应的图形，其中在绘制矩形和椭圆的时候，按住【Shift】键，绘制出的图形为正方形或圆。

单击"绘图"工具栏上的"自选图选"下拉按钮，在弹出的下拉菜单中可以绘制多种图形。

如果需要删除图形，选中图形，按【Delete】键即可。

如果需要移动图形，选中图形后，鼠标变成 4 向箭头时拖动鼠标即可。

(3)编辑图形

①直线、箭头及所有线条

选中绘制的直线或箭头后，对象上出现控制点，此时拖拽控制点，对象会随着鼠标的移动改变方向和尺寸；单击"绘图"工具栏上的"线条颜色"下拉按钮，在弹出的颜色列表中可以设置对象的颜色；分别单击"绘图"工具栏上的"线型"、"虚线线型"、"箭头"、"阴影样式"和"三维效果样式"按钮，可以对对象进行相应效果设置。其中，对对象进行三维效果样式设置时，可以选择"三维效果样式"下拉列表中的"三维设置"选项，弹出"三维设置"工具栏，应用该工具栏上的按钮，对三维样式进行编辑。

②矩形、椭圆及所有闭合图形

闭合图形与线条不同之处是，增加了"填充颜色"及旋转控制点(选中图形后，图形上方绿色圆点)。将鼠标移动到旋转控制点上，鼠标变成旋转提示，此时拖动鼠标可以旋转图形。

单击"绘图"工具栏上的"填充颜色"下拉列表，在弹出的颜色列表框中选择适合的颜色，如果没有需要的颜色，则选择该下拉列表中的"其他填充颜色"或"填充效果"选项，参见 3.7.1 节进行设置。

③叠放次序

当绘制的多个图形位置相同时，它们会层叠起来，但不会互相排斥。图形的叠放次序是可调节的。

选择需调节叠放次序的图形，击鼠标右键，在弹出的快捷菜单中选择“叠放次序”，在弹出的下一级子菜单中，如图 3-103 所示，根据需要选择某个选项。

④组合图形

如果在文档中的画布外绘制了一组图形，希望对这组图形进行整体操作，此时可以将图形组合起来。

通过按住【Shift】键后单击鼠标选择图形，可以将多个图形同时选中。将鼠标移动选定的图形上，当鼠标变成 4 向箭头时，单击鼠标右键，在弹出的快捷菜单中选择【组合】→【组合】命令，如图 3-104 所示。此时选定的图形就组合成了一个整体。

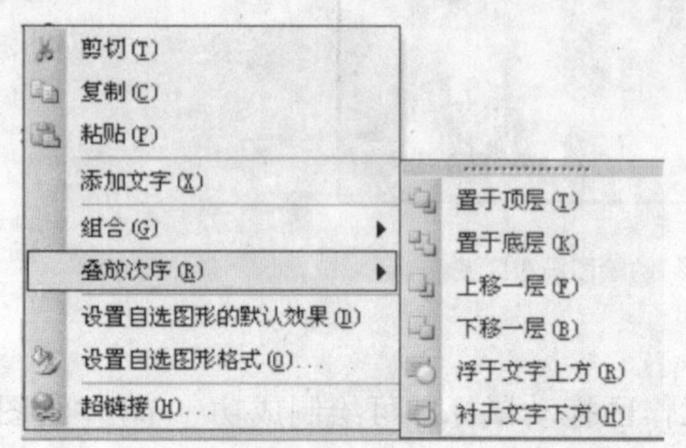

图 3-103 “叠放次序”菜单项

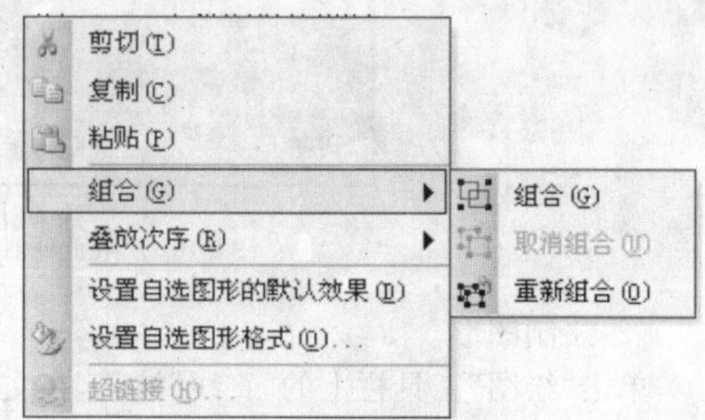

图 3-104 “组合”快捷菜单

如果要对组合图形内的某个图形进行编辑，则在组合图形上单击右键，在弹出的快捷菜单中选择【组合】→【取消组合】命令，此时组合在一起的图形就分解开了。

图 3-105 中利用自选取图形的绘制及编辑制作了靶盘。最外边圆环，填充效果为“渐变”选项卡中的“红日西斜”，阴影设置为“阴影样式 17”；外二环填充颜色为金色，阴影设置为“阴影样式 18”；外三环设置填充颜色为“纹理”选项卡中的“绿色大理石”，“阴影样式 17”；外四环设置填充颜色为“图片”，“阴影样式 18”；外五环设置填充颜色为红色，“阴影样式 17”；外六环设置填充颜色为“图案”选项卡中的“前景色”为浅蓝、“背景色”为黄色的“球体”图案，“阴影样式 18”；圆心填充为黑色。设置完毕后组合在一起即可。

⑤在自选图形中输入文字

如果用户希望把文字录入到某个特殊形状的图形中，可以先绘制自选选取图形再输入文字，如图 3-106 所示。

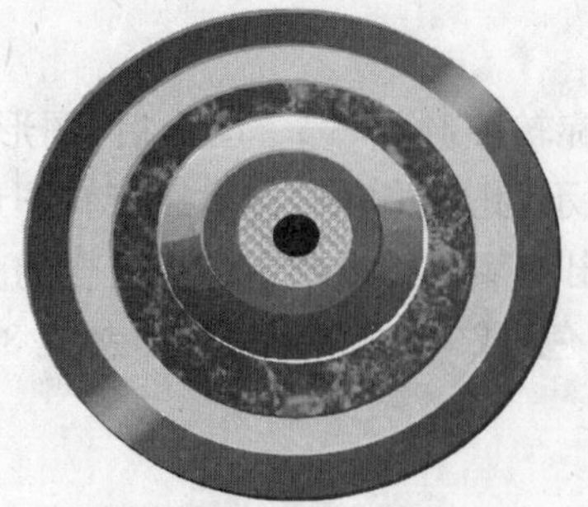

图 3-105 自选图形的应用

图 3-106 在自选图形中输入文字

选择“绘图”工具栏上的【自选图形】→【基本形状】→【心形】命令，如图 3-107 所示。绘制心形图形，将心形填充颜色、线条颜色均设置为红色，选定心形图形，单击“绘图”工具栏上的【文本框】按钮，再到心形图形的任意控制点上单击鼠标(如图 3-108 所示)，此时就可以在心形图形中输入文本了，选中文本后，单击“绘图”工具栏上的“字体颜色”下拉列表，设置字体颜色为黄色。

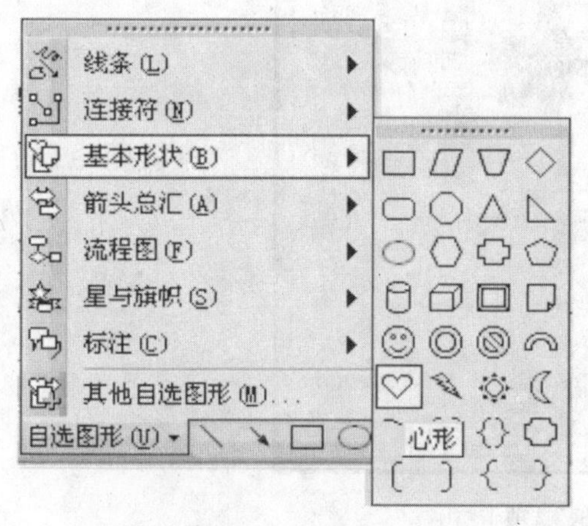

图 3-107 “心形”选项

图 3-108 在自选图形的控制点上单击

在选择【文本框】按钮时，如果选择的是“绘图”工具栏上的“竖排文本框”，则在自选图形中所输入的文本是竖排显示的，如图 3-109 所示。

绘制完自选图形后，可以右击自选图形，在弹出的快捷菜单中选择“添加文字”选项，也可以在自选图形中添加文字。

⑥设置自选图形格式

在所绘制的自选图形上击右键，在弹出的快捷菜单中选择“设置自选图形格式”选项，将弹出“设置自选图形格式”对话框。选择“版式”选项卡，如图 3-110 所示，可以设置自选图形的环绕方式。

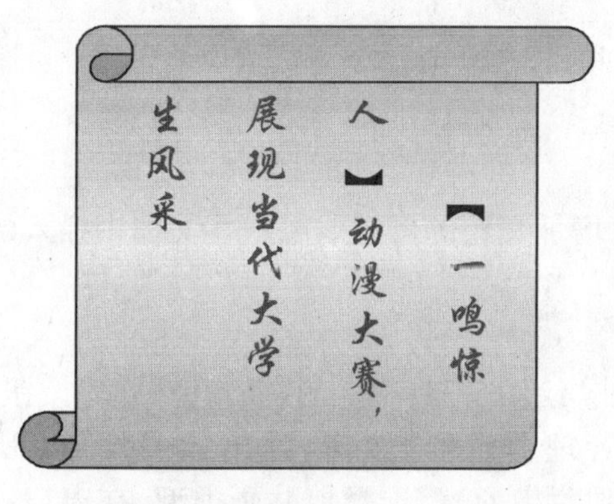

图 3-109 自选图形中的竖排文本

图 3-110 “版式”选项卡

在“设置自选图形格式”对话框中，选择“文本框”选项卡，如图 3-111 所示。可以设置文本框的内部边距，如将图 3-109 所示图形的文本框内部边距“上”、“下”、“左”、“右”均设置为 0。

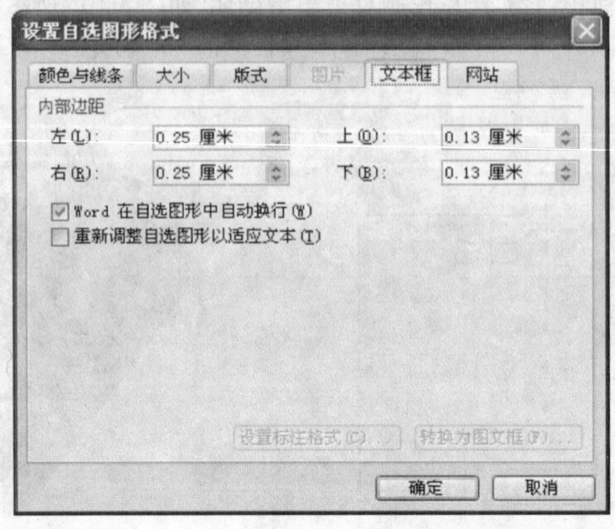

图 3-111 “文本框”选项卡

⑦编辑曲线

在曲线(图 3-112 a))绘制完毕后，可以对其进行编辑。选择绘制的曲线右击，在弹出的快捷菜单中选择【编辑顶点】命令，此时曲线进入顶点编辑状态，如图 3-112 b)所示。此时在曲线上单击右键，在弹出的快捷菜单中可以选择【添加顶点】命令，此时在图形上拖动鼠标即可添加顶点；如果自选图形是闭合图形，则在编辑顶点过程中，击鼠标右键选择【删除线段】命令，可将所选线段删除。

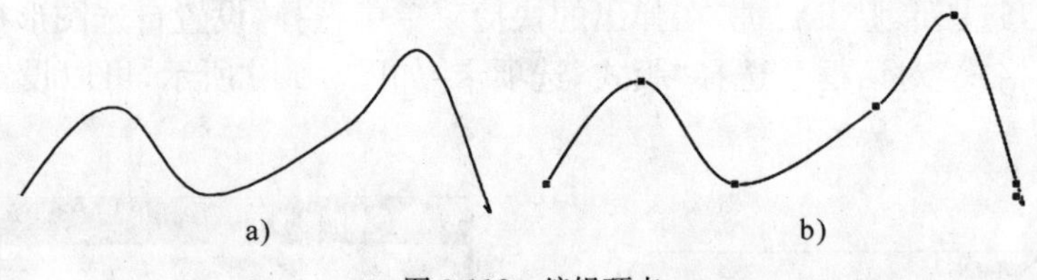

图 3-112 编辑顶点

3.9.5 插入图片

在排版过程中，经常需要在文档中插入图片，以增加文档的可视效果。在文档中插入的图片可以是剪贴画，也可以是来自文件的图片。

(1)插入剪贴画

执行【插入】→【图片】→【剪贴画】命令，或者单击“绘图”工具栏上的【插入剪贴画】按钮，弹出“剪贴画”任务窗格，如图 3-113 所示。单击【管理剪辑器】按钮，弹出如图 3-114 所示“Microsoft 剪辑管理器”窗口，可以在该窗口左侧“收藏集列表”选择剪贴画类型，在窗口右侧窗格将出现相应图形，选择所需图形后，进行复制/粘贴操作，在文档中即可插入所需的剪贴画图形。当不需要剪贴画窗口时，将其关闭即可。

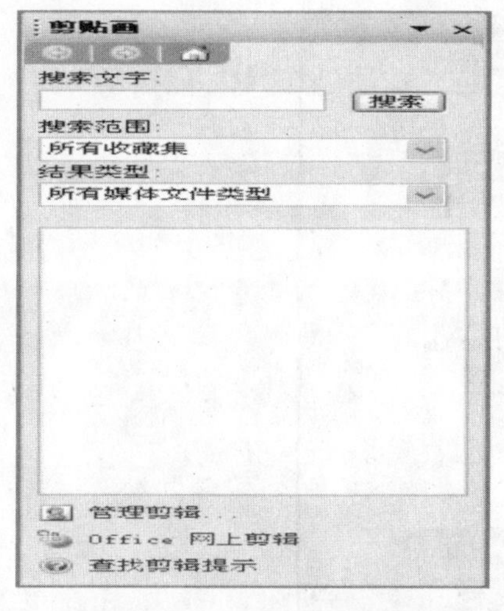

图 3-113 “剪贴画”任务窗格

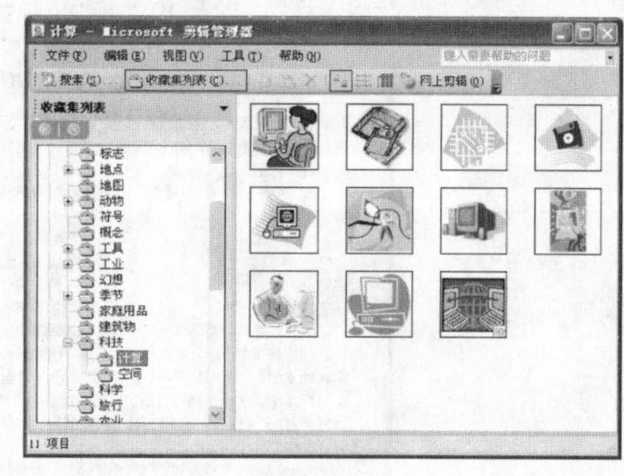

图 3-114 “Microsoft 剪辑管理器”窗口

(2)插入来自文件的图片

执行【插入】→【图片】→【来自文件】命令,或者单击“绘图”工具栏上的【插入图片】按钮,弹出“插入图片”对话框,通过该对话框选择所需的图片双击即可。

(3)图片编辑

选择插入在文档中的图片,图片四周出现控制点,同时弹出“图片”工具栏,如图 3-115 所示。如果没有弹出“图片”工具栏,则参照 3.1.4 节调出。应用控制点可以调节图片的大小,应用工具栏上的按钮可以对图片进行相关编辑。

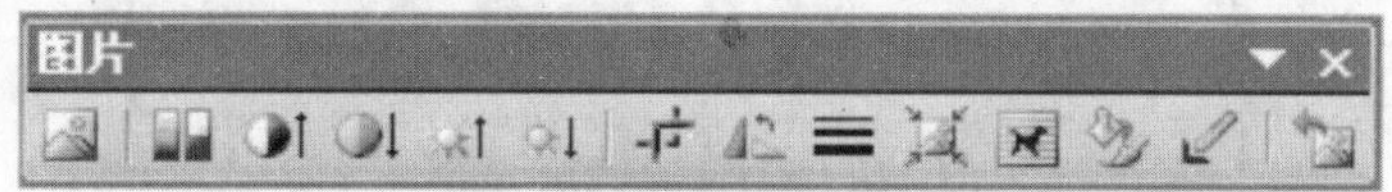

图 3-115 “图片”工具栏

如图 3-116 所示,图中插入了两张剪贴画,剪贴画的环绕方式设置为紧密型,插入了两个自选图形,在自选图形中均添加了文字。

3.9.6 插入艺术字

(1)插入艺术字

执行【插入】→【图片】→【艺术字】命令,或单击“绘图”工具栏上的【插入艺术字】按钮,弹出如图 3-117 所示“艺术字库”对话框,在该对话框中选择一种艺术字类型,单击【确定】按钮,弹出如图 3-118 所示的对话框,在“文字”文本框中输入所要的内容,然后在“字体”下拉列表中选择字体,在“字号”下拉列表框中选择合适的字号,单击【确定】按钮即可在文档中插入艺术字。

(2)编辑艺术字

选中插入文档中的艺术字后,将弹出如图 3-119 所示“艺术字”工具栏,通过此工具栏可以对艺术字进行式样、格式、形状、旋转等设置。

图 3-116　插入图片及自选图形的文档

图 3-117　"艺术字库"对话框

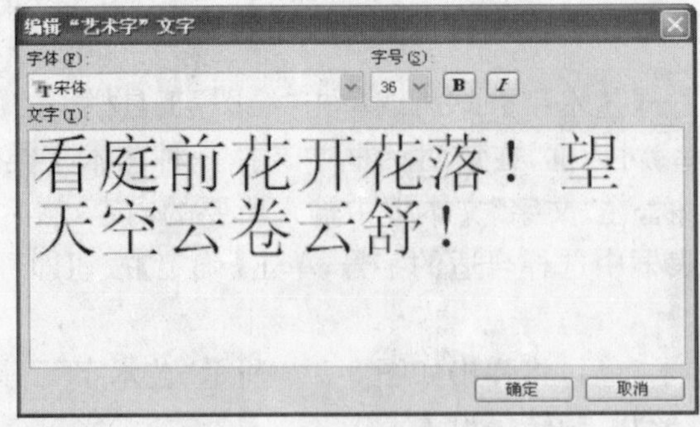

图 3-118　编辑"艺术字"文字

图 3-120 文档中插入了几种类型的艺术字。

图 3-119 “艺术字”工具栏

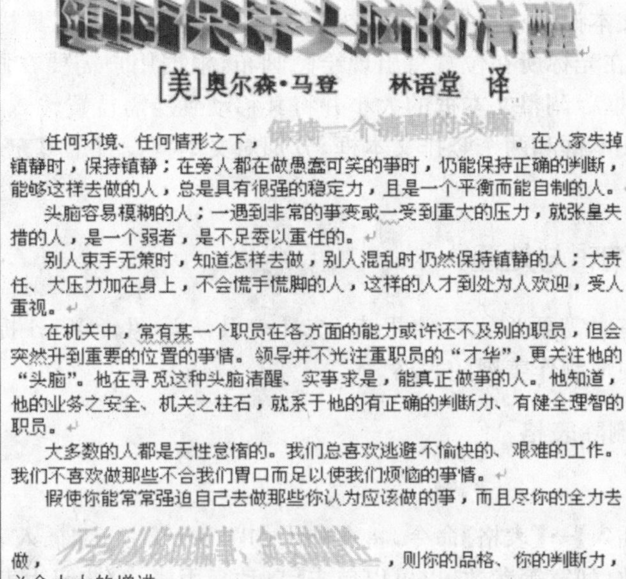

随时保持头脑的清醒

[美]奥尔森·马登　　林语堂　译

任何环境、任何情形之下，保持一个清醒的头脑。在人家失掉镇静时，保持镇静；在旁人都在做愚蠢可笑的事时，仍能保持正确的判断，能够这样去做的人，总是具有很强的稳定力，且是一个平衡而能自制的人。

头脑容易模糊的人；一遇到非常的事变或一受到重大的压力，就张皇失措的人，是一个弱者，是不足委以重任的。

别人束手无策时，知道怎样去做，别人混乱时仍然保持镇静的人；大责任、大压力加在身上，不会慌手慌脚的人，这样的人才到处为人欢迎，受人重视。

在机关中，常有某一个职员在各方面的能力或许还不及别的职员，但会突然升到重要的位置的事情。领导并不光注重职员的“才华”，更关注他的“头脑”。他在寻觅这种头脑清醒、实事求是，能真正做事的人。他知道，他的业务之安全、机关之柱石，就系于他的有正确的判断力、有健全理智的职员。

大多数的人都是天性怠惰的。我们总喜欢逃避不愉快的、艰难的工作。我们不喜欢做那些不合我们胃口而足以使我们烦恼的事情。

假使你能常常强迫自己去做那些你认为应该做的事，而且尽你的全力去做，不去听从你的怕事、贪安的惰性，则你的品格、你的判断力，必会大大的增进。

图 3-120　文档中的艺术字

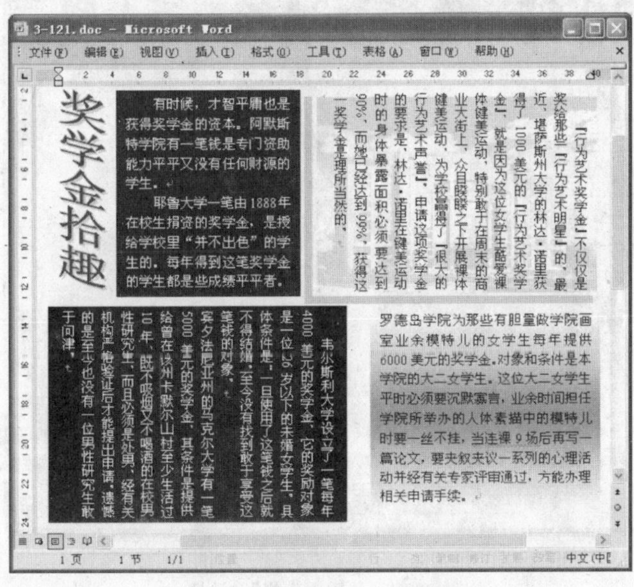

图 3-121　文本框的插入与应用

3.9.7　插入文本框

文本框是输入文本的图框，文本框内的文本可以实现大多数的格式编辑，只有少数特殊格式的设定在文本框内无法实现，如首字下沉格式等。而文本框最大的方便是可以放在页面的任意位置，包括页边上。文本框分为横排文本框（简称文本框）和竖排文本框。

执行【插入】→【文本框】→【横排】或【竖排】命令，或单击“绘图”工具栏上的【文本框】或【竖排文本框】按钮，此时在光标所在位置将出现绘图画布，根据用户需要在画布外或画布内拖动鼠标即可绘制出文本框。调整文本框的大小并将其移动到所需位置输入文字。如图 3-121 所示，插入了两个横排文本框和两个竖排文本框，分别对文本框设置了填充效果、阴影效果、线条颜色的设置。

3.10　表格的编辑与处理

在编辑文档时，有时需要加入一些报表、统计表及统计图。Word 提供了制作表格的功能，用户可以非常方便地制作美观的表格。

3.10.1　创建、删除表格

(1)自动制表

执行【表格】→【插入】→【表格】命令，将会弹出如图 3-122 所示“插入表格”对话框，在该对话框中输入列数、行数、列宽等参数，也可以单击【自动套用格式】按钮为表格设置自动格式，单击【确定】按钮后，表格将出现在光标位置。

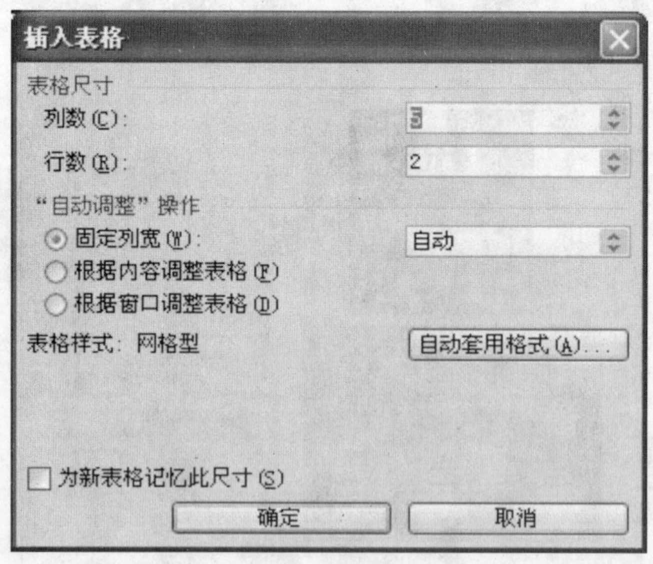

图 3-122　“插入表格”对话框

将光标点移至表格内任意位置，执行【表格】→【删除】→【表格】命令，即可将删除已创建的表格。

单击“常用”工具栏中的【插入表格】按钮，打开如图 3-123 所示的示意框，在示意框中向下拖动鼠标指针选择所需的行数、列数，再释放鼠标，表格将出现在光标位置。

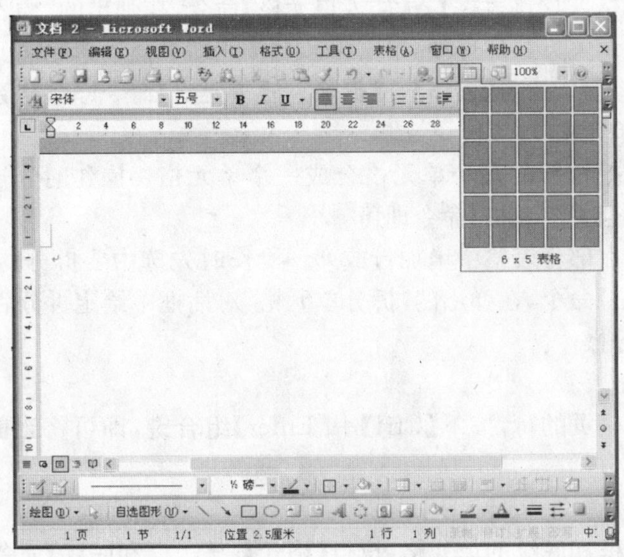

图 3-123　插入表格示意框

(2)绘制表格

绘制表格是通过“表格和边框”工具栏实现的，首先单击“常用”工具栏上的【表格和边框】按钮，将会调出如图 3-124 所示的“表格和边框”工具栏。单击该工具栏上的【绘制表格】按钮，鼠标指针即会变为一枝笔的形状，此时拖动笔状鼠标即可绘制表格，再次单击“表格和边框”工具栏上的【绘制表格】按钮，鼠标指针恢复原状。单击“表格和边框”工具栏上的【擦除】按钮，鼠标指针变为橡皮形状，此时在绘制的表格线上拖动鼠标，即可擦除已绘制的表格线条。

图 3-124　“表格和边框”工具栏

(3)将文本转换为表格

选定要转换为表格的文本，再执行【表格】→【将文本转换成表格】命令，打开“文本转换成表格”对话框，从中设定文本的分隔符和表格的列数即可。

3.10.2　表格的格式化

(1)编辑行和列

①插入行或列

将光标移至插入点所在位置，执行【表格】→【插入】→【行(在上方)】、【行(在下方)】、【列

(在左侧)】或【列(在右侧)】命令即可插入行或列。

②删除行或列

将光标移至删除行或列处,执行【表格】→【删除】→【行】或【列】命令即可删除行或列。

(2)插入与删除单元格

选中要插入单元格,执行【表格】→【插入单元格】命令,在弹出的"插入单元格"对话框中选择插入后对表格进行调整方式的选项,单击【确定】按钮即可插入单元格。

选中要删除的单元格,执行【表格】→【删除】→【单元格】命令即可删除。

(3)合并与拆分单元格

合并单元格就是把相邻的几个单元格合成一个单元格。操作时先选中要合并的表格单元,再执行【表格】→【合并单元格】命令即可。

拆分单元格就是在部分表格中增加行或列。操作时先选中要拆分的表格单元格,再执行【表格】→【拆分单元格】命令,在弹出的"拆分单元格"对话框中给定拆分后的行、列数,单击【确定】按钮即可实现拆分操作。

(4)跨页分断表格

单击要出现在下一页的行,按下【Ctrl】+【Enter】组合键,即可将当前行以后的表格分到下一页。

(5)表格的边框和底纹

①选择要设置边框和底纹的单元格,执行【格式】→【边框和底纹】命令,可以对所选的单元格进行边框和底纹设置。

②执行【格式】→【表格和边框】命令,可以设置单元格的边框和底纹。

(6)重复使用表格标题

要将表格标题用于同一表格后续各页中,选定要作为表格标题的一行或多行文字(必须包括表格的第一行),执行【表格】→【标题】命令,Word 将根据自动分页符自动在以后各页中重复表格标题。

第 4 章　电子表格技术

4.1　Excel 2003 简介

Excel 2003 是微软公司最新推出的 Office 2003 系列办公软件中非常重要的一员，它是在 Windows 环境下使用最广泛的电子表格制作软件，是专门为处理数据、管理表格而设计的。Excel 2003 界面友好、操作方便、功能完善、能够高效地输入数据，对数据进行计算、分析、处理，并由这些数据产生表格、图表，易学易用，深受广大用户的喜爱，已成为数据处理的主流软件。

作为一款优秀的表格制作软件，Excel 2003 具有以下一些基本功能。

(1)电子表格处理

电子表格处理是 Excel 2003 中最基本的功能，与日常工作中所用的表格非常相似，但功能更为强大，更易于使用；并可以很容易地将电子表格插入到 Word 或 Web 页面中去。

(2)图表演示

可以将电子表格中的数据以图形的方式进行显示，便于用户直观地分析和观察表中的数据。常用的图表有饼图、柱形图、面积图、条形图、折线图及三维图表等。

(3)数据分析

利用 Excel 2003 提供的各种工具可以对电子表格中的数据进行统计、排序及建立数据透视表等分析操作。

作为 Excel 的较新版本，Excel 2003 对已有的功能进一步加强并增加了以下实用的功能，使操作更加简捷，使用更加方便。

(1)列表功能

使用 Excel 2003 提供的列表功能，可以在工作表中创建列表来分组或操作相关数据，也可以在现有数据中或在空白区域中创建列表。将某一区域指定为列表后，可以方便地管理和分析列表数据而不必理会列表之外的其他数据。

(2)对 XML 的支持

XML 全称为扩展标记语言，它是对 HTML 的一种功能扩展，也是今后计算机网络发展的一个重要的基础，它已经形成了一个工业标准。Excel 增加了对 XML 这一工业标准的支持，使得在计算机和后端系统之间访问和获取信息、解除信息锁定及允许跨组织在商业伙伴之间创建集成企业解决方案的过程更加方便。通过 Excel 中支持 XML，使用以企业为中心的 XML 词汇、数据即可被外部过程访问。

(3)智能文档

智能文档是一种可编程文档，它可以通过动态响应用户操作上下文来扩展工作簿的功能。某些类型的工作簿(如表单和模板)，功能类似于智能文档，可以帮助用户重复使用现有的内容。例如,会计可以在创建账单结算表时使用现有样板文件。

智能文档还可以更加容易地实现信息共享。它可以与多种数据库进行交互,并使用 Biz Talk 跟踪工作流程,甚至可以与 Office 办公套装软件中的其他应用程序进行交互。例如,可以使用智能文档通过 Outlook 2003 发送电子邮件,而不需离开工作簿或启动 Outlook。

(4)文档工作区

使用文档工作区可简化在实时环境中通过 Word、Excel、Power Point 或 Visio 等 Office 软件程序与其他人员协同创作、编辑和审阅文档。在使用电子邮件将文档作为共享附件发送时,将创建文档工作区。共享附件的发件人将成为文档工作区的管理员,所有收件人将成为"文档工作区"的成员。

Excel 打开文档工作区所基于文档的本地副本时,Office 程序将定期从文档工作区获取并进行更新。如果对工作区副本所做的更改与本地副本所做的更改冲突,则可以选择要保留的副本。

(5)信息权限管理

Office 2003 提供了一种被称为信息权限管理的新功能,可帮助防止因为意外或粗心将敏感性信息发给不该发送的人。

创建文件的作者通过使用"权限"对话框可以赋予用户"读取"或"更改"权限,并为权限设置到期日期。作者还可以通过选择"权限"子菜单中的"无限制的访问"菜单项,或单击"常用"工具栏上的【权限】按钮从文档、工作簿或演示文稿中删除受限制的权限。

此外,管理员还可以在"权限"子菜单上创建 Excel 中可用的权限策略,并指定可访问信息的人和编辑级别,或者用户对文档、工作簿或演示文稿可以使用的 Office 功能。

(6)并排比较工作簿

通过使用并排工作簿可以更方便地查看两个工作簿之间的差异,而不需要将所有更改都合并到一张工作簿中。用户还可以在两个工作簿中同时滚动,以确定两个工作簿之间的差异。

(7)其他新增功能

对 Tablet PC 的支持,可以直接为 Office 文档进行快速手写输入,还可以水平查看任务窗格以便按照用户所喜欢的方式在 Tablet PC 上工作。

"信息检索"任务窗格可以在计算机连接到 Internet 上,新增的"信息检索"任务窗格将提供更广泛的参考信息和扩展资源;可以使用 Web 搜索或访问第三方内容来执行主题检索。

4.2 Excel 2003 的基本操作

4.2.1 启动 Excel 2003

下面介绍启动 Excel 2003 的操作方法。

(1)从"开始"菜单启动

选择【开始】→【所有程序】→【Microsoft Office】→【Microsoft Office Excel 2003】。

(2)从桌面上的快捷方式启动

为了能够在桌面上快速地启动 Excel 2003,用户可以在桌面上创建一个快捷方式图标,双击该图标就可以启动该程序。

(3)从最近使用的Excel文档中启动

选择【开始】→【我最近的文档】→【Example菜单项(这里的Example为最近打开的Excel文件)】。

(4)双击已存在的Excel 2003文件。

4.2.2 新建Excel文件

在Excel 2003中创建新的工作簿的方法有:

①在Excel 2003的工作窗口中,执行菜单栏中的【文件】→【新建】命令;

②单击“常用”工具栏中的【新建】按钮;

③打开“新建工作簿”任务窗格,单击“新建”选项卡中的【新建空白工作簿】命令;

④使用快捷键【Ctrl+N】;

⑤根据某一特殊模板建立工作簿时,选择“新建工作簿”任务窗中的【通用模板】命令,在打开的“模板”对话框中选择“电子方案表格”选项卡,单击所需要的模板文件和图标。

4.2.3 打开Excel文件

对于已有的工作簿,可使用以下方法将其打开:

①在Excel 2003的工作窗口中,执行菜单栏中的【文件】→【打开】命令;

②单击“常用”工具栏中的【打开】按钮;

③使用快捷键【Ctrl+O】;

④在“文件”菜单下方列出了最近使用过的文件,选择这些文件就可以直接打开工作簿(默认情况下列出的文件数是4个,更改个数时,可选择【工具】→【选项】→【常规】→【最近使用的文件列表】)。

4.2.4 保存Excel文件

Excel可以读取其他格式的文件,也可以将自己的文件保存为其他文件类型。如果只需将当前工作簿保存为Excel默认的文件格式,可以采用以下操作:

①执行菜单栏中的【文件】→【保存】命令;

②单击“常用”工具栏中的【保存】按钮;

③使用快捷键【Ctrl+S】。

如果是新建的工作簿,保存时会弹出“另存为”对话框,在该对话框中可以指定文件保存的位置及类型。

如果将一个已经保存过的文件存为其他类型时,必须使用“另存为”命令。

4.2.5 退出Excel 2003

在Excel 2003中的工作完成后,就可以按照以下几种方法退出:

①在Excel 2003的工作窗口中,执行菜单栏中的【文件】→【退出】命令;

②双击Excel 2003窗口左上角的控制按钮;

③单击窗口左上角的控制按钮，在打开的菜单中选择【关闭】命令；

④单击 Excel 2003 窗口右上角的【关闭】按钮；

⑤使用组合键【Alt】+【F4】。

需要注意的是，如果在退出时，Excel 2003 中还有未保存的内容，将会弹出一个提示信息对话框，询问用户是否要对修改的内容进行保存。

4.2.6 Excel 2003 的工作界面

Excel 2003 的工作界面如图 4-1 所示。

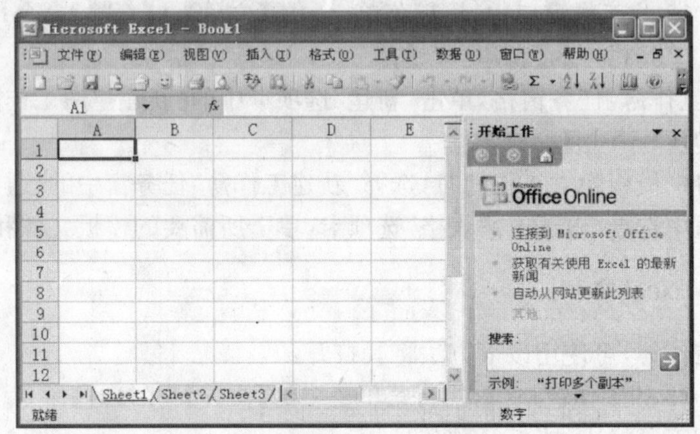

图 4-1 Excel 2003 的工作界面

Excel 2003 的工作界面包括标题栏、菜单栏、工具栏等组成部分。

(1)标题栏

标题栏位于 Excel 2003 工作界面的最上方，如图 4-2 所示。

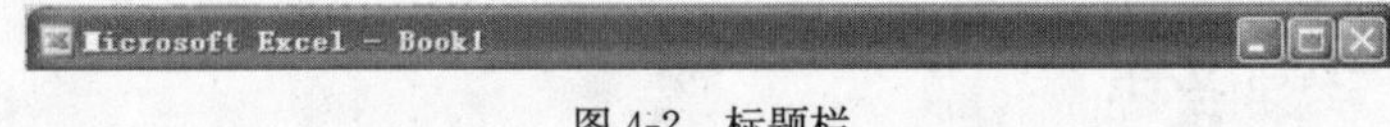

图 4-2 标题栏

在标题栏左侧显示当前工作簿的名称，右侧依次为【最小化】按钮、【最大化/还原】按钮、【关闭】按钮。

(2)菜单栏

菜单栏位于标题栏的下方，如图 4-3 所示。

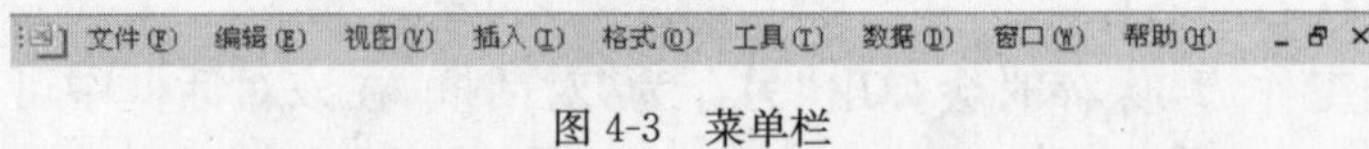

图 4-3 菜单栏

菜单栏是按照所含操作的类型进行分类的，菜单栏的每一项都表示一个操作，通过选择就可以执行相应的操作。

(3)工具栏

在菜单栏下方是工具栏，如图 4-4 所示。

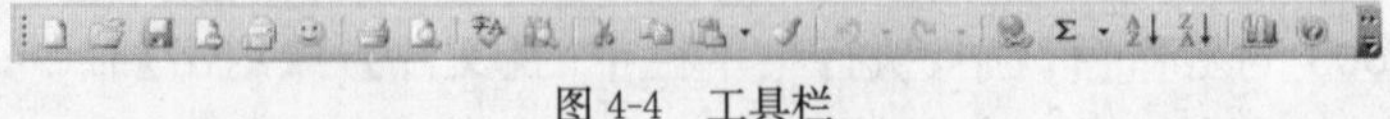

图 4-4 工具栏

工具栏每一个按钮都代表一项操作，且与菜单栏的菜单项相对应。由于工具栏的使用方法更加直观，因此比菜单栏的操作更加方便。

(4)工作表

工作表是 Excel 中最重要的概念，是计算和储存数据的文件，在整个工作界面中是最重要，如图 4-5 所示。

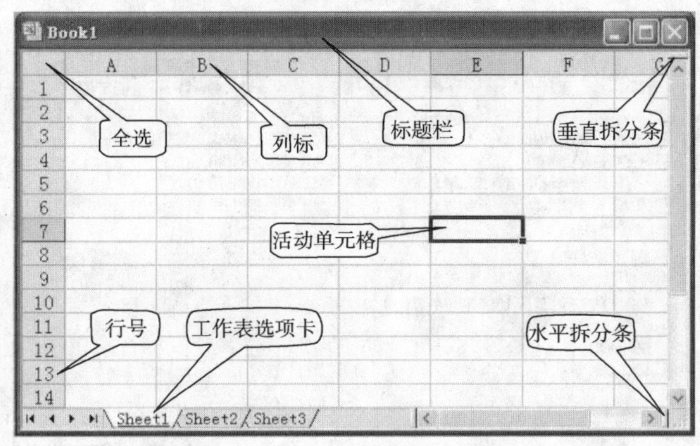

图 4-5　工作表窗口

☆ 行号和列标：组合在一起来表示单元格的位置，如“E6”表示位于第 6 行第 E 列的单元格。

☆ 活动单元格：由加粗的边框包围，用来表示当前在操作的单元格。

☆【全选】按钮：单击该按钮，当前活动工作表中的内容将被全部选中。

☆ 滚动条：拖动水平和垂直滚动条可以实现屏幕内容的上、下、左、右的翻动。

☆ 拆分条：用来分割窗口，分为水平和垂直拆分条，可以分别将窗口水平分割和垂直分割。

☆ 工作表选项卡：一个工作簿由若干个工作表组成，每个工作表在工作簿中拥有各自的工作表选项卡，它们位于工作簿窗口的底部，默认名称为 Sheet1 至 SheetN。鼠标指向选项卡后右击弹出快捷菜单，可在当前工作簿中插入工作表(或选【插入】→【工作表】)、删除工作表(或选【编辑】→【删除工作表】)、移动或复制工作表、对工作表重命名等操作。

4.3　数据的输入与编辑

工作表是用户在 Excel 中输入和处理相关数据的工作平台。要使用 Excel 处理数据，必须将数据输入到工作表中，再根据需要使用有关的计算公式及函数，以达到数据自动处理的目的。

4.3.1　输入数据

在工作表中输入数据时，必须首先选中某个单元格或单元区域。

在一个单元格中可输入最多 255 个字符，但是数值项最多只能达到 15 位。在单元格中显示的数字称为显示值，在编辑栏中显示的数字称为原值。

输入到工作表中的数据通常分为字符型、数值型及日期和时间型。

(1)输入字符型数据

只有在“单元格内部直接编辑”的功能处于打开状态时，才能够在单元格中直接输入字符。打开此功能的步骤是【工具】→【选项】→【编辑】→选中“单元格内部直接编辑”复选框，如图4-6所示。

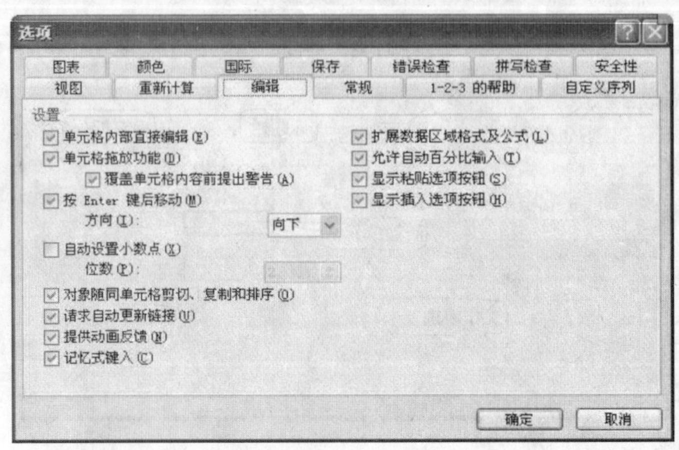

图 4-6 开启“单元格内部直接编辑”功能选项

单元格中的文本长度超出列的宽度时，如果右边的单元格是空的，多出的字符就会溢出到右边的单元格中，但仍属于当前单元格的内容。如果右边的单元格不是空的，则输入的文本无法完全显示，这时编辑栏中会显示出当前单元格中的全部内容，如图 4-7 所示。

A4 fx 哈尔滨市南岗区保健路123号

	A	B	C	D	E
1					
2	哈尔滨铁道职业技术学院				
3					
4	哈尔滨市	150086			
5					
6					
7					

图 4-7 文本长度超出列宽

(2)输入数值型数据

数值型数据通常用于记录成绩、数量、资金等，从而对这些数值数据进行分析。

输入的数字同时出现在当前活动单元格和编辑栏中。当输入完毕时，按【Enter】键(或方向键、鼠标单击)结束操作，从而将数据真正写入到单元格中。

若输入的数字项以加号(+)开头，Excel 2003 将去掉加号；若以减号(−)开头，Excel 2003 则认为输入的内容为负数。另外，Excel 2003 认为用括号括起来的常数是负数，如(100)表示−100。

在输入数字时可以使用小数点，也可以用逗号来分离整数。当输入带有逗号的数字时，该数字在单元格中显示时带有逗号，而在编辑栏中显示时不带有逗号。

输入分数时,可以先输入小数形式表示的分数,然后再应用分数形式;也可以在分数前加一个零和一个空格。例如,要输入“1/2”,可以先输入“0.5”,然后在当前单元格上单击鼠标右键将单元格格式定义为分数格式,或者直接输入“0 1/2”。

单元格中显示的数字位数取决于该列的宽度,若输入内容的长度大于所在列的宽度,Excel 将四舍五入显示或者显示“#”,具体取决于当前使用的显示格式。如果在单元格中看到一连串的“#”,而实际上是数字。

(3)设置数据有效性

可以对单元格限定数据输入类型、范围,以及设置数据输入提示信息和输入错误等。

选择要应用数据有效性功能的单元格,选择“数据”菜单下的“有效性”菜单项,打开“数据有效性”对话框,然后根据提示设置,如图 4-8 所示。

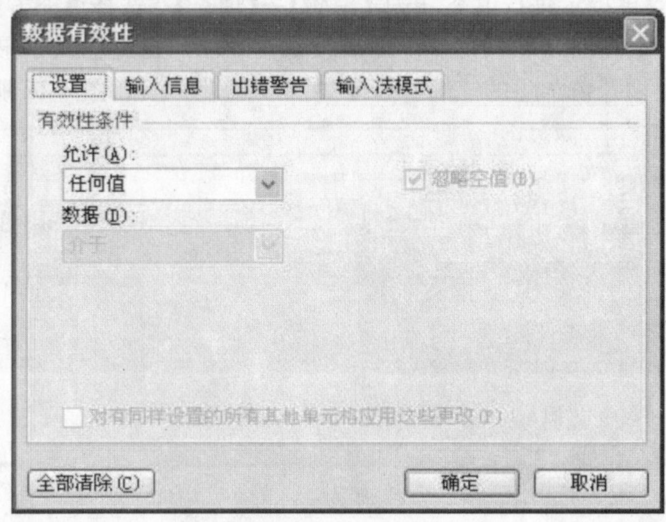

图 4-8 “有效数字”的“设置”对话框

(4)输入日期和时间

工作表中的日期和时间数据不仅可以作为说明性文字,同时也可以用于计算和分析操作。

在 Excel 中允许使用斜线、文字及破折号与数字组合的方式来输入日期,但系统默认的日期格式只有一种,当输入的日期格式不同于系统默认格式时,选择该单元格就会发现编辑栏中显示的内容与单元格中显示的内容不同,如图 4-9 所示。

C3 fx 2007-5-1

	A	B	C	D
1				
2				
3			2007年5月1日	
4				
5				
6				
7				

图 4-9 不同的日期显示格式

在 Excel 中时间由小时、分和秒 3 个部分构成，在输入时间时要以冒号将这 3 个部分隔开，如 10:38:52。为了确保时间表述的准确性，Excel 使用 AM(上午)和 PM(下午)来区分。例如，下午 4 点应该在 4:00 后面空一个加一个 p，或者以系统默认的 24 小时制直接输入 16:00。

(5)自动填充

①填充相同数据

如果同行或同列的多个单元格中要输入相同的数据，可以按照如下步骤操作。

☆ 选定包含要有复制数据的单元格，将鼠标移到选定区域的右下角的小方块(称为填充柄)，鼠标会变成黑十字。按住鼠标左键并拖动填充柄使之通过要填充的单元格，然后释放鼠标。注意，一次只能向一个方向拖动。

☆ 也可以使用菜单提示进行填充，单击【编辑】→【填充】→选择填充方法。

【例 4-1】 成绩表中，有 3 位相邻学生的成绩都是 90 分，已经输入了最上方学生的成绩，按照以下步骤填充下面几位学生的成绩。步骤如图 4-10、图 4-11、图 4-12 所示。

C2 fx 90

	A	B	C	D	E	F	G
1	姓名		成绩				
2	甲		90				
3	乙						
4	丙						
5							
6							
7							

Sheet1 Sheet2 Sheet3

图 4-10 步骤 1:选择已经输入数据的单元格 C2

C2 fx 90

	A	B	C	D	E	F	G
1	姓名		成绩				
2	甲		90				
3	乙						
4	丙						
5							
6							
7							

Sheet1 Sheet2 Sheet3

图 4-11 步骤 2:拖曳填充柄

C2 fx 90

	A	B	C	D	E	F	G
1	姓名		成绩				
2	甲		90				
3	乙		90				
4	丙		90				
5							
6							
7							

Sheet1 Sheet2 Sheet3

图 4-12 步骤 3:释放鼠标，完成填充

②填充序列数据

在 Excel 中，可以通过活动单元格中的数值递增到使用填充柄拖曳过的区域来建立系列。其操作方法如下。

☆ 选择序列初始内容的单元格，将鼠标移到选定区域的填充柄上，鼠标变成黑十字。按住鼠标左键并拖动填充柄使之通过要填充的单元格，释放鼠标。然后，单击自动填充矩形框右下方的“自动填充按钮”，选择填充方式。

其中，各按钮的含义如下。

【复制单元格】：复制原单元格的数据到其他单元格。

【以序列方式填充】：原单元格中的数据与被填充的单元格数据构成一个序列。

【仅填充格式】：仅将原单元格中所使用的格式应用到被填充的单元格中，而不影响被填充单元格的数据。

【不带格式填充】：仅填充原单元格中的数据而不使用原单元格所使用的格式。

☆ 也可以先选定包含序列初始内容的单元格和将要建立序列的单元格，然后选择【编辑】菜单中的【填充】命令，弹出下一级子菜单，选择【序列】命令，打开“序列”对话框，如图 4-13 所示。

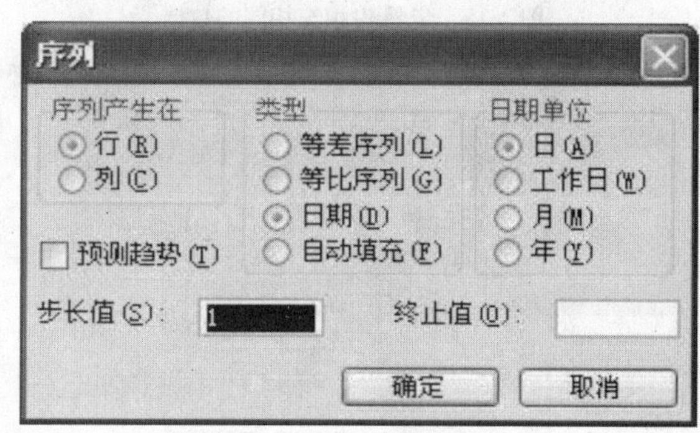

图 4-13 “序列”对话框

在“序列产生在”选择框中：

①指定序列产生在“行”或“列”。如果先前选定的单元格为行中的单元格，则这时会自动选定“行”。

②在“类型”选择框中指定填充的类型。如果选择“等差数列”或“等比数列”则数字按此规律递增。如果在“类型”选择框选择了“日期”则要在“日期单位”选择框中选定内容，如果选择“自动填充”选项，则除了“序列产生在”选择框外其余都呈灰色。

③“步长值”和“终止值”中分别输入使系列增值的步长值和终止系列，选择完成后【确定】按钮。

【例 4-2】 成绩表中，有 3 位相邻学生的成绩分别是 90、91、92 分，已经输入了最上方学生的成绩，按照以下步骤填充下面几位学生的成绩。步骤如图 4-14、图 4-15、图 4-16 所示。

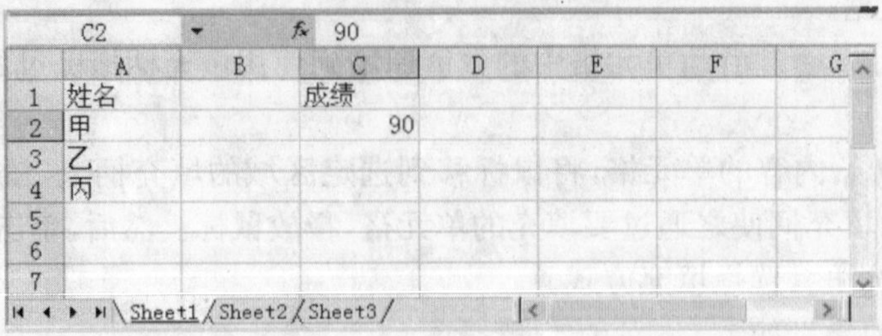

C2 fx 90

	A	B	C	D	E	F	G
1	姓名		成绩				
2	甲		90				
3	乙						
4	丙						
5							
6							
7							

Sheet1 / Sheet2 / Sheet3

图 4-14 步骤 1：选择已经输入数据的单元格 C2

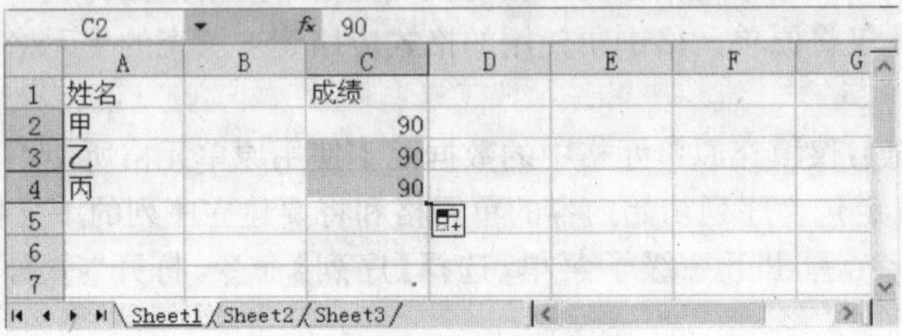

C2 fx 90

	A	B	C	D	E	F	G
1	姓名		成绩				
2	甲		90				
3	乙		90				
4	丙		90				
5							
6							
7							

Sheet1 / Sheet2 / Sheet3

图 4-15 步骤 2：填充相同的数据

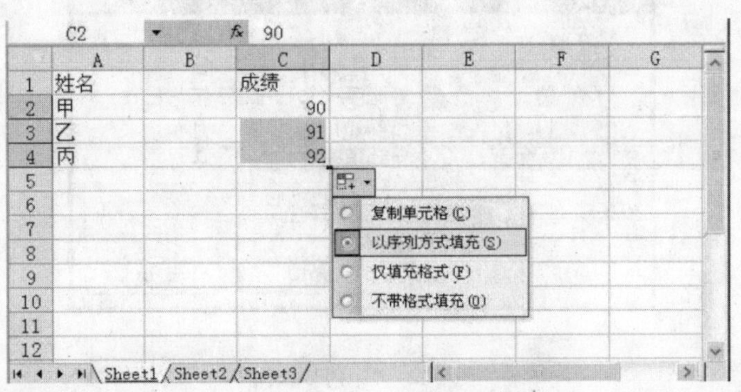

图 4-16 步骤 3：在“自动填充选项”中选择“以序列方式填充”，完成填充

4.3.2 复制与粘贴数据

(1)复制、剪切、粘贴数据

复制的方法有如下几种：

①选定需要复制的内容，选择【编辑】→【复制】菜单项；

②快捷键【Ctrl+C】；

③单击“常用”工具栏中的【复制】按钮。

经常与复制及粘贴一起操作的有剪切操作，它可以在粘贴数据的同时将数据从原单元格中删除。方法有如下几种：

①选定需要剪切的内容，选择【编辑】→【剪切】菜单项；

②快捷键【Ctrl+X】；

③单击“常用”工具栏中的【剪切】按钮。

粘贴的方法有如下几种：

①选定需要粘贴到的单元格，选择【编辑】→【粘贴】菜单项；

②快捷键【Ctrl＋V】；

③单击“常用”工具栏中的【粘贴】按钮。

(2)选择性粘贴数据

默认情况下进行的粘贴操作是将原单元格中所有内容全部粘贴到目标单元格中，有时仅需要复制原单元格中的数据而保持目标单元格的格式，这时可以使用选择性粘贴功能。步骤如下。

①选择需要复制的单元格，并对其进行复制。

②在需要粘贴的单元格上单击鼠标右键，在弹出的快捷菜单中选择“选择性粘贴”选项，弹出“选择性粘贴”对话框，如图 4-17 所示。

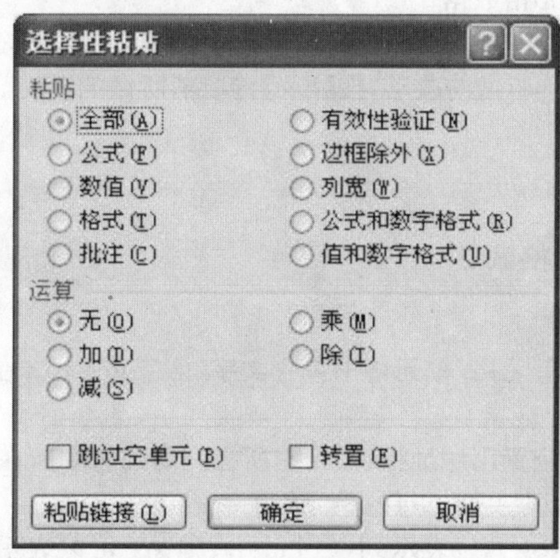

图 4-17 “选择性粘贴”对话框

③“选择性粘贴”对话框中：

☆ 选中“粘贴”选项区中的相应单选按钮，可以指定要粘贴到目标单元格的内容；

☆ 选中“运算”选项区中的相应单选按钮，可以指定要对原单元格和目标单元格中的数值进行何种数学运算，运算的结果将被粘贴到目标单元格中；

☆ 选中“跳过空单元”复选框可避免以多个单元格作原单元格时，有空单元格覆盖相应的目标单元格；

☆ 选中“转置”复选框可以在以多个单元格作原单元格时，将原单元格的行、列转置后再粘贴到目标单元格。

4.3.3 删除、编辑数据

当前输入的数据错误或有了更新时，需要对单元格中已有的数据进行编辑，编辑数据通常包括删除、复制、修改等操作。在 Excel 中,清除单元格数据只能删除该单元格中的内容,如数据和数据格式,而该单元格格式本身不会被删除,不会影响工作表中其他单元格的布局。

(1)删除数据

删除的方法有如下几种:

①在要删除的单元格上单击鼠标右键,在弹出的快捷菜单中选择"删除"选项;

②选择要删除内容的单元格,使其以黑框高亮显示,按【Delete】即可;

③选择要删除内容的单元格,执行菜单栏中的【编辑】→【清除】命令,打开下一级子菜单,选择要清除的内容。

(2)编辑数据

①在单元格中直接修改数据

双击要编辑的数据所在的单元格,使单元格变为可编辑的区域,对其中的内容进行修改,按【Enter】键确认所做的改动,按【Esc】键取消所做的改动。

②在编辑栏中修改单元格数据

单击要编辑的数据所在的单元格,使单元格变为可编辑的区域,在编辑栏中对单元格内容进行修改,按【Enter】键确认所做的改动,按【Esc】键取消所做的改动。

4.4 单元格编辑

4.4.1 单元格、单元格区域

(1)单元格

工作簿的基本元素是单元格,单元格中包含文字、数字或公式,在工作簿内,每行、列的交点就是一个单元格。

单元格在工作簿中的位置用地址标识,由它所在列的列名和所在行的行名组成,其中列名在前,行名在后。如 A1 标识 A 列 1 行的单元格。

也可以用 R 表示行(Row),C 表示列(Column),则 A1 可以表示成 R1C1,这种形式可通过【工具】→【选项】选中的【常规】标签进行设置。

单元格地址的表示有三种方法,在公式复制的时候产生的结果是不同的。

☆ 相对地址:直接用列号和行号组成,如 IV25 等。

☆ 绝对地址:在列号和行号前都加上 $ 符号,如 $B$2 等。

☆ 混合地址:在列号或行号前加上 $ 符号,如 $E2、D$8 等。

一个完整的单元格地址,除了列号、行号,还要加上工作簿名和工作表名。其中,工作簿名用方括号"[ ]"括起来,工作表名与列号、行号之间用叹号! 隔开。如[工资.xls]Sheet1! C3,表示工作簿工资.xls 中 Sheet1 工作表的 C3 单元格。

(2)单元格区域

指由工作表中一个或多个单元格组成的矩形区域。区域的地址由矩形对角的两个单元格的地址组成,中间用冒号(:)相连。如 C2:E10 表示从左上角是 C2 的单元格到右下角是 E10 的单元格的一个连续矩形区域。

区域地址前可以加工作簿名和工作表名进行过工作表之间的操作,如 Sheet5! A1:C80。

4.4.2 选择单元格

在输入数据的过程中，除了用键盘输入数据外，常用的操作是选择单元格以确定要将数据输入到什么位置。

(1)选择单个的单元格

将鼠标移动到某个单元格中，然后再单击该单元格。这时，可以看到该单元格以加粗的黑框包围作高亮显示，同时名称框中会显示被选择单元格的行号和列标，如图 4-18 所示。

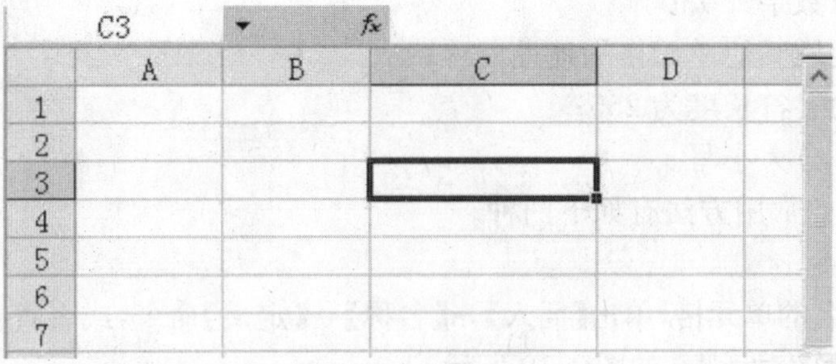

图 4-18　鼠标选择单个单元格

(2)在单元格之间切换

当输入完一个单元格的内容后须要切换到下一个相邻的单元格，通常是相同行或相同列中的相邻单元格。

①同行相邻单元格的切换：按【Tab】键可以切换到同行相邻的下一个单元格，按【Shift+Tab】可以切换到同行相邻的上一个单元格。

②同列相邻单元格的切换：按【Enter】键可以切换到同列相邻的下一个单元格，按【Shift+Enter】可以切换到同列相邻的上一个单元格。

(3)选择连续的单元格

①选择单行：鼠标放在要选择行的行首，待鼠标指针变为向右的箭头形状后单击鼠标左键。

②选择单列：鼠标放在要选择列的列首，待鼠标指针变为向下的箭头形状后单击鼠标左键。

③选择连续的多行：将鼠标放在要选择的多行中最上一行的行首，待鼠标指针变为向右的箭头形状后，按住鼠标左键并向右拖动，直到最下方的行也被选择。

④选择连续的多列：将鼠标放在要选择的多列中最左一列的列首，待鼠标指针变为向下的箭头形状后，按住鼠标左键并向右拖动，直到最右方的列也被选择。

(4)矩形选择

以矩形选择单元格时，按住鼠标左键在矩形的两个斜对角之间拖动，选择区域完成后释放鼠标。

(5)选择分散的单元格

选择多个不相邻的单元格时，在进行前面所讲述的方法的同时按住【Ctrl】键。

4.4.3 单元格命名和使用名称

(1)命名单元格

在 Excel 2003 工作簿的数据处理过程中,经常需要同时对多个单元格做相同或类似的操作,可以利用单元格区域及定义单元格区域名称的方法来简化操作。注意,命名的名称必须符合以下要求:

☆ 名称中的字符只能是字母、数字或小数点;

☆ 名称不能包含空格,在需要空格的地方可以使用下划线来代替;

☆ 名称不能以数字开头;

☆ 名称不能使用其他单元格的地址名称;

☆ 名称的最大字符长度为 255;

☆ 名称中不区分大小写。

为单元格命名的常用方法有如下两种。

①使用菜单命令

选定要进行命名的单元格,单击【插入】→【名称】→【定义】命令,或者直接按组合键【Ctrl】+【F3】,出现"定义名称"对话框,如图 4-19 所示。

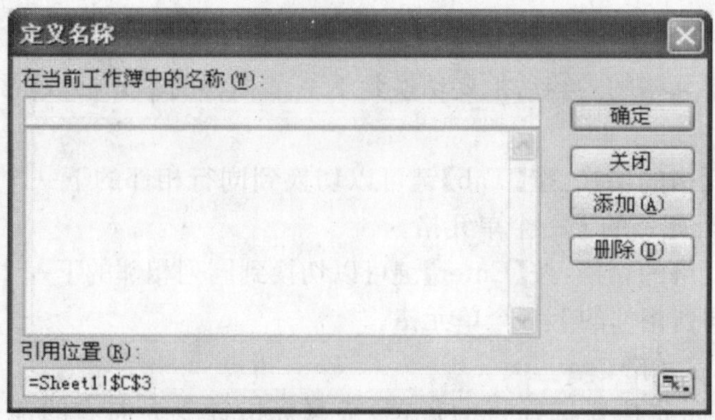

图 4-19 "定义名称"对话框

"引用位置"输入框中显示被选中的单元格引用区域,单击输入框右端的按钮,可以在工作表中选择需命名的单元格区域,然后再单击按钮回到"定义名称"对话框。

"在当前工作簿的名称"输入框中输入单元格名称。

②使用"名称框"

在工作表中选定要命名的单元格,在"名称框"中输入单元格名称,按【Enter】键完成命名。

(2)使用名称

当一个单元格或单元格区域被命名之后,该命名自动出现在"名称框"下拉列表中。单击"名称表"右端的下三角按钮,从下拉列表中选择所需的命名,则与该名称相关联的单元格或单元格区域将被选定。

①当建立了多个名称后,为了便于记录和跟踪错误,可以建立名称表,具体操作步骤如下:

单击工作表中的一个空白单元格,选择【插入】→【名称】→【粘贴】命令,打开"粘贴名称"对话框，单击“粘贴列标”按钮。

②删除单元格命名时，可以按照如下步骤操作：

执行菜单栏中【插入】→【名称】→【定义】命令，打开“定义名称”对话框，选择要删除的名称，单击“删除”按钮。

4.5 工作表编辑

4.5.1 格式化工作表

(1)设置行高与列宽

方法有如下两种。

①鼠标移至行号/列标之间，指针会变为带上下箭头的十字形状，按住鼠标左键，指针的右上方会显示出行高/列宽，拖动鼠标，指针右上方显示的高度值(即当前的行高或列宽)会随之变化，与指针当前所在位置齐平的地方会显示水平/垂直虚线，表示行/列的底部将被拖曳到什么位置，到指定位置后释放鼠标。

②选择行中任意一个单元格，选择【格式】→【行/列】→【行高/列宽】菜单项，弹出“行高/列宽”对话框，在文本框中输入数值，作为新的行高/列宽值。

(2)增加行

新的行将插入到选中行或选中单元格所在行的上方，一次增加一行的方法有：

①单击某一行的行号选中该行，选择【插入】→【行】菜单项；

②选中某一行中的任意单元格，选择【插入】→【行】菜单项；

③在某一行的行号处单击鼠标右键，从弹出的快捷菜单中选择“插入”选项；另外，在选中该行后，在选中区域上单击鼠标右键也可以弹出该快捷菜单；

④选中一行中任意单元格单击鼠标右键，从弹出的快捷菜单中选择“插入”选项，弹出“插入”对话框。选择“整行”单选按钮，如图 4-20 所示。

一次增加多行的方法有：

①选中多行或在同一列中选中多个单元格，选择【插入】→【行】菜单项，则插入与所选行或单元格数量相同的行；

②选中多行，在其上单击鼠标右键，从弹出的快捷菜单中选择“插入”选项，则插入与所选行数量相同的行；

③在同一列中选中多个单元格单击鼠标右键，从弹出的快捷菜单中选择“插入”选项，弹出“插入”对话框，选中“整行”，则与所选单元格数量相同的行被插入。

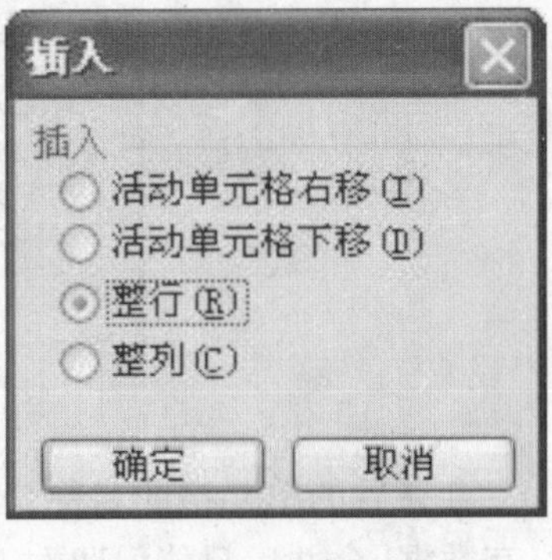

图 4-20 “插入”对话框

(3)增加列

一次增加一列的方法有：

①单击某一列的列标选中该列，或选中某一行中的任意单元格，选择【插入】→【列】菜单项；

②在某一列的列标处单击鼠标右键，从弹出的快捷菜单中选择“插入”选项；

③选中一列中任意单元格单击鼠标右键，从弹出的快捷菜单中选择“插入”选项，弹出“插入”对话框。选择“整列”单选按钮。

一次增加多列的方法有：

①选中多列或在同一行中选中多个单元格，选择【插入】→【列】菜单项，则插入与所选列或单元格数量相同的列；

②选中多列，在其上单击鼠标右键，从弹出的快捷菜单中选择“插入”选项，则插入与所选列数量相同的列；

③在同一行中选中多个单元格单击鼠标右键，从弹出的快捷菜单中选择“插入”选项，弹出“插入”对话框，选中“整列”，则与所选单元格数量相同的列被插入。

(4)增加单元格

选中单元格，选择【插入】→【单元格】菜单项(或在单元格上单击鼠标右键)，弹出“插入”对话框，根据需要从该对话框中选中“活动单元格右移”或“活动单元格下移”单选按钮。

(5)合并单元格

Excel 无法单独设置某个单元格的尺寸，要将占据很大空间的表头文字放置在一个单元格中，方法就是将相邻的几个单元格合并。具体步骤如下。

选择要合并的多个相邻的单元格。选择【格式】→【单元格】菜单项，打开“单元格格式”对话框，单击“对齐”选项卡，选择“合并单元格”选项，如图 4-21 所示。

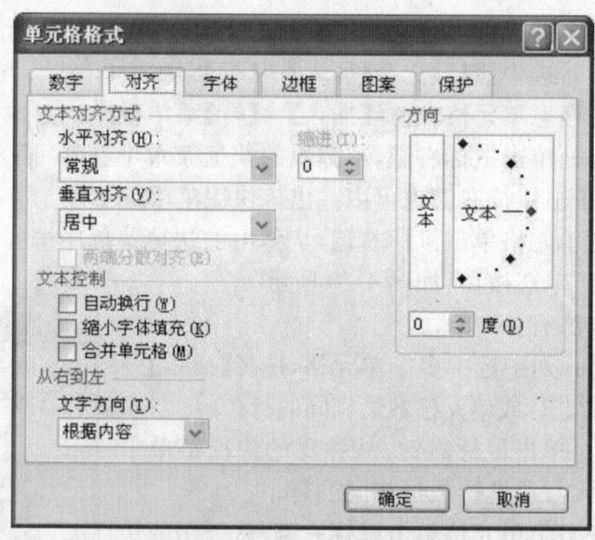

图 4-21 “合并单元格”对话框

合并后的单元格的名称是合并前所选单元格中左上角的单元格的名称，如果所选的单元格有数据，合并后只能保留左上角单元格的数据。

(6)删除行、列和单元格

删除行、列和单元格不是指只删除数据，而是数据和单元格一起删除，后面的行或列向前补上。

“删除”操作与“添加”操作相似，方法有如下几种：

①选中行或列，选择【编辑】→【删除】菜单项；

②选中行或列，单击鼠标右键，弹出的快捷菜单中选择“删除”选项；

③选中单元格，选择【编辑】→【删除】菜单项，弹出“删除”对话框，根据需要选中一个单选按钮；

④选中单元格，单击鼠标右键，弹出的快捷菜单中选择“删除”选项。

(7)单元格的冻结、取消冻结

同时查看数据量较大的工作表时，需要用鼠标拖动滚动条才能看到所有的数据。当滚动条拖到最后的数据时，前面的标题栏已经看不见了。Excel 提供了冻结单元格的功能，可以指定区域在滚动查看数据时始终显示。

冻结单元格时，单击需要被冻结的单元格，选择【窗口】→【冻结窗格】菜单项。

执行上述操作后，会发现被冻结串口处显示一条水平的横线和与之垂直的竖线，表示竖线左边的单元格已经被冻结，被冻结的单元格将始终被显示。拖曳滚动条会发现被冻结单元格不会随着滚动条滚动。

取消对单元格冻结，选择【窗口】→【取消冻结窗格】菜单项。原先指示被冻结单元格所在位置的十字线会消失。

(8)行、列的隐藏、显示

①隐藏行、列的方法有如下几种：

☆ 在任意列中选择要隐藏的单元格，选择【格式】→【行/列】→【隐藏】菜单项；

☆ 用鼠标在行首拖曳以选择要隐藏的行，在行首单击鼠标右键，在弹出的快捷菜单中选择隐藏选项。

执行上述操作后，观察行首可以看出，隐藏行处显示了一条较粗的横线，表示被选中的行已被隐藏。在打印工作表时，不会打印隐藏的行或列，实际上，Excel 只是把被隐藏行的高度设置为零。

②显示行、列的方法是：

在任意一列、行中，选择被隐藏的行、列的单元格，选择【格式】→【行/列】→【取消隐藏】菜单项。

(9)工作表的隐藏、显示

①隐藏工作表的方法是：

打开工作簿，选择要隐藏的工作表(按住【Ctrl】键可以选择多个工作表)，选择【格式】→【工作表】→【隐藏】菜单项。

执行上述操作后，观察工作簿下方的标签栏会发现，工作表标签的数量减少了，说明刚才选择的那些工作表已经被隐藏起来了。

②显示工作表的方法是：

选择【格式】→【工作表】→【取消隐藏】菜单项，显示“取消隐藏”对话框，选择“取消隐藏工作表”列表框中的工作表名称选项。

(10)保护工作表

在编辑数据的过程中，为了数据的安全，需要保护工作簿、工作表或工作表中的部分单元格。其操作步骤如下：

选定不需要被保护的单元格，选择菜单【格式】→【单元格】→【保护】，将“锁定”复选框取消。

选择菜单【工具】→【保护】→【保护工作表】。这时,除了不需要保护的单元格,其他单元格均已被保护,即信息不能通过键盘修改。

4.5.2 设置工作表格式、样式

(1)设置单元格格式

①水平对齐

在“格式”工具栏中提供了四个按钮控制水平对齐方式:

☆ 左对齐:使选择单元格中的文本全部靠左;

☆ 右对齐:使选择单元格中的文本全部靠右;

☆ 居中:使选择单元格中的文本全部居中;

☆ 合并及居中:将选择的多个单元格合并为一个单元格,同时采用水平居中的对齐方式。常用于工作表标题栏中文本的对齐。

②垂直对齐

通常对同一行中的单元格采用相同的垂直对齐方式,使得这些单元格中的文本中在垂直方向上保持一致。

执行垂直对齐操作时,选择要设置垂直对齐的行或单元格,选择【格式】→【单元格格式】命令,单击“对齐”选项卡,在下拉列表框中选择文本的垂直对齐方式。

③文本缩进、旋转

文本缩进的方法是在“单元格格式”对话框的“对齐”选项卡的“缩进”数值框中设置文本缩进值。

文本旋转的方法是在“单元格格式”对话框的“对齐”选项卡的“方向”数值框中设置文本旋转的角度值。

④其他格式

☆ 自动换行:若选中该复选框,则当单元格的数据长度超过单元格的宽度时会自动换行。

☆ 缩小字体填充:若选中该复选框,则当单元格中的数据长度超过单元格的宽度时,单元格中的字体会自动缩小使文本始终保持在单元格内。

☆ 文字方向:设置文字输入的方向。

(2)自动套用格式

使用 Excel 预先存放的常用格式,称为自动套用格式。使用的步骤如下:

选中要使用自动套用格式的单元格区域,选择【格式】→【自动套用格式】菜单项,打开“自动套用格式”对话框,单击选项按钮将可用的选项展开,如图 4-22 所示。

在显示了预览效果的列表框中选择一种预定义格式,并在“要应用的格式”选项区中选择或取消选择要应用的格式对应的复选框。

用自动套用格式快速删除格式的具体步骤如下:

选择要删除格式的单元格区域,选择选择【格式】→【自动套用格式】菜单项,打开“自动套用格式”对话框,用鼠标拖曳列表框右侧的垂直滚动条一直到底部,选择列表框中最后一项定义格式“无”,没有格式也被作为一个预先定义的格式。

(3)运用条件格式

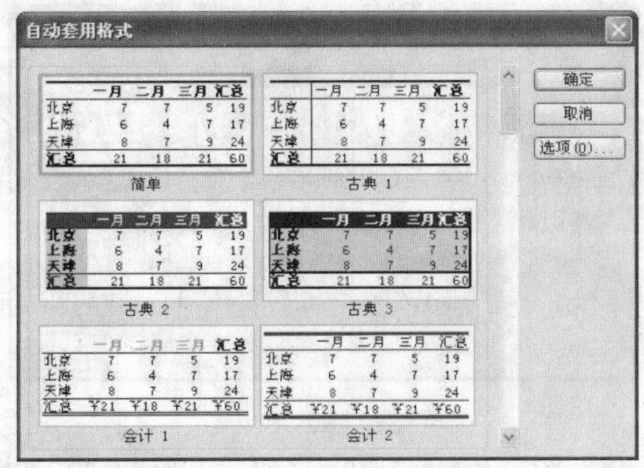

图 4-22 “自动套用格式”对话框

条件格式就是使用某种条件进行限制的设置格式的方法，在所选的多个单元格中，符合条件的单元格将会应用设置的条件格式，不符合条件的单元格则不会应用条件格式。具体步骤如下：

选择要运用条件格式的所有单元格；选择【格式】→【条件格式】菜单项，打开“条件格式”对话框。需要多个限制条件，单击“条件格式”对话框下方的【添加】按钮添加一栏限制条件，并分别设置参数，如图 4-23 所示。

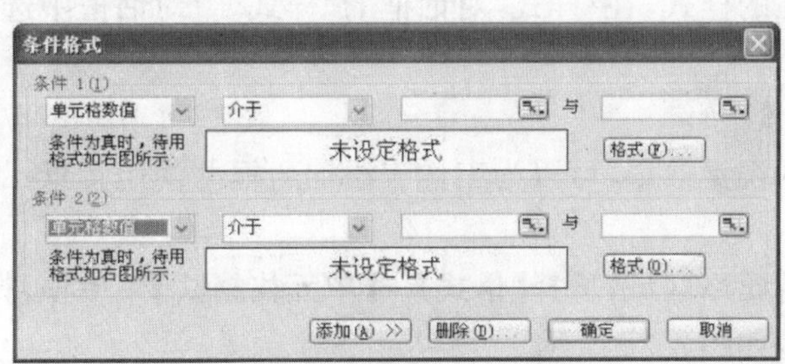

图 4-23 有两个限制条件的“条件格式”对话框

(4)使用样式

①创建样式

创建样式通常是基于已有的单元格，经常使用的格式可以按照以下操作创建新样式：

选择包含所需格式的单元格，选择【格式】→【样式】菜单项，打开“样式”对话框。在“样式名”下拉列表框中输入新建的样式名称，在“样式名称”选项卡中选则要在新建样式中包括的格式项，各复选框右侧的文本表示当前样式所采用的格式，如图 4-24 所示。

②使用样式

使用已经在工作簿中创建的样式，步骤如下：

选择要使用样式的单元格区域，选择【格式】→【样式】菜单项，打开“样式”对话框，在“样式名”下拉列表框中选择要使用的样式。

③修改、合并样式

修改已经存在的样式，步骤如下：

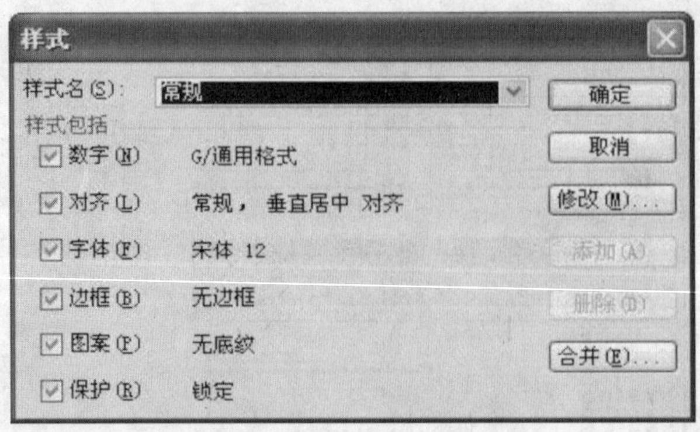

图 4-24 “样式”对话框

选择【格式】→【样式】菜单项，打开“样式”对话框，在“样式名”下拉列表框中选择要修改的样式名，单击【修改】按钮，打开“单元格格式”对话框，在该对话框中可以修改字体、边框等格式的设置。

将其他工作簿中的样式合并到当前工作簿的具体步骤如下：

选择【格式】→【样式】菜单项，打开“样式”对话框；单击【合并】按钮，打开“合并样式”对话框，在“合并样式来源”列表框中选择要合并的工作簿。

④删除样式

删除一个已经存在的样式，在“样式”对话框的“样式名”对话框中选择要删除的样式名，单击【删除】按钮。

(5)设置边框和背景

为了加强工作表的视觉效果，可以为工作表添加边框并使用背景。

①设置边框

选择要加边框的单元格区域，选择【格式】→【单元格格式】菜单项，打开“单元格格式”对话框，单击“边框”选项卡，如图 4-25 所示。

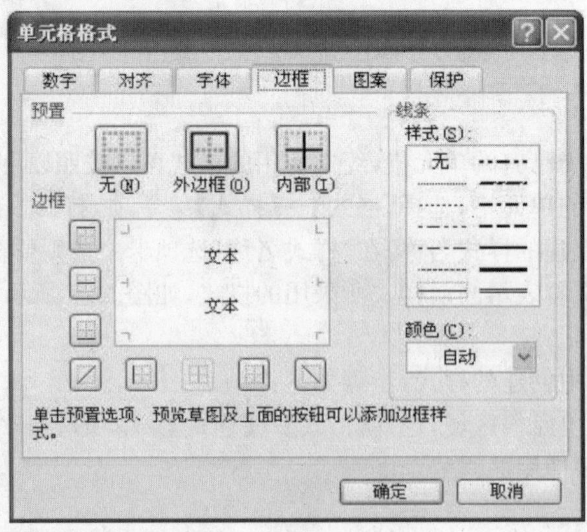

图 4-25 “边框”对话框

在“线条”选项区的“样式”列表框中选择线条样式，单击“预置”选项区中的按钮，将所选的线条应用到边框中，在“边框”选项区的预览区域会显示效果图。

②设置背景

在 Excel 中不仅可以指定单元格的背景颜色，还可以使用涂片作为工作表的背景图。操作步骤如下：

选择要加背景的单元格区域，选择【格式】→【单元格格式】菜单项，打开“单元格格式”对话框，单击“图案”选项卡，如图 4-26 所示。

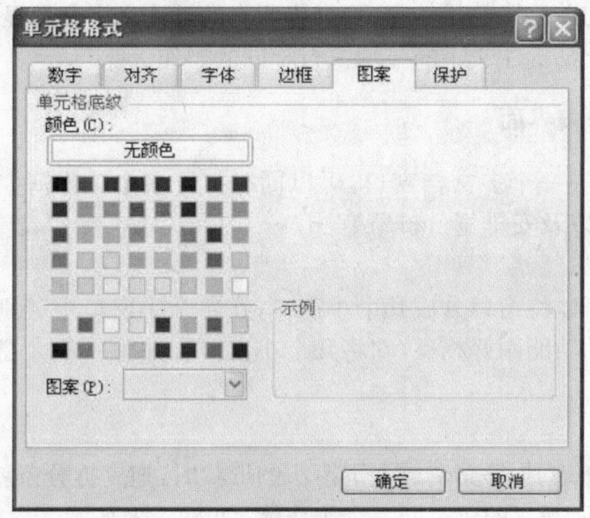

图 4-26 “背景”对话框

在“颜色”选项区选择颜色，在“示例”选项区会显示效果图。

4.5.3 单元格批注

在工作表中，单元格的有些数据需要对其作一些注解和说明，称为批注。

(1)添加批注

添加批注就是为单元格添加说明性的文字，这些文字不是工作表的正文，只是起辅助说明作用。操作步骤如下：

选择要添加批注的单元格，选择【插入】→【批注】菜单项，在所选单元格附近会出现一个批注文本框；在批注框中输入批注内容，单击批注框以外的其他地方，批注框会被隐藏起来，如图 4-27 所示。

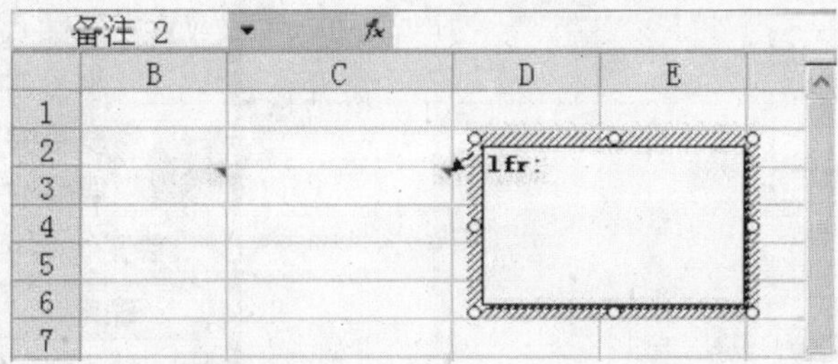

图 4-27 为单元格添加批注

批注文本框中左上角显示的是用户名。需要注意的是，添加了批注的单元格，其右上角会显示一个红色的三角形，表示该单元格中有批注文字。

(2)查看批注

查看某个单元格的批注，将鼠标悬停在有批注文字的单元格上，自动会显示一个批注框，其中有批注文字。鼠标移开，批注框消失。

如果要批注文字一直显示，在有批注文字的单元格中单击鼠标右键，在弹出的快捷菜单中选择"显示/隐藏批注"选项。关闭批注文字的显示执行相同的操作。

如果添加了批注的单元格数量较多，可以将所有的批注文字全部显示出来，选择【视图】→【批注】菜单项。关闭全部批注文字的显示执行相同的操作。

4.5.4 编辑工作表界面

Excel 的工作界面是一个多文档窗口，可以同时打开多个工作簿。在对多个工作簿同时进行操作时可以切换，以及安排显示布局等。

(1)拆分与合并窗口

拆分窗口的功能可以将窗口分成几个小窗口，在各个小窗口中分别查看不同的内容。而合并窗口操作所实现的功能刚好相反，它将几个小窗口合并为一个大窗口以便在一个窗口中观察更多的内容。

①拖曳拆分条

将鼠标悬停在拆分条上，等其变成上下箭头的形状时，拖曳拆分条就可以将窗口拆分成左右或上下两个小窗口，所观察的仍是同一个工作簿，如图 4-28 所示。

②双击拆分条

双击拆分条，原来的大窗口会被自动拆分为左右或上下相等的两个窗口，然后再进行鼠标拖曳到理想位置。

③指定拆分位置

先指定某一行或列，再以该行和列为基准进行窗口拆分，选择【窗口】→【拆分】菜单项。

(2)排列窗口

当有多个窗口存在时，如果各窗口排列不合理就会影响操作。

选择【窗口】→【重排窗口】菜单项，可以打开"重排窗口"对话框，如图 4-29 所示。

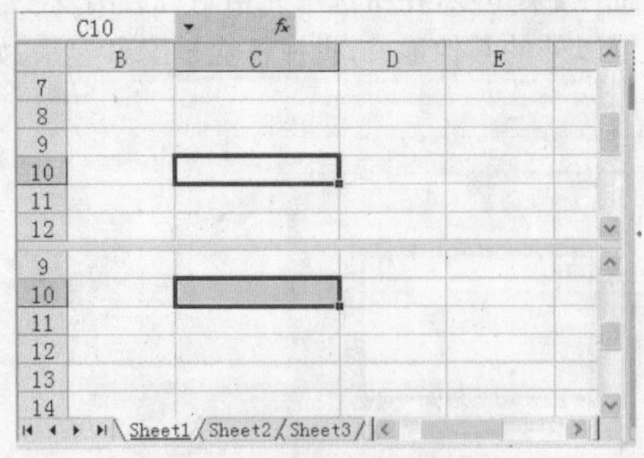

图 4-28 鼠标拖曳拆分条拆分窗口

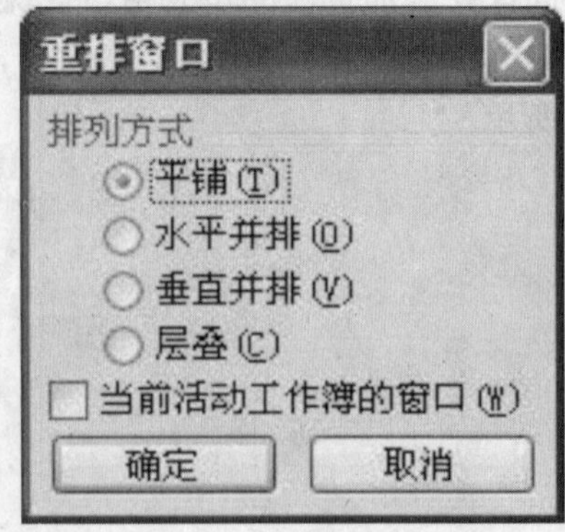

图 4-29 "重排窗口"对话框

(3)切换窗口

指改变当前的活动窗口,因为只有是活动窗口才能对其中的数据进行操作,判断一个窗口是否为活动窗口可以观察该窗口标题栏是否为高亮。

通常使用以下两种方法来切换:

①以鼠标选择,单击某窗口的任意区域,既可使成为活动窗口;

②按快捷键【Ctrl】+【Tab】,在所有显示出的窗口中循环选择活动窗口。

(4)隐藏窗口

选择要隐藏的窗口,选择【窗口】→【隐藏】菜单项即可。

虽然窗口被隐藏,但仍然存在,可选择【窗口】→【取消隐藏】菜单项,使用被隐藏的窗口。

(5)冻结窗口

在窗口选择一个单元格,选择【窗口】→【冻结窗格】菜单项,位于所选单元格上方同时又位于该单元格左边的数据将始终保持可见。

冻结窗格后,窗口要保证显示尽量多的"被冻结的"窗口区,如果窗口的显示区域比"被冻结的"窗格区域大,则无论如何移动滚动条,"被冻结的"窗格区域都能完全显示。

选择【窗口】→【取消冻结窗格】菜单项,可以取消冻结窗格。

(6)并排比较工作簿

Excel 中可以将两个内容相似的工作簿并排同时滚动以便于进行比较。

同时打开多个工作簿时,【窗口】菜单中的【并排比较】菜单项就会被激活。选择【窗口】→【与 book1 并排比较】(book1 位所要比较的工作簿)菜单项就能够对工作簿进行并排比较,同时自动打开"并排比较"工具栏。

此时,拖动一个工作簿地滚动条,另一个工作簿也会随之滚动,可以非常清楚地对两张工作簿逐行逐列进行比较。

4.6 使用公式

4.6.1 创建公式

公式是通过已知数据来计算新数据的等式,公式中可以包括数字、运算符号和一些内置的函数等。使用公式可以简化运算量,提高工作效率。

(1)基本语法

公式的语法就是公式的结构或顺序。虽然公式各不相同,但所有的公式都是以符号"="开始的,而后一个或多个参与计算的元素(可以是常数、单元格地址或函数),多个元素之间用运算符分隔,公式就是由这些元素按一定结构顺序组织起来的。

各元素的位置很灵活,可以在同一个工作表的不同单元格中、同一工作簿不同工作表的单元格中,也可以在其他工作簿的工作表的单元格中,使得计算灵活、简便。

等号"="后的运算符,是为了对公式中的元素进行某种运算而规定的符号。Excel 中有 4 类运算符:算术运算符、比较运算符、文本运算符和引用运算符。其中几种运算符功能和特点如表 4-1～表 4-3 所示。

算 术 运 算 符 表 4-1

公式中的符号和键盘符	＋	－	－	*	/	∧	%	( )
含义	加	减	负号	乘	除	乘方	百分比	括号
示例	3＋3	3－3	－3	3*3	3/3	3∧3	33%	(3＋3)*3

比 较 运 算 符 表 4-2

公式中的符号和键盘符	＝	＞	＜	＞＝	＜＝	＜＞
含义	等于	大于	小于	大于等于	小于等于	不等于
示例	A1＝A2	A1＞A2	A1＜A2	A1＞＝A2	A1＜＝A2	A1＜＞A2

引 用 运 算 符 表 4-3

符号和键盘符	含 义	示 例
:(冒号)	产生一个包括两个基准单元格所指定范围内的所有单元格的引用	A1:A2
,(逗号)	产生一个包括两个单元域的引用	SUM(A1:A2,B1,B2)
(空格)	产生一个包括两个单元格公共部分的引用	SUM(A1:A2 B1,B2)

(2)运算符的优先级

每个运算符都有一个固定的运算优先级。在计算过程中,同级的运算符,按照从等号开始从左到右进行计算;不同级的运算符,按照运算符的优先级进行计算,优先级高的运算符将先于优先级低的运算符进行计算。

表 4-4 列出各种运算符号的优先级。

公式中运算符号的优先级 表 4-4

优 先 级	运 算 符	说 明
高优先级	:(冒号)	区域运算符
	,(逗号)	联合运算符
	(空格)	交叉运算符
	( )	括号
	－	负号
	%	百分比
	∧	乘方
	*和/	乘和除
	＋和－	加和减
	&	文本运算符
低优先级	＝,＞,＜,＞＝,＜＝,＜＞	比较运算符

在公式中,括号可以改变公式的优先级。在 Excel 中,总是最先计算括号内的内容,括号内、外的内容则仍按照规定的顺序计算。如果想要控制括号中的运算符号,则可以使用括号嵌套括号,但要注意确保括号的完整性。

(3)输入公式

在 Excel 中输入简单公式的步骤如下：

在工作表中选中一个单元格，输入等号“＝”，在等号“＝”后输入要计算的公式，按【Enter】键结束，如图 4-30 所示。

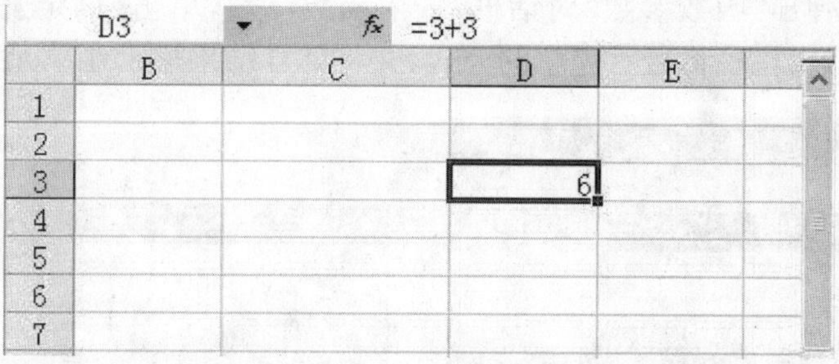

D3		fx =3+3		
	B	C	D	E
1				
2				
3			6	
4				
5				
6				
7				

图 4-30　在工作表中输入公式

(4)在公式中使用单元格标记

单元格标记就是各个单元格的名称，一个单元格标记代表了该单元格中的内容。在 Excel 中，单元格标记可以和数字、运算符一起使用。

在公式中使用单元格标记的方法如下。

①选中要在其中输入公式的单元格。

②在编辑栏中输入等号，然后单击要在编辑栏中输入的第一个单元格，也可以在编辑栏中输入该单元格标记。单击单元格时，单元格周围会出现闪动的边框，其名称将显示在编辑栏中。输入运算符后，闪动的边框将消失，且变为蓝色。

③单击运算符后要输入的单元格的名称，此时该单元格的名称将输入到编辑栏中。在编辑栏中该单元格的名称将以新的颜色显示，并且该单元格的边框也将会以同样的颜色闪动。如果还要输入其他单元格标记，则需输入另外一个运算符。在整个公式中每个单元格标记和单元格边框都会以不同颜色出现。

④按【Enter】键结束，这时整个公式的运算结果将显示在最初选中的单元格中，所有单元格标记的颜色和边框都会消失，如图 4-31 所示。

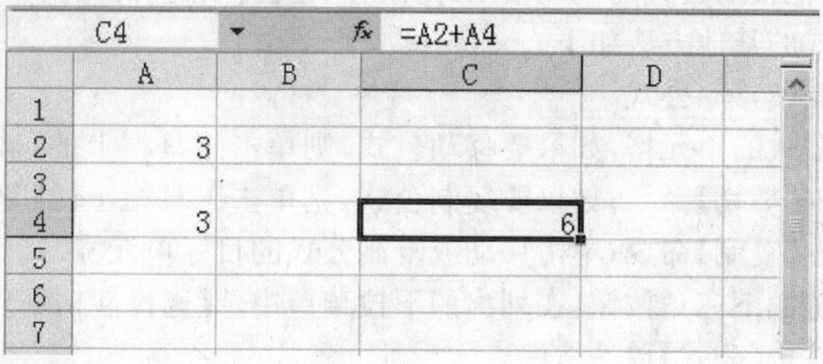

C4		fx =A2+A4		
	A	B	C	D
1				
2	3			
3				
4	3		6	
5				
6				
7				

图 4-31　在公式中使用单元格标记

(5)公式选项板

在 Excel 可以使用公式选项板来输入公式。使用选项板时，在正式输入公式之前可以对公式进行预览，如果公式中含有函数，选项板还有助于输入工作表函数。

使用公式选项板的步骤如下。

☆ 选中一个单元格，单击【插入函数】按钮，弹出“插入函数”对话框。在该对话框的“选择函数”列表框种选择函数，如图 4-32 所示。

☆ 单击【确定】弹出“函数参数”对话框，输入函数参数，单击【确定】完成公式输入，如图4-33所示。这时在编辑栏中将显示完整的公式，并将计算结果显示在单元格中。

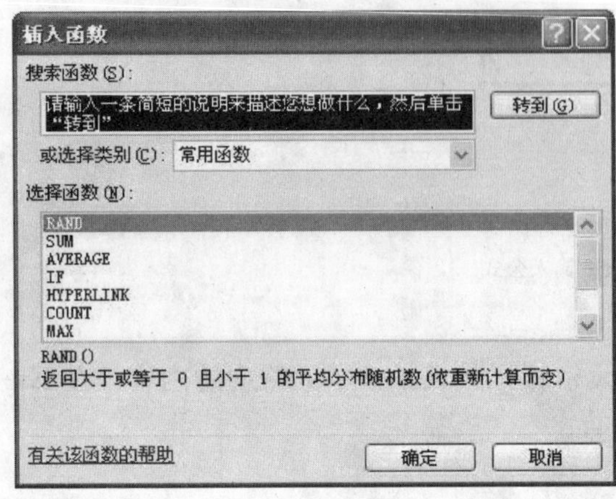

图 4-32 “插入函数”对话框

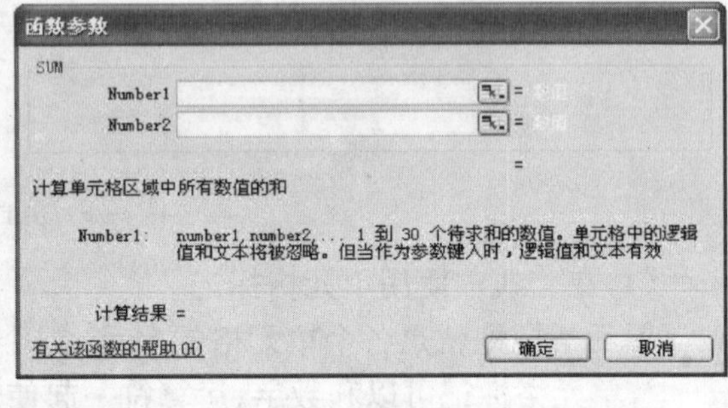

图 4-33 “函数参数”对话框

4.6.2 编辑公式

(1)修改公式

单击要修改的公式所在的单元格，在编辑栏中直接对公式进行修改，如果需要修改公式中的函数，则更换或修改函数的参数。编辑结束后按【Enter】键完成操作。

如果要取消编辑操作，按【Esc】键。

(2)移动或复制公式

在 Excel 中，复制已经输入公式的单元格，然后粘贴到其他的单元格中，则原单元格中的公式会自动复制，其他粘贴公式的单元格中计算公式也会作相应的调整。

移动或复制公式的其他方法如下。

①利用菜单复制或移动公式

选择包含复制公式的单元格，如果要移动公式，则单击工具栏上的【剪切】按钮，或执行菜单栏上中的【编辑】→【剪切】命令；如果要复制公式，则单击工具栏上的【复制】按钮，或执行菜单栏上中的【编辑】→【复制】命令；单击移动或复制公式的目标单元格，然后再单击常用工具栏上的【粘贴】按钮右侧的下三角按钮，在列出的下拉菜单中选【选择性粘贴】命令，在弹出的对话框的【粘贴】区域中选中【公式】单选按钮。

②利用鼠标复制或移动公式

选定包含待移动或复制公式的单元格，将鼠标指针指向选定区域的边框。

如果要移动公式，按住鼠标左键将选定区域拖动到目标区域左上角的单元格中，替换粘贴区域中所有的现有数据；如果要复制公式，则在拖动时按住【Ctrl】键。

③利用填充移动或复制公式

使用的填充可以将公式复制到相邻的单元格中。具体步骤如下：

☆ 选定包含公式的单元格，拖动填充柄，把要运用该公式的所有单元格都选中，释放鼠标，公式即被复制。

☆ 也可以选择【编辑】→【填充】→“填充方式”菜单项。

【例 4-3】 使用公式，完成下面三件物品的总额输入，步骤如图 4-34、图 4-35、图 4-36 所示。

SUM fx =B2*C2

	A	B	C	D	E	F	G
1	物品	单价	件数	总额			
2	甲	0.016	4355	=B2*C2			
3	乙	0.04	3454				
4	丙	0.057	465754				
5							
6							
7							
8							

Sheet1 / Sheet2 / Sheet3 /

图 4-34 步骤 1：选中物品甲的总额单元格 D2，输入“单价×件数＝总额”的计算公式

D3 fx =B3*C3

	A	B	C	D	E	F	G
1	物品	单价	件数	总额			
2	甲	0.016	4355	69.68			
3	乙	0.04	3454	138.16			
4	丙	0.057	465754				
5							
6							
7							
8							

Sheet1 / Sheet2 / Sheet3 /

图 4-35 步骤 2：复制 D2，粘贴到物品乙的总额单元格 D3 内，完成公式复制

D4 fx =B4*C4

	A	B	C	D	E	F	G
1	物品	单价	件数	总额			
2	甲	0.016	4355	69.68			
3	乙	0.04	3454	138.16			
4	丙	0.057	465754	26547.98			
5							
6							
7							
8							

Sheet1 / Sheet2 / Sheet3 /

图 4-36 步骤 3：直接拖动 D2 的填充柄，至物品丙的总额单元格 D4 释放鼠标，完成公式填充

4.6.3 显示公式

在输入公式后，单元格中显示的是由公式计算的结果，而公式本身则在编辑栏中显示。要在单元格中显示输入的公式，具体的操作步骤如下：

执行菜单栏中【工具】→【选项】命令，随后系统打开“选项”对话框，选择“视图”选项卡，选中窗口选项卡中的“公式”复选框，如图 4-37 所示。

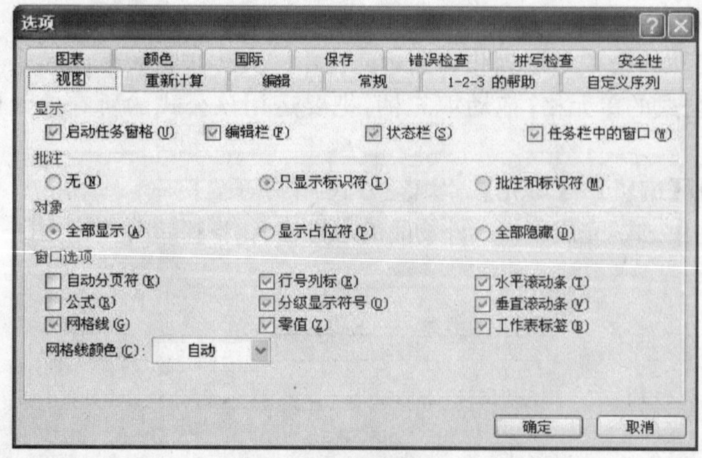

图 4-37 “视图”选项卡

4.6.4 引用公式

在 Excel 中,引用的作用在于表示工作表上的单元格或单元格区域,并指明公式中所使用的数据位置,通过引用可以在公式中使用工作表不同部分的数据,或者在多个公式中使用同一单元格的数值,还可以引用同一工作簿不同工作表的单元格、不同工作簿的单元格,甚至其他应用程序中的数据。

引用不同工作簿中的单元格称为外部引用,引用其他程序中的数据称为过程引用。

(1)引用的类型和切换方式

在 Excel 里,根据引用的单元格与被引用的单元格之间的位置关系可以将引用分为三种:绝对引用、相对引用和混合引用。

①绝对引用

所谓绝对引用,是指在公式中引用单元格的地址与单元格的位置无关,单元格的地址不随单元格位置的变化而变化,无论将这个公式粘贴到任何单元格,公式引用的还是原来单元格的数据。

绝对引用的单元格的行和列前面都有美元符号$。例如:=$C$1+$B$1,公式中$C$1 和$B$1 就是绝对引用。

美元符号$的作用在于通知 Excel 在引用公式时,不要对引用进行调整。如果将上面的公式粘贴到 D1、E3 单元格中时,公式运行后返回的数值仍是 C1、B1 两个单元格的值之和。

②相对引用

所谓相对引用,是指基于包含公式的单元格与被引用的单元格之间的相对位置的单元格的地址引用。如果将公式从一个单元格复制到另一个单元格,相对应用将自动调整计算结果。

在形式上相对引用直接输入单元格的名称,不需要加上美元符号$。例如:=A1+A2,如果该公式所在的单元格是 A3,那么将该公式复制到 B3 时,公式自动变为=B1+B2。

③混和引用

所谓混合引用,是指行固定而列不固定或列固定而行不固定的单元格引用。

若美元符号$在字母前,而不在数字前,那么被引用的单元格列的位置是绝对的,而行的位置是相对的。若美元符号$在数字前，而不在字母前，那么被引用的单元格行的位置是绝对的，而列的位置是相对的。

例如：=$ A3+2，=A $ 3+2。

对于第一个公式，假设在 B1 单元格中含有公式=$ A3+2，当该公式被复制到 D2 单元格时，该公式将引用 A 列的值，该引用行部分将发生变化，因为行的前面没有$，即行不固定。

对于第二个公式，假设在 B1 单元格中含有公式=A $ 3+2，当该公式被复制到 D2 单元格时，该公式将引用 3 行的值，该引用列部分将发生变化，因为列的前面没有$，即列不固定。

④绝对引用和相对引用之间的切换

选中包含公式的反元格，在编辑栏种选择要更改的引用，按【F4】键即可在引用组合中切换。

(2)引用单元格

①引用同一工作簿中的单元格

公式的引用可以在同一工作簿中的不同单元格之间进行，方式有如下两种。

☆ 用键盘直接输入。例如，在 Sheet1 中选中一个单元格 B1，输入=SUM(Sheet2! B1:B2)，按【Enter】键。此时，Sheet2 工作表的 B1:B2 单元格中数据之和被引用过来。

☆ 用鼠标引用单元格。例如，在 Sheet1 中选中一个单元格 B1，输入=SUM(，单击 Sheet2 标签，在 Sheet2 工作表中选中 B1:B2 单元格，按【Enter】键。此时，Sheet2 工作表的 B1:B2 单元格中数据之和被引用过来了。

②引用其他工作簿中的单元格

公式的引用可以在其他工作簿中的单元格之间进行，方式有如下两种。

☆ 用键盘直接输入。例如，已经存在一个工作簿 Excel1. xls，要引用该工作簿中 Sheet1 工作表中 B1:B2 单元格中的数据之和，其存放路径为 D:\Excel1. xls。先在当前的 Sheet1 中选择一个单元格 B1，然后输入=SUM('D:\[Excel1. xls Sheet1'! B1:B2)，按【Enter】键。此时，工作簿 Excel1. xls 的 B1:B2 单元格中的数据之和被引用过来。

☆ 用鼠标引用单元格。例如，已经存在一个工作簿 Excel1. xls，要引用该工作簿中 Sheet1 工作表中 B1:B2 单元格中的数据之和，在 Sheet1 中选中一个单元格 B1，输入=SUM(，打开工作簿 Excel1. xls，选中 B1:B2 单元格，按【Enter】键。此时，工作簿 Excel1. xls 的 B1:B2 单元格中数据之和被引用过来了。

4.6.5 出错检查和审核

在 Excel 中，公式返回的出错值有多种，了解这些出错值信息的含义可以帮助用户纠正公式中的错误。

(1)####

出现出错值####，可能的原因有以下几种：单元格所在的列不够宽；使用了负的日期；使用了负的时间。

(2)#VALUE

在公式中需要输入数值或逻辑值的单元格中输入文本时，Excel 就会显示#VALUE 的出错值。这是因为 Excel 无法将输入的文本转换为正确的数值类型。

(3)#DIV/0!

出现出错值＃DIV/0!,可能的原因有以下几种:公式中除数或分母为零;引用了空白单元格;引用了包含数值为零的单元格;运行的宏程序中含有返回＃DIV/0! 的函数或公式。

(4)＃NUM!

出现出错值＃NUM!,可能的原因有以下几种:函数中需要数字参加的地方使用了非数字的参数;使用了迭代计算的工作表函数,并且这些工作表函数无法得到有效的结果(如 IRR 或 RATE 等)

(5)＃NAME!

出现出错值＃NAME!,可能的原因有以下几种:在单元格中输入了一些 Excel 不可识别的值;使用了“分析工具库”加载宏部分的函数,而没有装载加载宏;使用不存在的名称;在公式中使用了禁止使用的标志;使用了错误的函数名称;在公式中文本没有加双引号;缺少区域引用的冒号;引用了未经声明的工作表。

公式中、函数中的出错信息如表 4-5、表 4-6 所示。

公式中的出错信息 表 4-5

出 错 信 息	可能的原因
＃DIV/0!	公式被零除
＃N/A	没有可用的数值
＃NAME!	Excel 中不能识别公式中使用的汉字
＃NULL!	指定的两个区域不相交
＃NUM!	数字有问题
＃REF!	公式中使用了无效的单元格
＃VALUE	参数或操作数的类型有错

函数中的出错信息 表 4-6

出 错 信 息	可能的原因
＃NAME!	把文本作为函数的数值型参数
＃NUM!	函数中出现非法数值参数
＃REF!	函数中引用了一个所在列或行已被删除的单元格
＃VALUE!	函数中引用的参数不合适

4.7 使用函数

函数是随 Excel 附带的预定义或内置公式。函数可作为独立的公式单独使用,也可以用于另一个公式或另一个函数内。一般来说,每个函数都可以返回一个计算得到的结果值,而数组函数则可以返回多个值。

函数是按照特定的顺序进行运算的,这个特定的运算顺序就是语法。函数的语法是以函数的名称开始的,在函数名之后是左圆括号(,右圆括号)代表该函数的结束,在两个括号之间是函数的参数。

函数与公式的区别在于公式是以等号开始的,当函数名称前加上一个等号时,函数就当成公式使用。

Excel 提供了 9 大类、共 300 多个函数,包括:数学与三角函数、统计函数、数据库函数、逻辑函数等。函数由函数名和参数名组成,格式为:函数名(参数 1,参数 2,…)。

函数的参数可以是具体的数值、字符、逻辑值,也可以是表达式、单元地址、区域、区域名称等。函数本身也可以作为参数，如果一个函数没有参数，也必须加上括号。

4.7.1 插入函数

选中一个单元格，在单元格上首先输入函数的名称，然后是左圆括号(，接着在括号里输入函数的参数，参数之后是右圆括号)。

如果不能记住函数的名称或参数，可以利用函数向导输入函数。具体步骤如下：

选中一个单元格，选择【插入】→【函数】菜单项，打开“插入函数”对话框，在“或选择类别”下拉列表框中选择要输入的函数所属的类型，在“选择函数”列表框中选择一个函数，如图4-38所示。

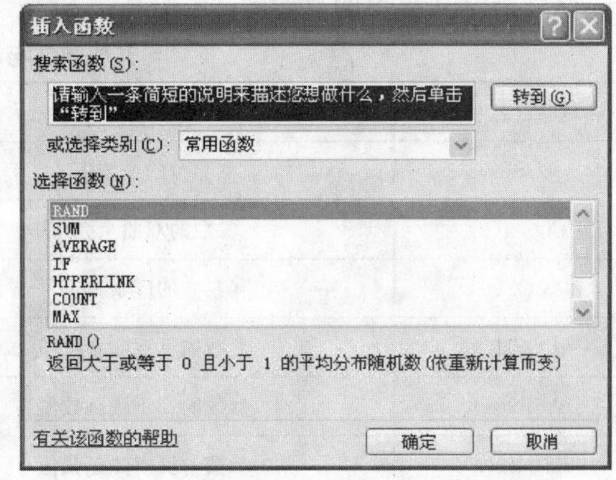

图 4-38 “插入函数”对话框

4.7.2 常见函数

(1)数学与三角函数

①取整函数 INT(x)

取数值 x 的整数部分。如：INT(123.45)的运算结果值为 123。

②求绝对值函数 ABS(x)

求数值 x 的绝对值。如：ABS(−8)的运算结果值为 8。

③截尾取整函数 TRUNC(x1，x2)

将数字 x1 的小数部分保留 x2 位，其余全部截去。x2 默认为 0，且可省略。如：TRUNC(−8.239，2)的运算结果值为−8.23，TRUNC(8.9)的运算结果值为 8。

④四舍五入函数 ROUND(x1，x2)

将数值 x1 的四舍五入，小数部分保留 x2 位。如：ROUND(536.8175，3)的运算结果值为 536.818。

⑤四舍五入函数 Fixed(x1，x2，L)

将 x1 保留小数位数 x2 进行四舍五入，并以文字串形式返回结果。L 的值为 TRUE，则返回的文字不含逗号；L 的值等于 FALSE 或省略，则返回的文字中带逗号格式。如：Fixed(1234.567，1)的运算结果值为 1，234.6；Fixed(1234.567，−1，true)的运算结果值为 1230；Fixed(44.33，2，)的运算结果值为 44.33。

⑥求余数函数 MOD(x，y)

返回数字 x 除以 y 得到的余数。如：MOD(5，2)的运算结果值为 1。

⑦圆周率函数 PI()

取圆周率 π 的值(没有参数)。

⑧随机数函数 RAND()

产生一个 0 和 1 之间的随机数(没有参数)。

⑨求平方根函数 SQRT(x)

返回正值 x 的平方根。如：SQRT(9)的运算结果值为 3。

其他数学与三角函数如表 4-7 所示。

其他数学与三角函数　　表 4-7

函数名称	函数说明	参数说明
COS(x)	参数的余弦值	以弧度为单位的参数
COSH(x)	参数的双曲余弦值	任意实数
ACOS(x)	参数的反余弦值	有效范围为 1 到－1
ACOSH(x)	参数的反双曲余弦值	大于等于 1 的实数
ASIN(x)	参数的反正弦函数值	－1 到 1 的数值
ASINH(x)	参数的反双曲正弦值	任何参数
ATAN(x)	参数的反正切值	所有角度的反正切值
ATAN2(x,y)	参数的 X 轴和 Y 轴的反正切值	X 轴、Y 轴的坐标值
ATANH(x)	参数的反双曲正切值	－1 到 1 的数值
CELING(x1,x2)	参数的返回进位后的数值	x1 为准备进位的数值，x2 为基本倍数
DEGREES(x)	弧度转为角度	转换的弧度值
COMBIN(x1,x2)	组合函数	x1 位组合项目的数量，x2 为每种组合的项目数量
COUNTIF(x1,x2)	符合某条件的单元格个数	x1 为设置筛选条件所操作的单元格个数，x2 为筛选条件，可以是文本或数值
EVEN(x)	四舍五入到最接近的偶整数	任意实数
EXP(x)	自然对数的幂次方	作为自然对数的指数
FACT(x)	计算数字的阶乘	非负数

(2)文本函数(字符函数)

①ASC(x)

将全角的字符转换成半角的字符(通常英文和数字都是半角的字符)。x 为字符串的单元格引用。

②LEFT(s,x)

返回参数 s 中包含的从左数起的 x 个字符。s 可以是一字符串(用引号括住)、包含字符串的单元格地址或字符串公式。x 缺省时为 1。

③LEN(x)

将文本字符串中的字符数返回。x 是要查找长度的文本，如果文本中含有空格，那么空格将作为字符进行计数。

④TEXT(s,x)

将数值转换为按指定数字格式表示的文本。s 为数值、计算结果为数值的公式、包含数字值的单元格的引用。x 为要设置数字的格式。

⑤DOLLAR(s,x)

依照货币格式将小数四舍五入到指定的位数并转换成文本。s 为数字、包含数字的单元格引用或计算结果为数字的公式。x 为十进制的小数位数，如果 x 为负数，则 s 从小数点往左按相应位数取整，如果省略 x，则默认其值为 2。

负值使用的格式为($＃,＃＃0.00_)

⑥MID(s,x1,x2)

返回字符串 s 中从第 x1 个字符位置开始的 x2 个字符。s 可以是一字符串(用引号括住)、包含字符串的单元格地址或字符串公式。

⑦RIGHT(s,x)

返回参数 s 中包含的最右边的 x 个字符。s 可以是一字符串(用引号括住)、包含字符串的单元格地址或字符串公式。若 x 为 0，则不返回字符；若 x 大于整个字符串的字符个数，则返回整个字符串。x 缺省时为 1。

⑧SEARCH(x1,x2,x3)

返回在 x2 中第一次出现 x1 时的字符位置，查找顺序为从左至右。如果找不到 x1，则返回错误值＃VALUE!。查找文本时，函数 SEARCH 不区分大小写字母。其中，x1 中可以使用通配符：？ ＊。x3 为查找的起始字符位置。从左边开始计数，表示从该位置开始进行查找。x3 缺省时为 1。

⑨FIND(x1,x2,x3)

返回在 x2 中第一次出现 x1 时的字符位置，查找顺序为从左至右但是函数 FIND 在查找时区分大小写字母，并且不允许使用通配符。如果 x1 没有在 x2 中出现，函数 FIND 返回错误值＃VALUE!。

其他文本(字符)函数如表 4-8 所示。

其他文本(字符)函数 表 4-8

函数名称	函数说明
CHAR	返回对应数字代码的字符，并且可将其他类型文件中的代码转换为字符
CLEAN	删除文本中不能打印的字符。对从其他应用程序中输入的文本使用，则删除其中含有的当前操作系统无法打印的字符
CODE	返回文本字符串中第一个字符的数字代码
CONCATENATE	将几个文本字符合并为一个文本字符串
EXACT	该函数测试两个字符串是否完全相同。如果相同返回 TRUE，不相同返回 FALSE。区分大小写，但忽略格式差异
FIXED	将数字按指定的小数位数进行取整，利用句号和逗号，格式对该数进行格式设置，并以文本形式返回结果
JIS	将字符串中的半角片假名更改为全角
LOWER	将一个文本字符串中的所有大写字母转换为小写字母

续上表

函数名称	函数说明
PHONETIC	提取文本字符串中的拼音字符,此函数只适用于日文
PROPER	将文本字符串的首字母及任何非字母字符之后的首字母转换成大写,将其余的字母转换成小写
PEPLACE	使用其他文本字符串并根据指定的字符数替换某文本字符串中的部分文本
REPT	按照给定的次数重复显示文本
SUBSTITUTE	将某一文本字符串中替换指定的文本
TRIM	除了单词之间的单个空格外,清除文本中所有的空格
UPPER	将文本转换成大写形式
VALUE	将代表数字的文本字符串转换成数字

(3)逻辑函数

①“与”函数AND(x1,x2,…)

所有参数的逻辑值为真时返回TRUE,只要一个参数的逻辑值为假即返回FALSE。其中,参数x1、x2……为待检测的若干个条件值(最多30个),各条件必须是逻辑值(TRUE或FALSE)、计算结果为逻辑值的表达式,或者是包含逻辑值的单元格引用。

如果引用的参数包含文字或空单元格,则忽略其值。

如果指定的单元格区域内包括非逻辑值,AND返回错误值#VALUE!。

②“或”函数OR(x1,x2,…)

在其参数组中,任何一个参数的逻辑值为真,即返回TRUE,参数x1、x2……为待检测的若干个条件值(最多30个),各条件必须是逻辑值(TRUE或FALSE)、计算结果为逻辑值的表达式,或者是包含逻辑值的单元格引用。

③“非”函数NOT(x1,x2,…)

对逻辑参数x求相反的值。如果逻辑值为假,NOT返回TRUE,如果逻辑值为真,NOT返回FLASE。

④条件函数IF(x,n1,n2)

根据逻辑值x判断,若x的值为TRUE,则返回n1,若x的值为FALSE,则返回n2。其中n2可以省略。

⑤FALSE()

用来返回FALSE的逻辑值。只要在单元格中直接输入FALSE,就可以建立FALSE的逻辑值。此函数不需要参数。

⑥TRUE()

用来返回TRUE的逻辑值。只要在单元格中直接输入TRUE,就可以建立TRUE的逻辑值。此函数不需要参数。

(4)数据库函数

DAVERAGE(x1,x2,x3)

将列表或数据库中某一字段内所有符合指定条件的数据进行平均。x1为构成数据清单或数据库的数据列。x2设置函数中要使用的字段,字段参数可以为字段名称的文字表示再加上引号。x3 为包含所指定条件的单元格区域，但区域之中至少含有一个字段名称，且字段名称之下至少应该有一个单元格，用来指定该字段的条件设置。其他数据库函数如表 4-9 所示。

其他数据库函数　　表 4-9

函 数 名 称	函 数 说 明
DCOUNT	计算符合条件的单元格数目，所应用的区域是根据数据库的参数操作的
DCOUNTA	计算指定字段的非空白单元格的数目
DMAX	返回列表或数据库的列中满足指定条件的最大数值
DPRODUCT	利用筛选的条件将符合条件的单元格进行相乘
DGET	从列表或数据的列中提取符合指定条件的单个值
DMIX	返回列表或数据库项目中符合指定条件的最小值
DSTDEV	根据筛选出来的数据库项目样本总体计算标准差
DSTDEVP	将列表或数据库的列中满足指定条件的数字作为一个样本，估算样本总体的标准偏差
DSUM	将符合条件的数据库项目之目标字段汇总
DVAR	将列表或数据库的列中满足指定条件的数字作为样本，估算样本总体的方差
DVARP	将列表或数据库的列中满足指定条件的数字作为样本总体，计算总体的方差
GETPIVOTDATA	返回数据透视表中的数据

(5)统计函数

①求平均值函数 AVERAGE(x1,x2,…)

返回所列范围中所有数值的平均值。参数 x1,x2……可以是数值、区域或区域名字，最多 30 个。如果数组或引用参数包含文本、逻辑值或空白单元格，则这些值将被忽略，但包含零值的单元格将计算在内。

②COUNT(x1,x2,…)

返回所列参数(最多 30 个)中数值的个数。函数在计算时，把数字、文本、空值、逻辑值和日期计算进去，但是错误值或其他无法转化成数所的内容则忽略。这里的“空值”是指函数的参数中有一个“空参数”，和工作表单元格的“空白单元”是不同的。

③COUNTA(x1,x2,…)

返回所列参数(最多 30 个)中数据项的个数。在这里，“数据”是广义的概念，计算值可以是任何类型，它们可以包括空字符(“”)。

④COUNTIF(x1,x2)

计算给定区域 x1 满足条件 x2 的单元格的数目。条件 x2 的形式可以为数字、表达式或文本。

⑤COUNTBLANK(x)

计算指定区域 x 中空白单元格的数目。含有返回值为“”(空文本)的公式单元格也计算在内，但包含零值的单元格不计算在内。

⑥求最大值函数 MAX(LIST)

返回指定 LIST 中的最大数值，LIST 可以是一数值，公式或包含数字或公式的单元格范围引用的表。

⑦求和函数 SUM(x1,x2,…)

返回包含在引用中的值的总和。x1、x2…可以是单元格区域或实际值。

⑧函数 SUMIF(x1,x2,x3)

根据指定条件 x2 对若干单元格求和。其中,x1 为用于条件判断的单元格区域,x2 为确定哪些单元格将被相加求和的条件,其形式可以为数字、表达式或文本。

⑨AVEDEV(x1,x2,…)

返回一组数据与其均值的绝对偏差的平均值,常用于评测数据的离散度。x1、x2…为需要计算绝对平均值的 1 到 30 个参数,可以用单一数组(即对数组区域的引用)代替用逗号分隔的参数。

其他统计函数如表 4-10 所示。

其他统计函数 表 4-10

函数名称	函数说明
BETADIST	返回 beta 累积分布函数
BETAINV	返回具有指定概率的累积分布的区间点
CHIDIST	返回 χ^2 分布的收尾概率
CONFIDENCE	返回样本平均值的置信区间
CORREL	返回单元格区域 array1 和 array2 之间的相关函数
DEVSQ	返回数据点与各自样本平均值偏差的平方和
EXPONDDIST	返回指数分布
FDIST	返回 f 概率分布
FISHER	返回点 x 的 fisher 变换
FORECAST	根据已有的数值计算或预测未来值,此预测为基于给定的 x 值推导出的 y 值
FREQUENCY	以一列垂直数组返回某个区域中数据的频率分布
GAMMADIST	返回伽玛分布,可以使用此函数来研究具有偏态分布的变量
GAMMALN	返回伽玛函数的自然对数
HARMEAN	返回数据集合的调和平均值
KURT	返回数据集的峰值
LARGE	返回数据集中第 k 个最大值
LINEST	使用最小二乘法对已知数据进行最佳直线拟合,并返回描述此直线的数组
MAXA	返回参数列表中的最大值
MODE	返回在某一数组或数据区域中出现频率最多的数值
NORMDIST	返回指定平均值和标准偏差的正态分布函数
NORMINV	返回指定平均值和标准偏差的正态累积分布函数的反函数
PERCENTILE	返回区域中数值的第 k 个百分点的值
PERMUT	返回从给定数目的对象集合中选取的若干对象的排列数
POISSON	返回泊松分布

续上表

函数名称	函数说明
QUARTILE	返回数据集的四分位数
RANK	返回一个数字在数字列表中的排位
SKEW	返回分布的偏斜度
SMALL	返回数据集中第 k 个最小值
TDIST	代替 t 分布的临界值表
TINV	返回作为概率和自由度函数分布的 t 值
TREND	返回一条线性回归拟合线的值
TTEST	返回与 t 检验相关的概率
VAR	计算基于给定样本的方差
VARP	计算基于整个样本总体的方差
WEIBULL	返回韦伯分布
ZTEST	返回 z 检验的单尾概率值

(6)查找和引用函数

①ADDRESS(x1,x2,x3,n)

按照给定的行号和列标，建立文本类型的单元格地址。x1 为在单元格引用中使用的行号，x2 为在单元格引用中使用的列标，x3 为指定返回的引用类型。

②VLOOKUP(x1,x2,x3,x4)

在表格或数值数组的首列查找指定的数值，并由此返回表格或数组当前行中指定列处的数值。x1 为需要在数组第一列中查找的数值，可以为数值、引用或文本字符串；x2 为需要在其中查找数据的数据表，可以使用对区域或区域名称的引用，如数据库或列表；x3 为开始选择结果的表格列；x4 为一逻辑值，指明函数返回时是精确匹配还是近似匹配。

(7)日期和时间函数

①NOW()

返回当前日期和时间所对应的序列号。如果在输入函数前，单元格的格式为“常规”，则结果将设为日期格式。

②DATE(x1,x2,x3)

返回代表特定日期的序列号。如果在输入函数前，单元格格式为“常规”，则结果将设为日期格式。x1 为一到四位数字，x2 代表每年月份的数字，如果所输入的月份大于 12，将从指定年份的一月份开始往上加算，x3 代表在该月份中第几天的数字，如果所输入的日期大于该月份的天数，将从指定月份的第一天开始往上累加。

③DAY(x)

返回以序列号表示的某日期的天数，用整数 1 到 31 表示。x 为要查找的那一天的日期。

(8)信息函数

①TYPE(x)

返回数值的类型。当某一个函数的计算结果取决于特定单元格中数值的类型时使用，x 为任意数值、数字、文本及逻辑值等。

②INFO(x)

返回有关当前操作环境的信息。x 为文本，指明所要返回的信息类型。

③CELL(x1,x2)

返回某一引用区域的左上角单元格的格式、位置或内容等信息。x1 为一个文本值，指定所需要得单元格信息的类型。

(9)财务函数

①可贷款函数 PV(r,n,p,f,t)

用于计算固定偿还能力下的可贷款总数。其中，r 为月利率，n 为还款总月数，p 为各期计划偿还的金额，f 和 t 可以省略，省略时为 0。

②偿还函数 PMT(r,n,p,f,t)

与 PV 函数相反，本函数用于贷款后，计算每期需偿还的金额。其中，r 为各期利率，n 为付款总月数，p 为贷款数，f 和 t 可以省略，省略时为 0。

③DB(r,n,p,f,t)

使用固定余额递减法，计算一笔资产在给定期间内的折旧值。其中，r 为资产原值，n 为资产在折旧后的价值，p 为折旧期限，f 为需要计算折旧值的周期，t 第一年的月份数，可以省略，省略时为 12。

④RATE(r,n,p,f,t,s)

返回年金的各期利率。其中，r 为总投资期(即该项投资的付款期总数)；n 为各期付款额，其数值在整个投资期内保持不变。通常，n 包括本金和利息，但不包括其他费用或税金，如果忽略 n，则必须包含 p 参数；p 为现值，即从该项投资开始计算时已经入款的款项，或一系列未来付款当前值的累积和，也称为本金；f 为未来值，或在最后一次付款后希望得到的现金余额，如果省略 f，则假设其值为 0；t 为数字 0 或 1，用以指定各期的付款时间是在期初还是期末；s 为预期利率。

⑤IRR(r,n)

返回由数值代表的一组现金流的内部收益率。r 为数组或单元格的引用，包含用来计算返回的内部收益率的数字。

4.7.3 组合函数

组合函数就是在一个函数中嵌套着另外一个函数，即一个函数的运行结果作为另一个函数的参数出现在这个函数之中。

组合函数的用法与单独函数的用法是一样的，不同的就是在主题函数中嵌套着另外一个函数。这时需要注意，嵌套函数的运行结果应满足主题函数对参数的要求，否则会出现错误。

4.8 使用图表

4.8.1 图表

(1)图表术语

在 Excel 中，图表的作用在于将数据以更直观、更形象的形式表现出来。以下列出一些图表中经常使用的术语。

☆ 图表区域：整个图表及图表中的数据被称为图表区域。

☆ 图例：图例是一个方框，用于标识图表中的数据系列或分类指定的图案或颜色。

☆ 绘图区：在二维图表中，以坐标轴为界并包含所有数据系列的区域。在三维图表中，此区域以坐标轴为界并包含数据系列、分类名称、刻度线标签和坐标轴标题。

☆ 数据标志：图表中的条形、面积、圆点、扇面或其他符号，代表源于数据表单元格的单个数据点或值。图表中的相关数据标志构成了数据系列。

☆ 三维背景墙和基底：包围在许多三维图表周围的区域，用于显示图表的纬度和边界。绘图区中有两个背景墙和一个基底。

☆ 数据系列：在图表中绘制的相关数据点，这些数据源自数据表的行和列。图表中的每个数据系列具有唯一的颜色或图案，并且在图表的图例中表示。可以在图表中绘制一个或多个数据系列，饼图只有一个数据系列。

☆ 图例项标示：图例项标示位于图例项的左边。设置图例项标示的格式也将设置与其他关联的数据标志的格式。

☆ 图表标题：图表标题是说明性的文本，可以自动与坐标轴对齐或在图标顶部居中。

☆ 数据标签：为数据标志提供附加信息的标签，数据标签代表源于数据表单元格的单个数据点或值。

☆ 刻度线和刻度线标签：刻度线是类似于直尺分隔线的短度量线，与坐标轴相关。刻度线标签用于表示图表上的分类、值或系列。

(2)图表类型

在 Excel 中，内置了 14 种图表类型，每种图表类型又包含若干种不同的子类型。表 4-11 简述各种图表的用途。

图表类型及用途 表 4-11

类　型	用　途
柱形图	用于显示一段时间内数据的变化或各项之间的比较关系
条形图	用于描述各项之间的差异变化或者显示各个项与整体之间的关系
折线图	显示图表中的数据变化
散点图	用于比较不同的数据系列之间数据的关联性
面积图	显示了局部随时间的幅值变化关系
圆环图	显示了局部占有整体的百分比，能充分显示百分比的变化
雷达图	用于多个数据系列之间的总和值的比较，各个分类沿各自的数值坐标轴相对于中点呈辐射状分布，同一序列的数值之间用折线相连
曲面图	用于确定两组数据之间的最佳逼近
气泡图	一种特殊类型的 XY 散点图
股价图	用于分析股票价格走势
圆锥图	属于“三维效果图”，用柱形圆锥反映数据的变化
圆柱图	属于“三维效果图”，用柱形圆柱反映数据的变化
棱锥图	属于“三维效果图”，用柱形棱锥反映数据的变化

(3)图表工具栏

创建一个图表后,会打开“图表”工具栏(或选择【视图】→【工具栏】→【图表】菜单项打开“图表”工具栏),如图4-39所示。在编辑图表时,经常用到“图表”工具栏。

图4-39 “图表”工具栏

图表中各个按钮的作用如表4-12所示。

“图表”工具栏各个按钮的作用(由左至右) 表4-12

按 钮 名 称	按 钮 作 用
图表对象	从下拉列表框中选择要进行定位的图表各部分名称
图表区格式	显示“设置图表区格式”对话框
图表类型	显示下拉列表,从中选择图表类型
图例	显示或取消图例
数据表	设置该按钮将在图表区域中显示一个数据表格
按行	按照数据区域的行数进行分类
按列	按照数据区域的列数进行分类
向下斜排文字	将图表区域中的文字向下斜排
向上斜排文字	将图表区域中的文字向上斜排

4.8.2 创建图表

在Excel中,可以利用“图表工具栏”或者“图表向导”两种方法创建图表。根据图表放置的位置不同,可以将图表分为嵌入式图表和工作表图表,创建方式大体相同。

(1)创建简单的图表

在Excel中默认的图表类型是柱形图(如图4-40所示),在工作表中创建一个默认柱形图的具体操作步骤是:在工作表中选定绘制图表的单元格区域,按【F11】键即可完成简单图表的创建。

如果要进一步创建嵌入式图表,则继续执行如下操作:在工作表中选定绘制图表的单元格区域,执行菜单栏中的【视图】→【工具栏】→【图表】菜单项打开“图表”工具栏,单击图表工具栏中的【图表类型】按钮中的【柱形图】按钮即可插入选中的图表。

(2)使用图表工具栏创建图表

执行菜单栏中的【视图】→【工具栏】→【图表】菜单项打开“图表”工具栏,选择要包含在图表中的数据单元格区域,然后在“图表”工具栏的图表类型的下拉列表中选择需要的图表类型,此时,将在工作簿中产生一张彩色的图表,如图4-41所示。

将鼠标放在任何一个表示数据的矩形条上,将会自动显示出该矩形条的内容和数值。

(3)使用图表向导创建图表

当“图表”工具栏中没有用户需要的图表类型时，可以使用“图表向导”来创建图表。在“图表向导”中，每种图表都含有几种子图表类型，以交互方式完成创建嵌入式图表和图表工作表。具体操作步骤如下：

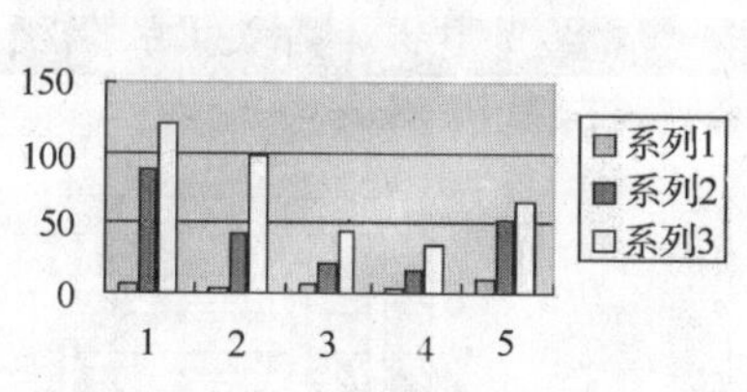

图 4-40　简单的柱形图表

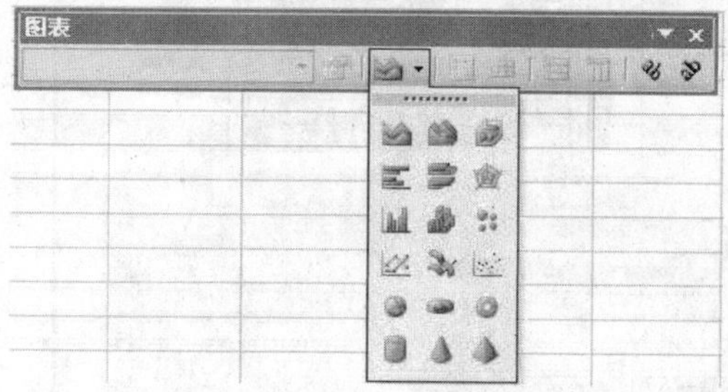

图 4-41　图表类型

选择【插入】→【图表】菜单项，或者单击“常用”工具栏中的【图表向导】按钮，弹出“图表向导—4 步骤之 1—图表类型”对话框，如图 4-42 所示。

在该对话框的“标准类型”选项卡的【图表类型】对话框中选择一种图表类型，然后在“子图表类型”中选择一种子图表类型，确认后单击【下一步】按钮，弹出“图表向导—4 步骤之 2—图表源数据”对话框，如图 4-43 所示。

图 4-42　图表向导—4 步骤之 1—图表类型

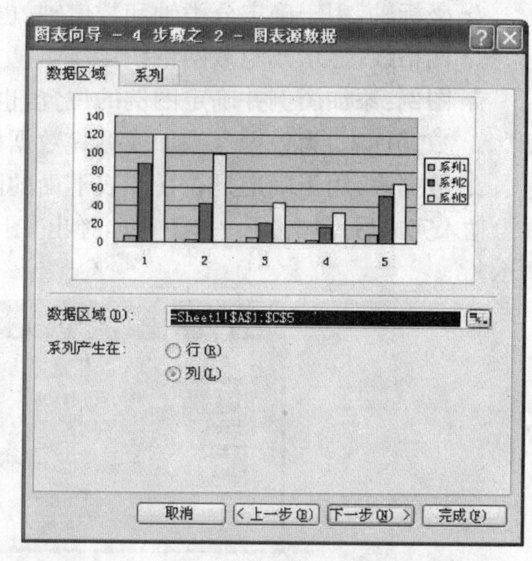

图 4-43　图表向导—4 步骤之 2—图表源数据“数据区域”选项卡

该对话框有“数据区域”和“系列”两个选项卡。“数据区域”选项卡用于确定图表所包含的单元格区域，在数据区域栏中显示目前包含在图表中的所有数据单元格的范围，如图 4-44 所示。

“系列”选项卡用于修改数据系列的名称、数值和分类轴标志，通过单击【添加】或【删除】按钮来添加或删除数据系列，单击【下一步】按钮，弹出“图表向导—4 步骤之 3—图表选项”对话框，如图 4-45 所示。

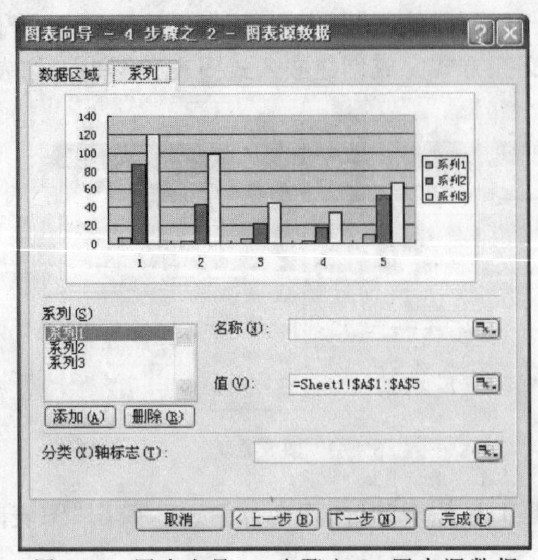

图 4-44　图表向导—4 步骤之 2—图表源数据“系列”选项卡

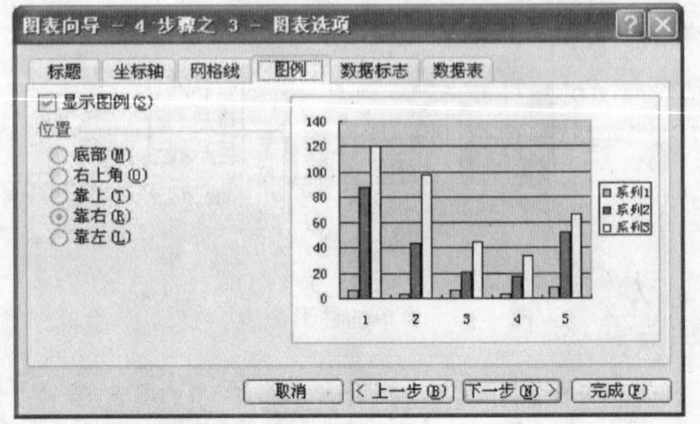

图 4-45　图表向导—4 步骤之 3—图表选项

在该对话框中用户可以在 6 个选项卡上进行自己的设置。

☆ 标题：输入图表或坐标轴的标题，也可以输入分类标题和数值标题。

☆ 坐标轴：用于确定分类轴和数值轴，也可以显示或隐藏坐标轴。

☆ 网格线：显示或隐藏网格线。

☆ 图例：添加图例并确定图例的位置，也可以确定是否显示图例。

☆ 数据标志：为数据点添加或删除数据标志，也可以确定是否显示数据标志及显示方式。

☆ 数据表：用于确定是否在图表下面的网格中显示每个数据系列的值。

输入完成后，单击【下一步】按钮，弹出“图表向导—4 步骤之 4—图表位置”对话框，如图 4-46 所示。

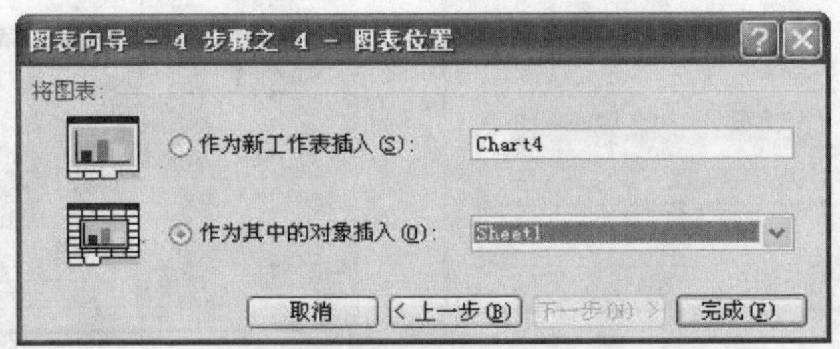

图 4-46　图表向导—4 步骤之 4—图表位置

该对话框用来设定图表的位置。选择“作为其中的对象插入”则图表将被作为嵌入式图表插入到工作表中，选择“作为新工作表插入”则创建的是工作表图表。

4.8.3　编辑图表

(1)更改图表类型

要修改图表必须先激活该图表，然后选择【图表】→【图表类型】菜单项，打开“图表类型”对话框，用户可以在该对话框中重新设定图表类型。

更改默认图表类型时，选择【图表】→【图表类型】菜单项，打开“图表类型”对话框，选择一种图表类型后，单击【设为默认图表】按钮，弹出一个询问对话框，单击【是】按钮，该图表类型便被设为默认的图表类型了。

(2)图表区域操作

图表区域是整个图表所有的图表项所在的背景区。激活所要修改的图表后，在“图表”工具栏的“图表对象”下拉列表框中选择“图表区”选项，然后单击【图表区格式】按钮，弹出“图表区格式”对话框(或双击图表的图表区)，如图 4-47 所示。

“图表区格式”对话框包含了三个选项卡。

☆“图案”选项卡：可以对图表区的边框、背景颜色、背景填充进行设置，背景填充的作用是将图表区的背景以某种方式进行修饰，可选中的项目有“过渡”、“纹理”、“图片”、“图案”等。

☆“字体”选项卡：可以对字体进行设置，但对于用户自己设定的字体不能进行修改。

☆“属性”选项卡：指定图表对象相对于其下方的单元格进行排序的方式，以及确定在打印工作表时是否将图表一同打印出来。

(3)标题

修改图表标题时，可以选择【图表】→【图表类型】菜单项，在弹出的“图表选项”对话框中单击“标题”选项卡。在该选项卡中图表标题进行修改。

修改标题的属性，可以双击该标题，弹出“图表标题格式”对话框，如图 4-48 所示。

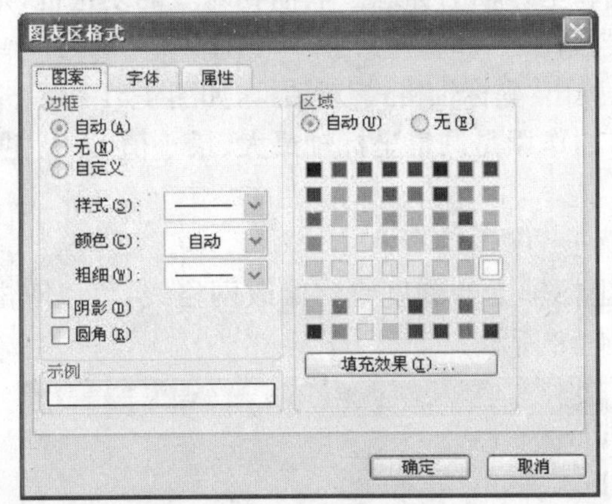

图 4-47 “图表区格式”对话框

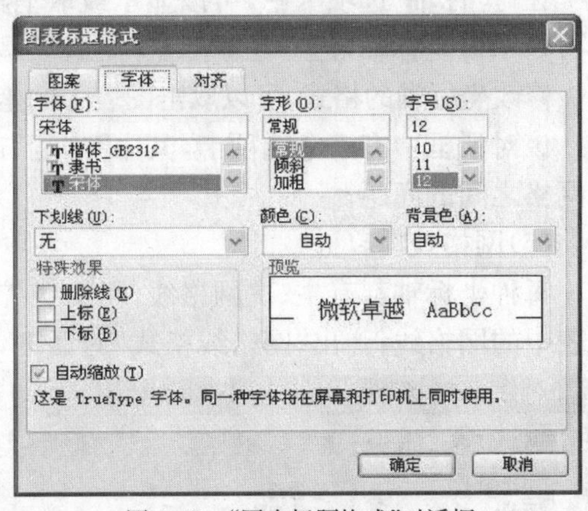

图 4-48 “图表标题格式”对话框

该对话框中包含三个选项卡。

☆“图案”选项卡：设置标题边框、标题区颜色、填充效果。

☆“字体”选项卡：设置字体、字形、颜色、特殊效果。

☆“对齐”选项卡：设置标题文本水平和垂直对齐方式及文本的方向。

(4)图例

图例是对图表中数据系列的说明。双击图表中的图例，弹出“图例格式”对话框，如图 4-49 所示。

该对话框中包含三个选项卡。

☆“图案”选项卡：改变图例的边框及背景的颜色。

☆“字体”选项卡：改变图例中文本的字体、字形、颜色、大小。

☆“位置”选项卡：改变图例的位置，图例的位置有五种：底部、右上角、靠上、靠左、靠右。

(5)坐标轴

图表中的坐标轴分为数值轴和分类轴。

显示或取消图表的坐标轴，可以在图表上单击鼠标右键，在弹出的快捷菜单中选择“图表选项”，打开“图表选项”对话框（也可以选择【图表】→【图表类型】菜单项弹出“图表选项”对话框），单击“坐标轴”选项卡，如图 4-50 所示。

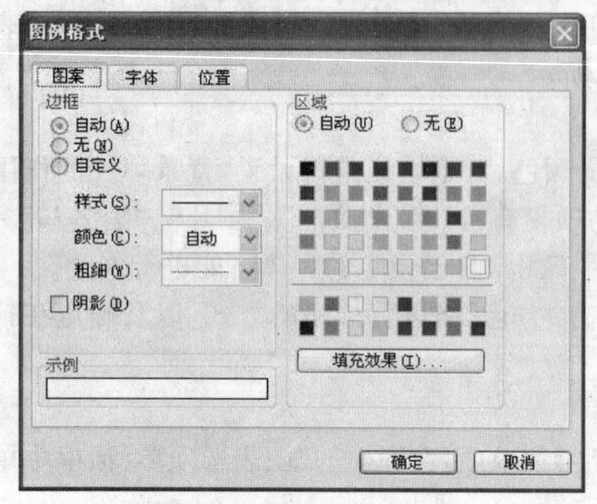

图 4-49 “图例格式”对话框

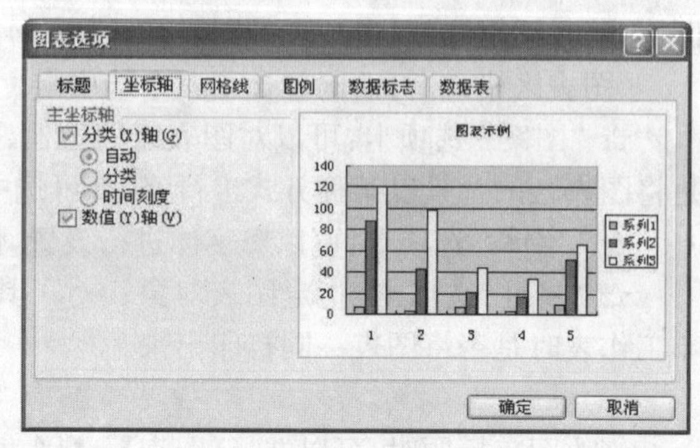

图 4-50 “坐标轴”选项卡

在“坐标轴”选项卡中，可以显示或取消刻度线和坐标轴的标志。取消相对应的复选框，则不再显示该坐标轴，但不是删除坐标轴，只是隐藏起来。

修改坐标轴的格式，可以双击图表中的坐标轴，弹出“坐标轴格式”对话框，如图 4-51 所示。

该对话框中有五个选项卡，其中“刻度”选项卡的作用是调整坐标轴最大、最小值，以及主、次网格之间的间距。

(6)网格线

每种坐标轴都有主、次网格线，网格线扩展了坐标轴上的刻度线。修改网格线，可以双击图表中的网格线，弹出“网格线格式”对话框，如图 4-52 所示。

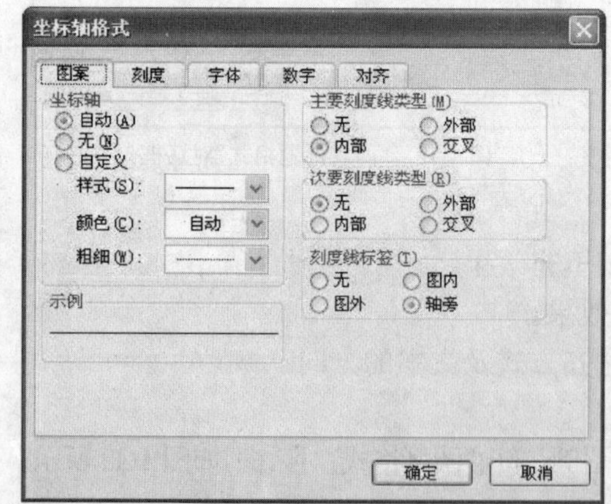

图 4-51 “坐标轴格式”选项卡

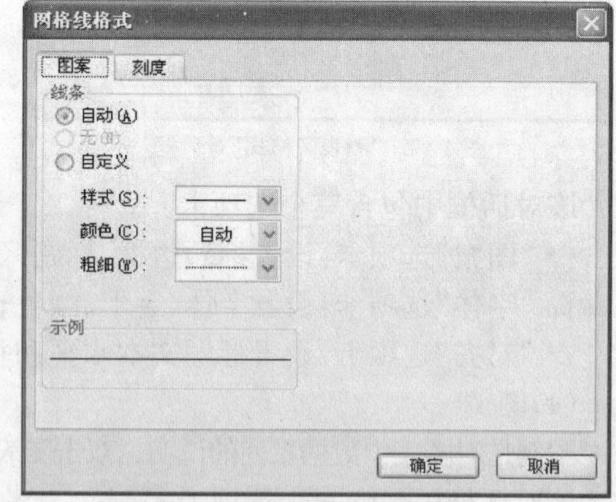

图 4-52 “网格线格式”选项卡

该对话框包含两个选项卡。

☆ “图案”选项卡：设置网格线的属性，包括样式、颜色、粗细等，设置后的效果在“示例”选项区中查看。

☆"刻度"选项卡:设置网格中的最大值、最小值、主要刻度单位、次要刻度单位。

4.8.4 操作图表

(1)移动图表

用鼠标拖曳选定的图表,该图表就可以被移动了。当把图表移动到指定位置后释放鼠标,图表便被由一个位置移动到另一个位置。

(2)缩放图表

被指定图表周围有黑色的小方块,用鼠标拖曳黑方块可以改变图表的大小。在鼠标拖曳的过程中,鼠标指针会变成十字形状。

如果想保持图表的长、宽比例不变,可以用鼠标拖曳图表四角的黑方块,同时改变横向、纵向的大小。

(3)复制图表

①拖放式

选定要复制的图表,按住【Ctrl】键的同时用鼠标将图表拖动到目标位置,释放鼠标,图表便被复制。

②菜单方式

选定要复制的图表,选择【编辑】→【复制】菜单项,选定目标单元格,选择【编辑】→【粘贴】菜单项,图表便被复制。

(4)组合图表

有多个图表同时进行操作时,可以将这些图表组合成一个整体操作。

将要组合的多个图表选中,在其上单击鼠标右键,在弹出的快捷菜单中选择【组合】→【组合】菜单项,多个图表便被组合成一个整体了。

取消组合时,先选中已经组合的图表,单击鼠标右键,在弹出的快捷菜单中选择【组合】→【取消组合】菜单项,图表组合便消失。

(5)删除图表

选定要删除的图表,单击鼠标右键,在弹出的快捷方式中选择【清除】菜单项(或选择菜单栏【编辑】→【清除】→【全部】),图表便被删除。

【例 4-4】 把下面的学生成绩创建柱形图表,步骤如图 4-53~图 4-59 所示。

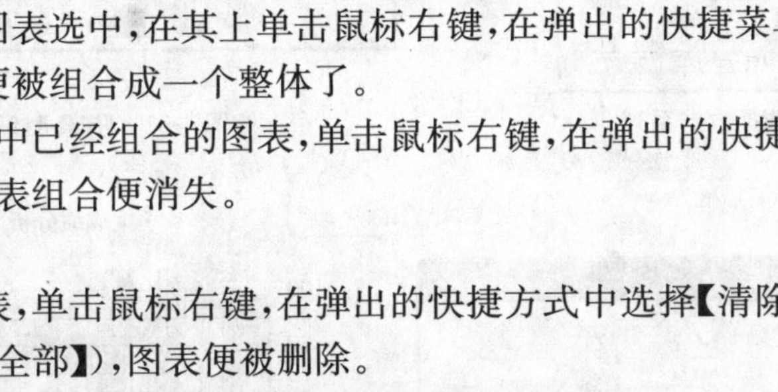

D9 =B9+C9

	A	B	C	D	E	F
1	姓名	平时成绩	考试成绩	总成绩		
2	甲	35	55	90		
3	乙	32	48	80		
4	丙	27	39	66		
5	丁	10	21	31		
6	戊	23	27	50		
7	己	29	34	63		
8	庚	5	8	13		
9	辛	38	39	77		
10						

Sheet1 / Sheet2 / Sheet3

图 4-53 步骤 1:选中要创建图表的单元格数据

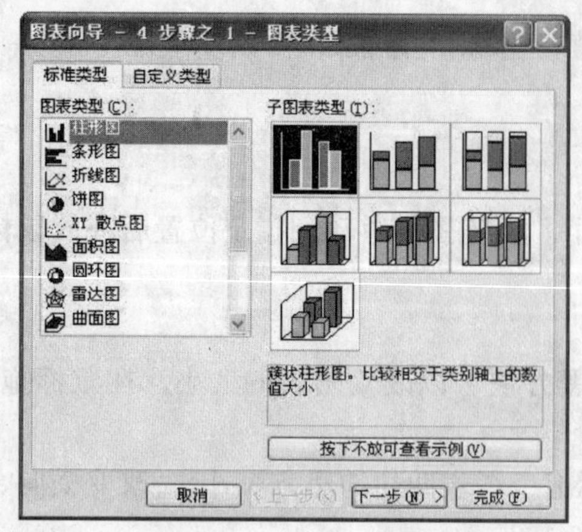

图 4-54 步骤 2:选择柱形图

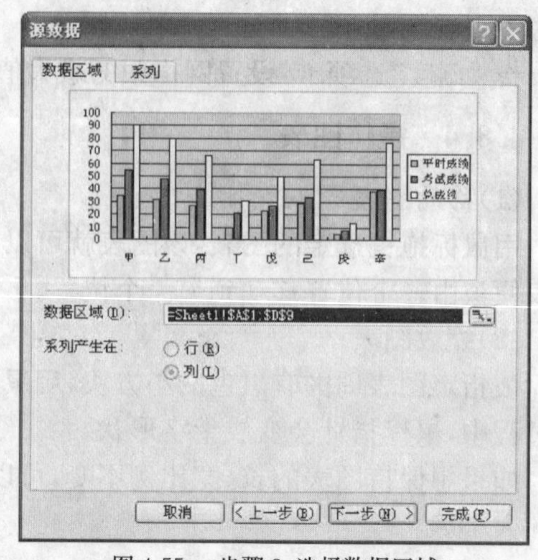

图 4-55 步骤 3:选择数据区域

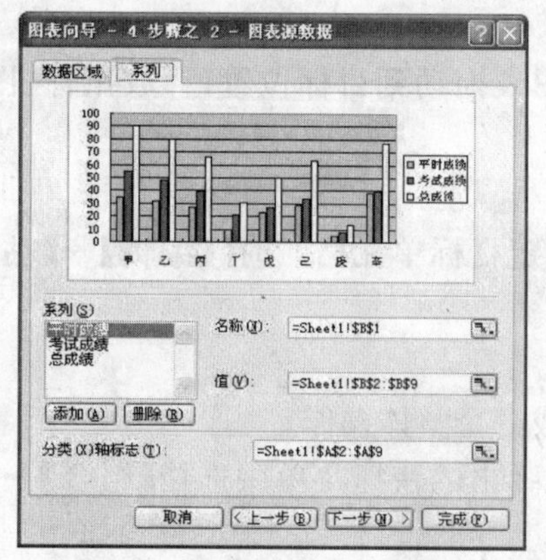

图 4-56 步骤 4:选择数据系列

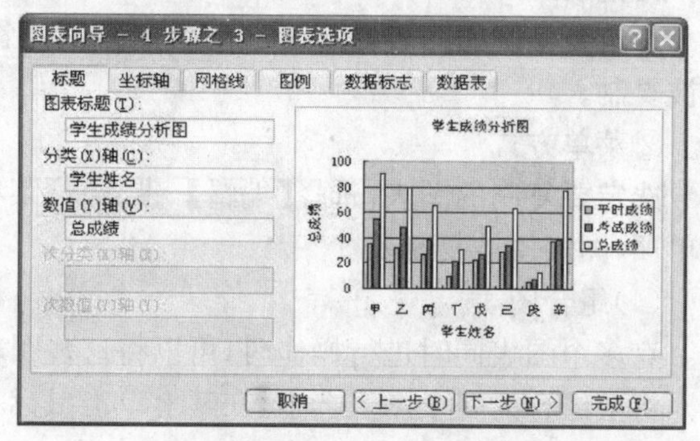

图 4-57 步骤 5:编辑图表选项

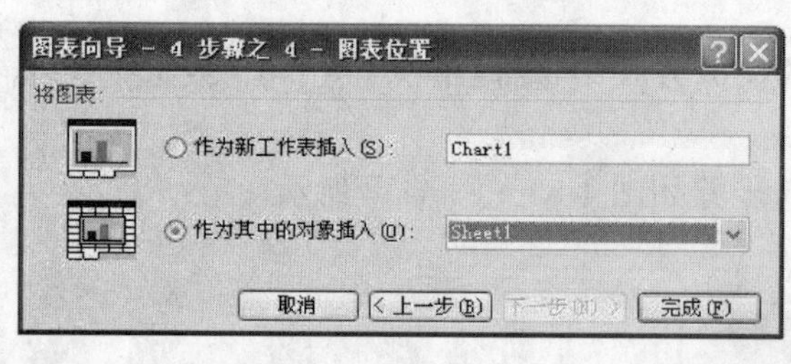

图 4-58 步骤 6:选择图表位置

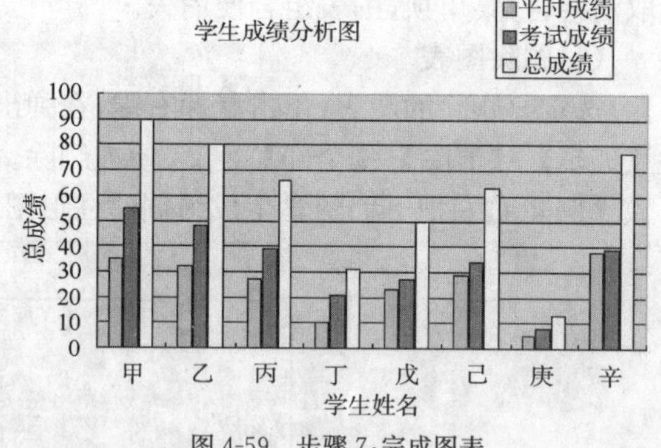

图 4-59 步骤 7:完成图表

4.9 数据管理

Excel 针对工作簿中的数据提供了一整套强大的命令集,对工作表数据可以像数据库一样使用,使得数据的管理与分析变得十分容易。用户可以对数据进行查询、排序、筛选、记录、增删等操作。

4.9.1 数据清单

在使用 Excel 数据管理功能时，用户不需要特别命名即可直接把表看作数据库工作表，实现数据库功能。在工作表中每一列称为一个字段，它存放的是相同类型的数据，数据表的第一行为每一字段名字，它一般是文字值；表中每一行成为一个记录，每个记录存放的是一组相关的数据。所以，一个数据清单主要由字段名和记录两个部分组成。

在 Excel 中使用“记录单”功能命令是实现行的增加、修改、删除与查找的方法之一，这种方法把包括字段名的一行看作表头，将其下每一行数据看作一个记录，以行为单位显示记录。

建立数据清单的基本操作方法如下。

☆ 选定数据清单中的任意一个单元格，选择【数据】→【记录单】菜单项，打开“记录单”对话框，如图 4-60 所示。

☆在该对话框的顶端显示了数据清单所在工作表的名称，各文本框的名称就是数据清单中的字段名称，文本框的内容就是所选单元格所在的记录的相应数据。单击“上一条”或“下一条”按钮，或用滚动条上的箭头查看数据记录。

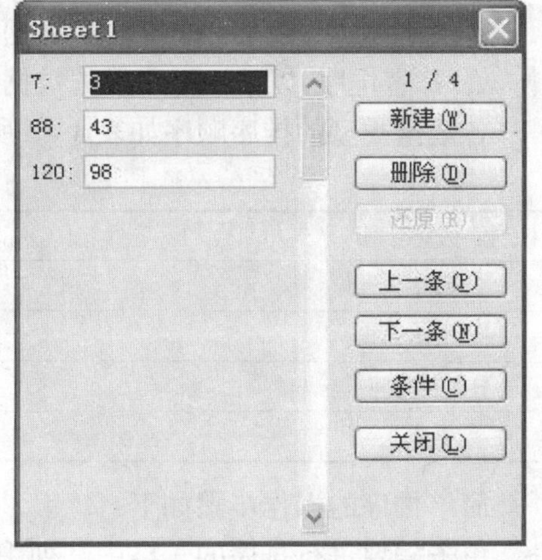

图 4-60 “记录单”对话框

创建数据清单的时候注意：

☆ 当数据清单中的数据被一个空行或列隔开时，Excel 会将它看成两个部分；

☆ 在数据清单的第一行建立字段名称，Excel 将使用字段名建立报告、进行排序等操作；

☆ 字段名最好使用文字，且只能使用 255 个字符以内的文字或文字公式；

☆ 字段名只能有一个，如果在数据清单中打开了多个相应的字段名，则影响筛选等操作。

“记录单”对话框可以实现以下功能：

(1)增加记录

单击“记录单”对话框右上角的【新建】按钮，会新建一条空白纪录，在对话框的右上方记录符号位置显示“新记录”。不论选择的单元格位于数据清单的什么位置，新的记录内容始终被添加到最后一行中。

(2)修改记录

在“记录单”对话框的文本框中可以对当前显示出的记录内容进行编辑。

(3)删除记录

在“记录单”对话框中查找到需要删除的记录，单击【删除】按钮，出现警告信息对话框，单击【确定】按钮即可。

(4)还原记录

在修改记录内容后，单击【还原】按钮可以将文本框中修改过的数据还原为未修改前的数据。

(5)查找记录

在“记录单”对话框中，可以设定条件，进行查找记录。具体操作是：单击【条件】按钮，在对话框中的相应编辑框给出查找条件，单击【下一条】按钮，即可在对话框中显示与查找条件匹配的第一个记录。

4.9.2 数据排序

在数据清单中，针对某些列的数据可以用“数据”菜单中的【排序】命令来重新组织行的顺序。用户可以选择数据和选择排序次序，或建立和使用一个自定义排序。

(1)简单排序

简单排序可以在自动筛选状态实现，是较为常见的数据排序方法。当数据清单处于自动筛选状态时，各字段名的右边都有一个下拉按钮，单击该按钮会打开一个下拉列表，最上面的两项可以执行排序的功能。

☆ 降序排序：以某一个字段的数据为标准按照从大到小的顺序进行排列。

☆ 升序排序：以某一个字段的数据为标准按照从小到大的顺序进行排列。

各数据类型的排序顺序如表 4-13 所示。

排 序 顺 序 表 4-13

数 据 类 型	排序标准(升序)
数字	从所能表示的最大负数到最大正数
文本	0—9 空格!"#$%()*+:;〈〉? @[\]∧—{}~A—Z,a—z
日期及时间	按照日期及时间的先后
空值	无论升序、降序，空值单元格都排在最后

简单排序的操作步骤如下：

单击需要进行排序的表格中某列中的任一数据单元格，单击“常用”工具栏上的【升序】按钮或【降序】按钮，即可对工作表数据依据本列数据默认状态的升序或降序排列。

(2)复杂排序

通过“排序”对话框，设定多极排序条件，可对数据库进行多条件排序。操作方法如下。

①选择排序范围

首先，打开要进行分类的工作表文件，选定参加排序的数据，没有选中的数据将不参加排序。若是对所有的数据进行排序，则不用选定排序数据区，选择“数据”菜单中的【排序】命令后，系统自动将所有的数据选中，如图 4-61 所示。

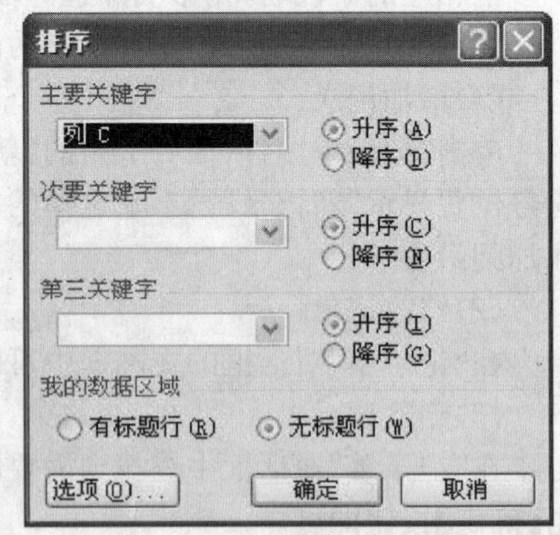

图 4-61 “排序”对话框

“排序”对话框中各选项的功能如下：

☆ 主要关键字：排序时首先要满足的字段排序条件；

☆ 次要关键字：排序时，在满足主要关键字的条件下，次要满足的字段排序条件；

☆ 有标题行：若选中该单选按钮，则排序时字段名不进行排序；

☆ 无标题行：若选中该单选按钮，则排序时字段名与数据一起进行排序；

☆ 选项：单击该按钮，在弹出的对话框中可以设置更加精确的条件。

②指定排序关键字

在“排序”对话框的“主要关键字”框中，选定主要关键排序字段，在该框的右边，选定“递增”或“递减”的排序方式。同样在“次要关键字”、“第三关键字”框中，选定排序字段，在其右边选定“递增”或“递减”的排序方式。

在“当前数据清单”框中有两项供用户选择，当选择“有标题行”时，则表示表格中的标题行不参加排序，否则数据将发生混乱；当选择“没有标题行”，则表明表格不包含标题行，表格所有内容都将排序。

③选择排序选项

单击“排序”对话框中的【选项】按钮，打开“排序选项”对话框，如图 4-62 所示。

在“排序选项”对话框中各项功能的使用方法如下。

☆ 自定义排序次序：默认情况下在“自定义排序”下拉列表框中设置的是“普通”选项，表示将使用系统默认的排序标准。也可以使用自定义的排序设置，打开“自定义排序次序”下拉列表，将出现一系列月份、星期、季度、天干、地支等排序规则供用户选择。

☆ 区分大小写：表示精确按 ASCⅡ码的值进行排序。选中该复选框在排序时要区分英文字母的大小写，大写字母将排在小写字母的前面。

☆ 按列排序：按字段排序。

☆ 按行排序：在“排序”对话框种只能选行标题作为关键字，从而按照每一行中的数据进行排序。

☆ 字母排序：汉字按照字母顺序排序。

☆ 笔划排序：汉字按照笔划多少排序。

【例 4-5】 把下面学生的成绩按“递增”方式排序。步骤如图 4-63、图 4-64、图 4-65 所示。

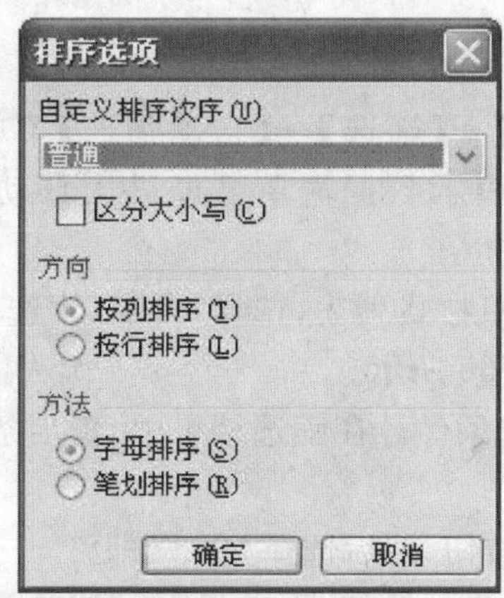

图 4-62 “排序选项”对话框

D9 =B9+C9

	A	B	C	D	E	F
1	姓名	平时成绩	考试成绩	总成绩		
2	甲	35	55	90		
3	乙	32	48	80		
4	丙	27	39	66		
5	丁	10	21	31		
6	戊	23	27	50		
7	己	29	34	63		
8	庚	5	8	13		
9	辛	38	39	77		
10						

Sheet1 / Sheet2 / Sheet3 /

图 4-63 步骤 1：选中要排序的单元格数据

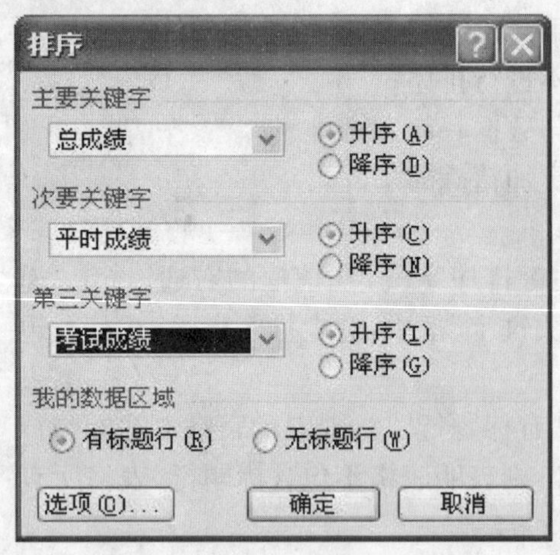

图 4-64　步骤 2:选择排序关键字

A1　姓名

	A	B	C	D
1	姓名	平时成绩	考试成绩	总成绩
2	庚	5	8	13
3	丁	10	21	31
4	戊	23	27	50
5	己	29	34	63
6	丙	27	39	66
7	辛	38	39	77
8	乙	32	48	80
9	甲	35	55	90

Sheet1 / Sheet2 / Sheet3

图 4-65　步骤 3:完成排序

4.9.3　数据筛选

筛选数据的目的是为了从众多的数据中挑选出需要的数据,相当于数据库中的查询功能,可以按照给定的条件限定筛选数据的结果。

(1)比较运算符和通配符

比较运算符就是一些关系表达式,在 Excel 中常用的比较运算符有=(等于)、>(大于)、<(小于)、>=(大于等于)、<=(小于等于)、<>(不等于)。当筛选的条件多于一个时,可以用“与”或“或”连接各个条件。“与”表示要同时满足两端的条件,“或”表示只需满足两端的任意一个条件即可。

常用的通配符有?和*,其中?用来代替一个字符,*用来代替多个字符。如果要查找?或*,则需要在它们前面加上一个转义符~,这样 Excel 就不会再把?或*当作通配符来看待。

(2)自动筛选

进入自动筛选状态的操作步骤如下。

☆ 在数据清单中选择任意一个单元格,选择【数据】→【筛选】→【自动筛选】菜单项。执行上述操作后,字段名的右侧会显示一个下拉按钮,表示数据清单已经进入自动筛选状态。

☆单击某个列标记右边的下拉箭头按钮,会出现一个下拉式列表,选择“自定义”选项,打开“自定义自动筛选方式”,可以定义自动筛选条件,如图 4-66 所示。

在“自定义自动筛选方式”对话框中可以设置两个筛选条件。在筛选结果中,满足条件的记录的行号和刚才使用过的下拉式按钮以蓝色显示。

如果要再显示全部记录,可单击刚才使用过的下拉式按钮,然后选择“全部”即可。

如果要显示所有被隐藏的行,并移去“自动筛选”下拉箭头按钮,则选择“数据”菜单中的【筛选】命令,在弹出的子菜单中再次选择【自动筛选】命令。

如果要删除已经设置的自动筛选条件,选择【数据】→【筛选】→【全部显示】菜单项。“全部

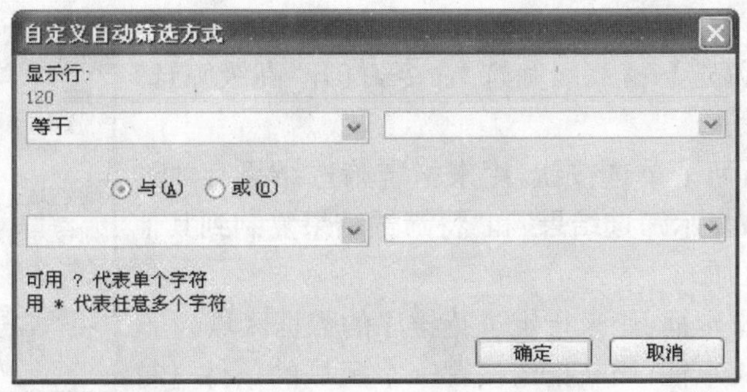

图 4-66 “自定义自动筛选方式”对话框

显示”菜单项只有在设置了自动筛选条件后才会被激活。

【例 4-6】 查询表中总成绩为“70～90 分”的学生。步骤如图 4-67～图 4-70 所示。

D9 =B9+C9

	A	B	C	D	E	F
1	姓名	平时成绩	考试成绩	总成绩		
2	甲	35	55	90		
3	乙	32	48	80		
4	丙	27	39	66		
5	丁	10	21	31		
6	戊	23	27	50		
7	己	29	34	63		
8	庚	5	8	13		
9	辛	38	39	77		
10						

Sheet1 Sheet2 Sheet3

图 4-67 步骤 1:选中要查询的单元格数据

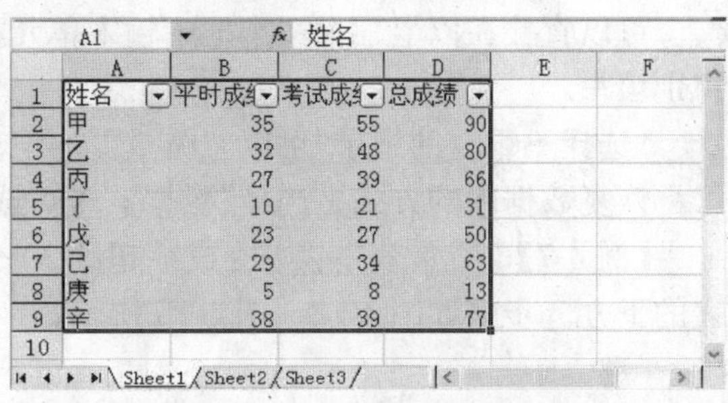

A1 姓名

	A	B	C	D	E	F
1	姓名	平时成绩	考试成绩	总成绩		
2	甲	35	55	90		
3	乙	32	48	80		
4	丙	27	39	66		
5	丁	10	21	31		
6	戊	23	27	50		
7	己	29	34	63		
8	庚	5	8	13		
9	辛	38	39	77		
10						

Sheet1 Sheet2 Sheet3

图 4-68 步骤 2:选择“自动筛选”

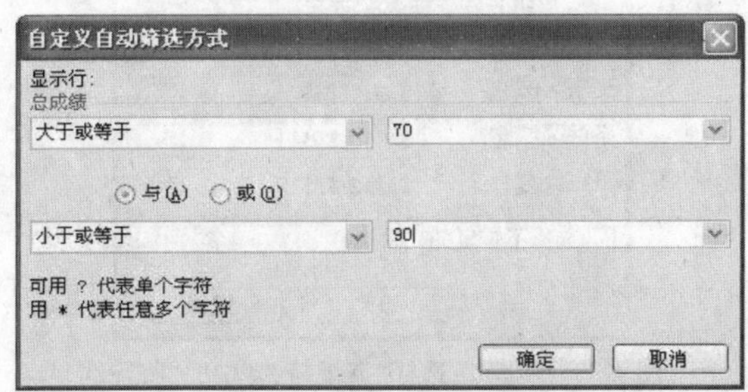

图 4-69 步骤 3:选择“自动筛选方式”

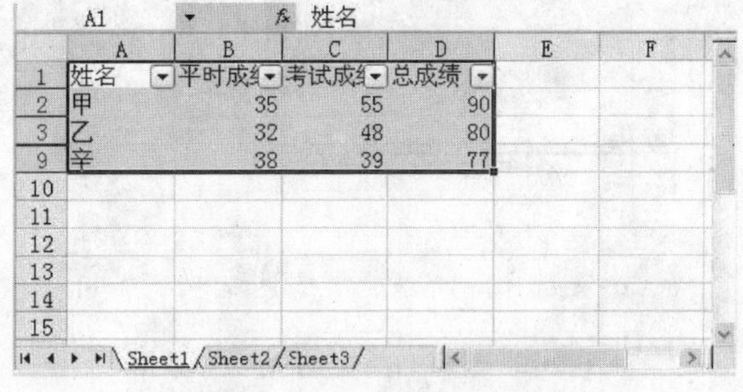

A1 姓名

	A	B	C	D	E	F
1	姓名	平时成绩	考试成绩	总成绩		
2	甲	35	55	90		
3	乙	32	48	80		
9	辛	38	39	77		
10						
11						
12						
13						
14						
15						

Sheet1 Sheet2 Sheet3

图 4-70 步骤 4:完成自动筛选

(3)高级筛选

在某些情况下,查询条件比较复杂或必须经过计算才能进行有条件的查询,可以使用高级筛选。

高级筛选的主要方法是定义以下三个单元格区域:

①定义查询的数据库区域;

②定义查询的条件区域;

③定义存放查找出满足条件和记录的区域。

当定义好这些区域,便可进行筛选。

高级筛选的条件不是在对话框中设置的,而是在工作表的某个区域中给定的,因此在使用高级筛选之前需要建立一个条件区域。一个条件区域通常要包含两行,至少两个单元格,第一行中的单元格用来指定字段名称,第二行中的单元格用来设置对于该字段的筛选条件。

具体步骤如下：

选择【数据】→【筛选】→【高级筛选】命令，打开“高级筛选”对话框，如图 4-71 所示。

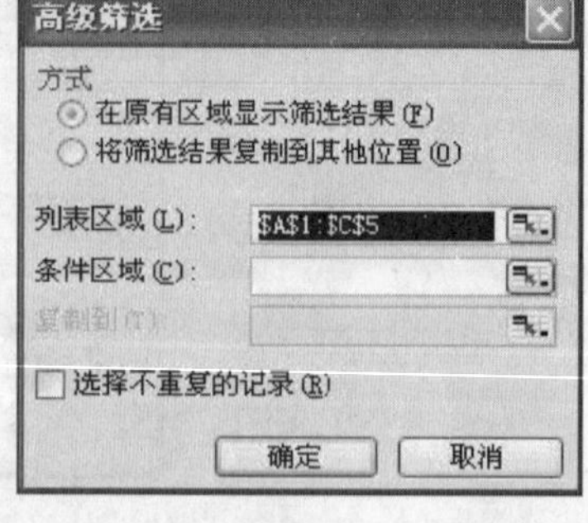

图 4-71 “高级筛选”对话框

在“方式”框中有两个单选按钮，用来指定筛选结果存放的方式，即“在原有区域显示筛选结果”和“将筛选结果复制到其他位置”(指定的提取区域)。

☆ “列表区域”文本框：用来指定进行排序的数据区域。

☆ “条件区域”文本框：用来指定按哪一个区域的条件进行筛选的区域名。

☆ “复制到”文本框：用来指定筛选结果存放的数据区域。只有当选择“将筛选结果存放到其他位置”时该区域才自动激活。

可以直接在以上三个文本框中输入单元格区域名，也可以通过激活某个区域由系统自动识别填写。

“选择不重复的记录”可以忽略重复的记录。

恢复数据库的方式是选择【数据】→【筛选】→【全部显示】菜单项。

【例 4-7】 查询表中“平时成绩超过 30 分且考试成绩超过 45 分”的学生，并将结果放到表的下方。步骤如图 4-72～图 4-75 所示。

A1 姓名

	A	B	C	D	E	F
1	姓名	平时成绩	考试成绩	总成绩		
2	甲	35	55	90		
3	乙	32	48	80		
4	丙	27	39	66		
5	丁	10	21	31		
6	戊	23	27	50		
7	己	29	34	63		
8	庚	5	8	13		
9	辛	38	39	77		
10		平时成绩		考试成绩		
11		>30		>45		
12						
13						
14						

Sheet1 / Sheet2 / Sheet3

图 4-72 步骤 1：要查询的单元格数据

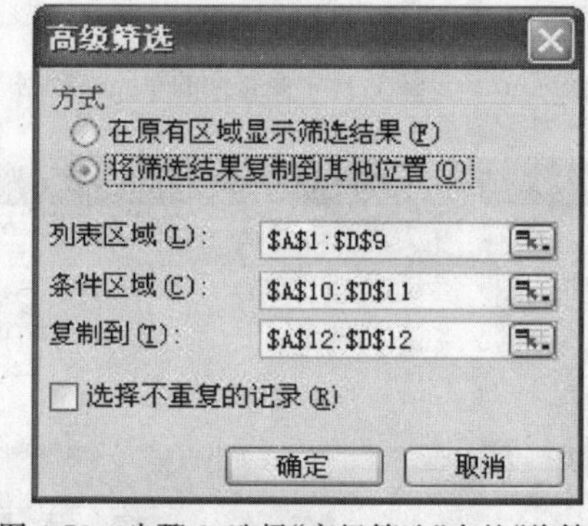

图 4-73 步骤 2：选择“高级筛选”中的“将筛选结果复制到其他位置”

A12 姓名

	A	B	C	D	E	F
4	丙	27	39	66		
5	丁	10	21	31		
6	戊	23				
7	己	29				
8	庚	5				
9	辛	38	39	77		
10		平时成绩		考试成绩		
11		>30		>45		
12						
13						
14						
15						

高级筛选 - 复制到：Sheet1!$A$12:$D$15

Sheet1 / Sheet2 / Sheet3

图 4-74 步骤 3：选择“列表区域”、“条件区域”、“复制到区域”

A1 姓名

	A	B	C	D	E	F
1	姓名	平时成绩	考试成绩	总成绩		
2	甲	35	55	90		
3	乙	32	48	80		
4	丙	27	39	66		
5	丁	10	21	31		
6	戊	23	27	50		
7	己	29	34	63		
8	庚	5	8	13		
9	辛	38	39	77		
10		平时成绩		考试成绩		
11		>30		>45		
12	姓名	平时成绩	考试成绩	总成绩		
13	甲	35	55	90		
14	乙	32	48	80		
15						

Sheet1 / Sheet2 / Sheet3

图 4-75 步骤 4：完成高级筛选

4.9.4 分类汇总

Excel 提供的数据“分类汇总”功能，提供了求和、均值、方差及最大值和最小值等用于汇总的函数，便于数据分析和统计。

在对数据清单中的某个字段进行分类汇总操作之前，首先要对该字段进行一次排序操作，以便得到一个整齐的汇总结果。

具体操作步骤如下：

选定需要汇总的字段，对数据清单进行排序；在数据清单中选择任意一个单元格后，选择【数据】→【分类汇总】菜单项，打开“分类汇总”对话框，如图 4-76 所示。

“分类汇总”对话框中的各项功能如下。

☆ 分类字段：在该下拉列表框中可以指定进行分类汇总的字段。

☆ 汇总方式：在该下拉列表框中可以选择的汇总方式包括求和、求平均值、求方差等。

☆ 选定汇总项：在该列表框中可以选择多个要执行汇总操作的字段。

☆ 替换当前分类汇总：如果已经执行过分类汇总操作，选中该复选框，会以本次操作的分类汇总结果替换上一次的结果。

☆ 每组数据分页：如果选中该复选框，则分类汇总的结果按照不同类别的汇总结果分页，在打印时也将分页打印。

☆ 汇总结果显示在数据下方：如果选中该复选框，则分类汇总的每一类会显示在本类数据的下方，否则会显示在本类数据的上方。

☆ 全部删除：单击该按钮，可以将当前的分类汇总结果清除。

在进行分类汇总时，Excel 会自动对列表中数据进行分级显示，在工作表窗口左边会出现分级显示区，列出一些分级显示符号，允许对数据的显示进行控制。在默认的情况下，数据按三级显示，可以通过单击工作表左侧的分级显示区上方的“1”、“2”、“3”三按钮进行分级显示控制。分级显示区有“＋”、“－”分级显示符号，“＋”表示单击该按钮将在工作表中的显示由高一级向低一级展开数据，“－”表示单击该按钮将在工作表中的显示由低一级向高一级折叠数据。当分类汇总方式不止一种时，按钮将多于 3 个。

【例 4-8】 对下表所有学生成绩汇总求和。步骤如图 4-77～图 4-79 所示。

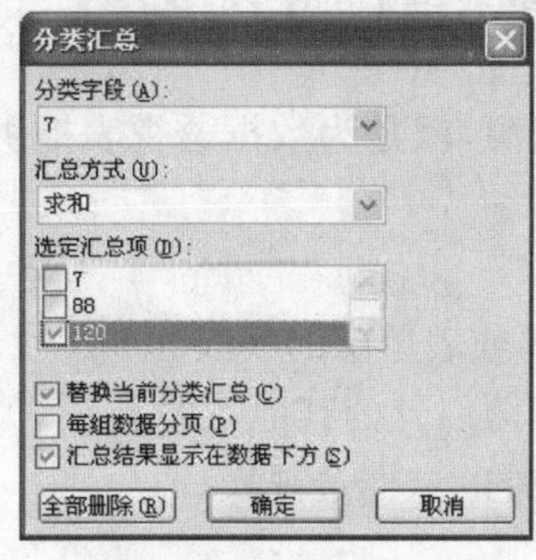

图 4-76 “分类汇总”对话框

D9 =B9+C9

	A	B	C	D	E	F
1	姓名	平时成绩	考试成绩	总成绩		
2	庚	5	8	13		
3	丁	10	21	31		
4	戊	23	27	50		
5	己	29	34	63		
6	丙	27	39	66		
7	辛	38	39	77		
8	乙	32	48	80		
9	甲	35	55	90		
10						

Sheet1 / Sheet2 / Sheet3 /

图 4-77 步骤 1：选择汇总的单元格数据，排序

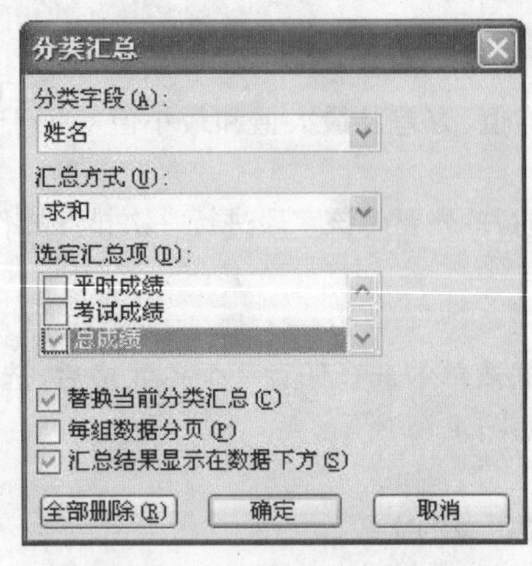

图 4-78　步骤 2:选择“分类汇总”

	A	B	C	D	E
1	姓名	平时成绩	考试成绩	总成绩	
2	庚	5	8	13	
3	庚 汇总			13	
4	丁	10	21	31	
5	丁 汇总			31	
6	戊	23	27	50	
7	戊 汇总			50	
8	己	29	34	63	
9	己 汇总			63	
10	丙	27	39	66	
11	丙 汇总			66	
12	辛	38	39	77	
13	辛 汇总			77	
14	乙	32	48	80	
15	乙 汇总			80	
16	甲	35	55	90	
17	甲 汇总			90	
18	总计			470	

图 4-79　步骤 3:完成分类汇总

4.9.5　数据透视表

分析数据表中数据的相关汇总值,尤其是要合计较大的数据清单时,可以使用数据透视表。数据透视表就是交互式报表,可快速合并和比较大量数据,用户可旋转其行或列以观察源数据的不同汇总。在数据透视表中,源数据中的每个列或字段都成为汇总多行信息的数据透视表字段。

(1)数据透视表的组成

数据透视表中包含以下组成要素。

☆ 页字段:数据透视表中为页方向的源数据清单或表单中的字段。

☆ 页字段项:源数据清单或数据表单中的每个字段、列条目或数值都称为页字段项列表中的一项。

☆ 数据字段:含有数据的源数据清单或表单中的字段项。

☆ 数据项:数据项是数据透视表字段中的分类。

☆ 行字段:在数据透视表中指定为行方向的源数据清单或表单中的字段。

☆ 列字段:在数据透视表中指定为列方向的源数据清单或表单中的字段。

☆ 数据区域:含有汇总数据的数据透视表中的一部分。

在数据透视表中经常要用到数据源这个概念。所谓数据源,就是为数据透视表提供数据的基础行或数据库记录。

数据源的来源如下。

☆ Excel 的数据清单:数据透视表中页方向的数据源清单或表单中的字段。

☆ 外部数据源:包括数据库、文本文件或除了 Excel 工作簿以外的其他数据源。

☆ 其他数据透视表:经过合并计算的多个数据区域或另外的数据透视表。

(2)创建和删除数据透视表

数据透视表可以利用数据透视表向导来创建。具体操作步骤如下:

☆ 选中数据清单中的单元格,选择【数据】→【数据透视表和数据透视图】菜单项,弹出“数据透视表和数据透视图向导—3 步骤之 1”对话框，如图 4-80 所示。

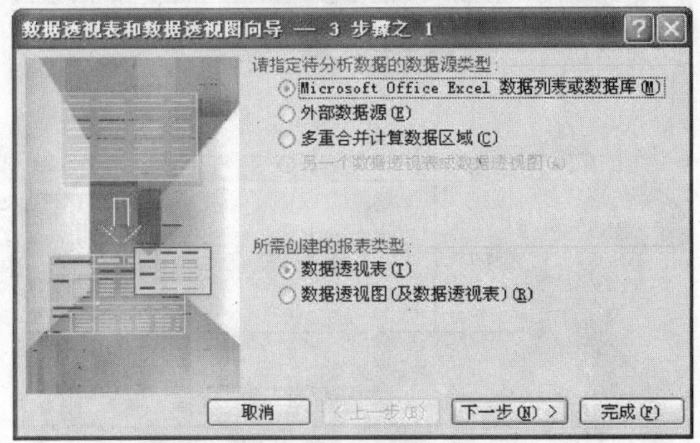

图 4-80　数据透视表和数据透视图向导—3 步骤之 1

☆ 在该对话框中使用缺省设置，直接单击【下一步】按钮，弹出“数据透视表和数据透视图向导—3 步骤之 2”对话框，如图 4-81 所示。

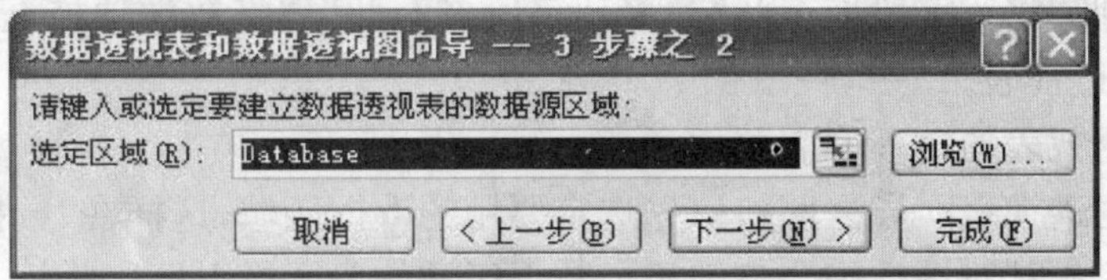

图 4-81　数据透视表和数据透视图向导—3 步骤之 2

在该对话框的“选定区域”文本框中输入要建立数据透视表的数据源区域。如果要用到的数据是工作簿以外的数据，可以单击【浏览】按钮，打开“浏览”对话框，在该对话框中选择要打开的外部数据源，单击【确定】按钮返回“数据透视表和数据透视图向导—3 步骤之 2”对话框。继续点击【下一步】按钮，弹出“数据透视表和数据透视图向导—3 步骤之 3”对话框，如图 4-82 所示。

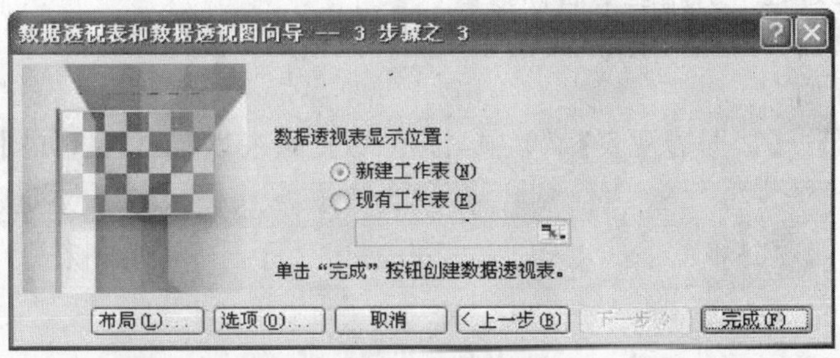

图 4-82　数据透视表和数据透视图向导—3 步骤之 3

单击该对话框中的【布局】按钮，弹出“布局”对话框，如图 4-83 所示。

在该对话框中列出了数据透视表中各个区域的字段名称。

☆ 页：将选定的字段作为数据透视表中分页显示的项目。

☆ 列：将选定的字段作为数据透视表中的列标题。

☆ 行：将选定的字段作为数据透视表中的行标题。

☆ 数据：将选定的字段作为数据透视表中的汇总项目。

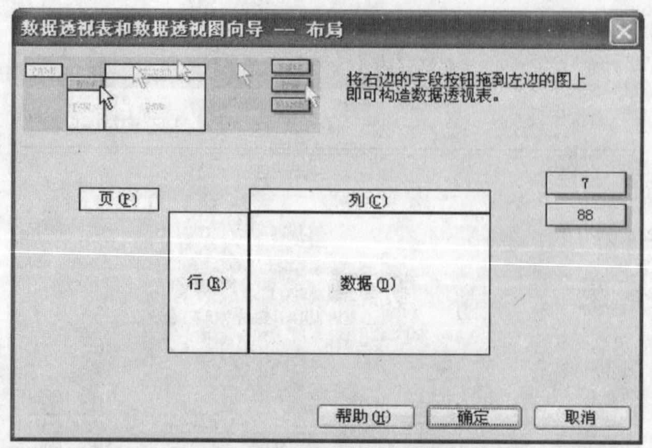

图 4-83 “布局”对话框

将鼠标移到对话框右侧需要的按钮上，将其拖曳到布局中，单击【确定】按钮，返回“数据透视表和数据透视图向导—3 步骤之 3”对话框。单击【完成】按钮，然后将“数据透视表字段列表”中的字段项按照“将行字段拖至此”、“将列字段拖至此”、“将数据项拖至此”拖曳到指定位置，即可生成数据透视表。

在创建数据透视表的过程中需要注意：

①在运行数据透视表向导之前应该先选定要用的数据区域，这样在“数据透视表和数据透视图向导—3 步骤之 2”对话框中会自动添加数据区域的单元格引用；

②在创建数据透视表的过程中，Excel 忽视了各种筛选条件；

③在数据透视表中 Excel 会自动创建总计和分类汇总；如果作为源的数据清单已经包含了总计和分类汇总，那么在创建数据透视表之前需把它们删除；

④在 Excel 中数据清单中的第一行数据将被作为数据透视表的字段名称，所以作为数据源的数据清单必须含有列标题；为了能及时更新数据源中的数据，可以将数据源命名，并且在创建数据透视表的过程中引用这个名称。

创建了数据透视表后，直接在数据清单中删除数据是不被允许的，必须直接删除整个数据透视表。具体步骤如下。

☆ 选择【视图】→【数据透视表】菜单项，打开“数据透视表”工具栏，如图 4-84 所示。

图 4-84 “数据透视表”工具栏

☆ 选中数据透视表中的任意单元格，单击“数据透视表”工具栏中的“数据透视表”下拉按钮，弹出下拉菜单，选定“整张表格”选项。选择【编辑】→【清除】→【全部选项】菜单项，这时整个数据透视表便被删除。

(3)编辑数据透视表

①添加和删除字段

数据透视表中的字段可以根据需要添加和删除，具体操作步骤如下。

☆ 选定数据透视表中的所有单元格，选择【数据】→【数据透视表和数据透视图】菜单项，在弹出的“数据透视表和数据透视图向导—3 步骤之 3”对话框中单击【布局】按钮。

☆ 在弹出的对话框中将要添加的字段按钮拖曳到“数据”区域，将要删除的字段按钮从“数据”区域拖回到原来的位置。

☆ 单击【确定】按钮，返回“数据透视表和数据透视图向导—3 步骤之 3”对话框，单击【完成】按钮，此时数据透视表中的字段便被添加或删除。

②将字段更名

单击要重命名的字段，输入新的字段名，按【Enter】键。

如果要在基于 OLAP(为查询和报表而进行了优化的数据库技术)源数据的数据透视表中隐藏并重新显示级别，则所有重命名的字段或选项将恢复其原有名称。

重命名的数字项将被更改为文本，该文本与数字值分开排序，并且不能与数字项组合。

③修改分类汇总

修改已创建的数据透视表汇总方式的操作步骤如下。

☆ 选中要修改汇总方式的字段名，单击“数据透视表”工具栏中的【字段设置】按钮，这时会弹出“数据透视表字段”对话框，如图 4-85 所示。

☆ 在“数据透视表字段”对话框的“汇总方式”列表框中选择“平均值”选项，单击【确定】修改完毕。

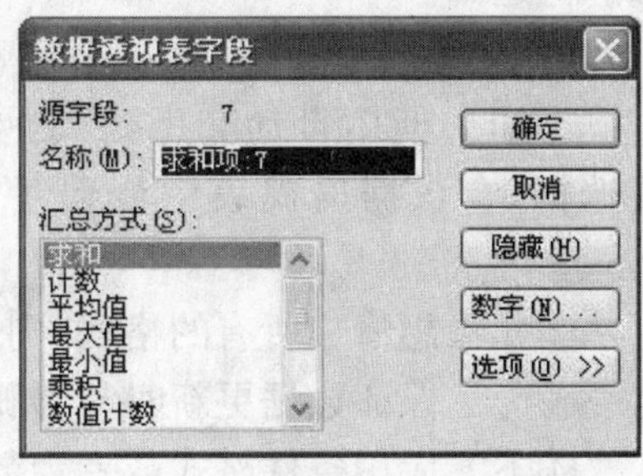

图 4-85 “数据透视表字段”对话框

④更改布局

更改布局地具体步骤如下：

选中数据透视表中的任意单元格，在“数据透视表”工具栏种选择【数据透视表向导】→【数据透视表向导】菜单项，在弹出的“数据透视表和数据透视图向导—3 步骤之 3”对话框中，单击【布局】按钮，弹出“数据透视表和数据透视图向导—布局”对话框，根据需要将字段拖放到行、列和页等位置，单击【确定】按钮，返回“数据透视表和数据透视图向导—3 步骤之 3”对话框，单击【完成】按钮结束调整布局。

⑤更新数据透视表

当没有在数据源中引用名称时，数据透视表中的数据不能及时得到更新，Excel 中提供了更新数据透视表的方法，具体步骤如下：

选中数据透视表中的任意单元格，选择【数据】→【刷新数据】菜单项，或者直接单击【数据透视表】工具栏中的【刷新数据】按钮。

(4)设置数据透视表的格式

①应用缩进或非缩进格式

选中数据透视表中的任意单元格，单击“数据透视表”工具栏中的【设置报告格式】按钮，弹出“自动套用格式”对话框，如图 4-86 所示。

在“自动套用格式”对话框中选择要应用的格式，前 10 个报表为缩进的格式，后 10 个报表为非缩进的格式。

②更改数据区域的数字格式

选中数据透视表中的任意单元格，单击“数据透视表”工具栏中的【字段设置】按钮，弹出

"数据透视表字段"对话框,如图 4-87 所示。

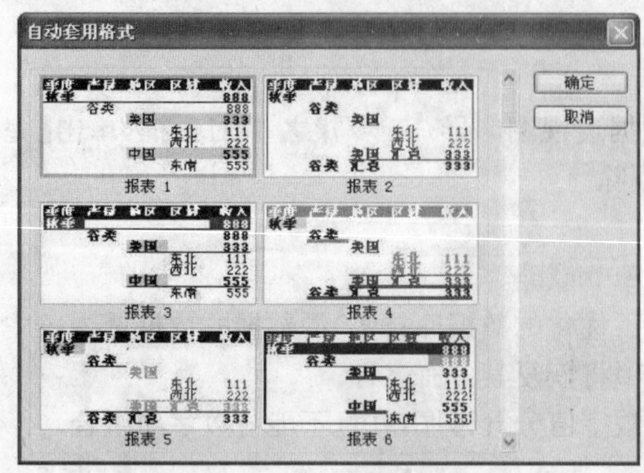

图 4-86　图"自动套用格式"对话框

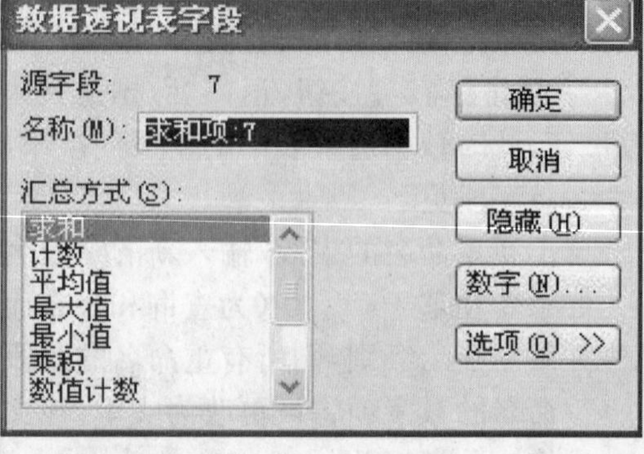

图 4-87　"数据透视表字段"对话框

单击【数字】按钮,弹出"单元格格式"对话框,在"分类"列表框中选择数据的格式,单击【确定】返回。

(5)注意事项

①如果使用自动套用格式,应选中"数据透视表选项"对话框中的"自动套用格式表"复选框,在数据透视表中任何手工设置的格式都优先于使用"自动套用格式表"设定的格式。

②如果想清除所有的格式,则取消选择"自动套用格式"复选框,使用常规样式。

③为了保证数据更新时能够删除格式,应取消选择"保留格式"复选框。

④不能应用条件格式或者为数据透视表中的单元格建立有效数据检验。

⑤为更改布局或更新数据透视表时,Excel 将不保存对单元格边框的更改。

⑥要将格式应用于带有页字段的数据透视表的所有页中,可为每个页字段选择"全部"选项,然后再应用格式。

【例 4-9】 将下面的学生成绩表制作成数据透视表,步骤如图 4-88～图 4-93 所示。

D9　=B9+C9

	A	B	C	D	E	F
1	姓名	平时成绩	考试成绩	总成绩		
2	甲	35	55	90		
3	乙	32	48	80		
4	丙	27	39	66		
5	丁	10	21	31		
6	戊	23	27	50		
7	己	29	34	63		
8	庚	5	8	13		
9	辛	38	39	77		
10						

Sheet1 / Sheet2 / Sheet3

图 4-88　步骤 1:要制作成数据透视表的单元格数据

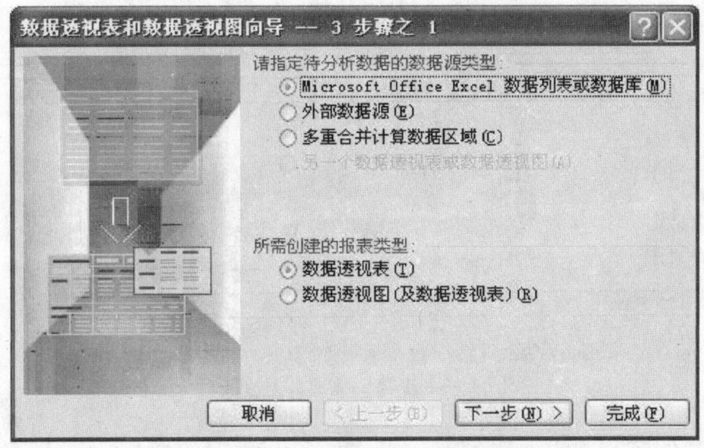

图 4-89 步骤 2:选择“数据透视表”

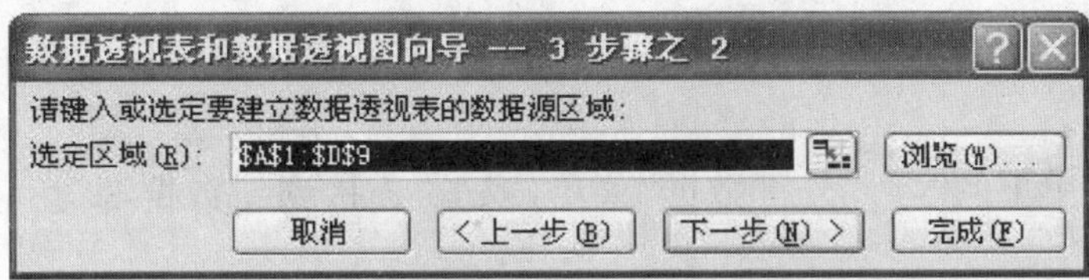

图 4-90 步骤 3:选择数据透视表的“数据源区域”

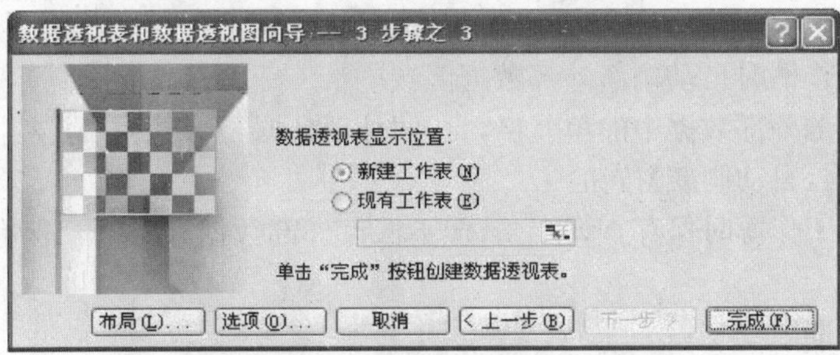

图 4-91 步骤 4:选择数据透视表的“显示位置”

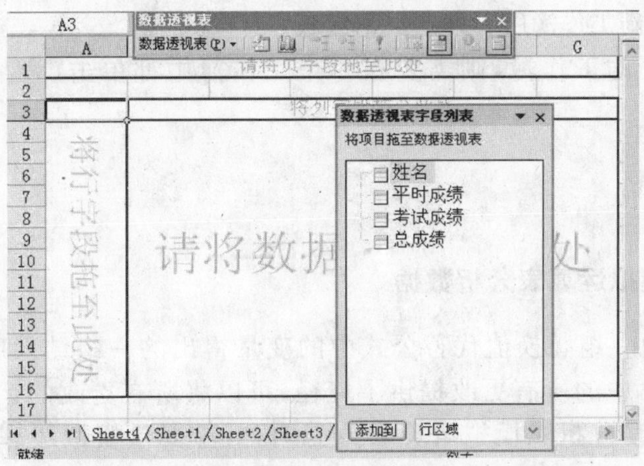

图 4-92 步骤 5:选择数据透视表的“各字段位置”

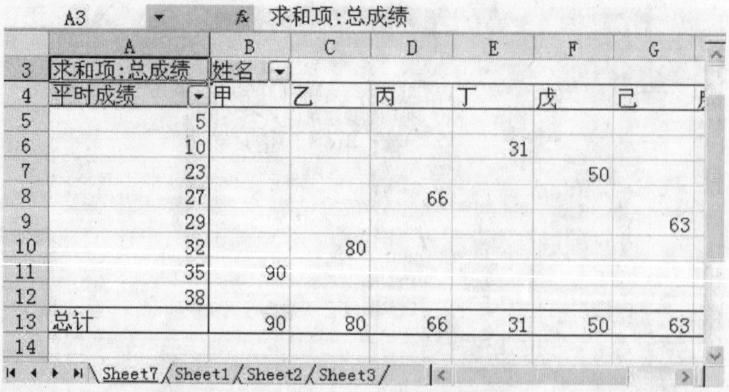

A3 fx 求和项:总成绩

	A	B	C	D	E	F	G
3	求和项:总成绩	姓名					
4	平时成绩	甲	乙	丙	丁	戊	己
5	5						
6	10				31		
7	23					50	
8	27			66			
9	29						63
10	32		80				
11	35	90					
12	38						
13	总计	90	80	66	31	50	63
14							

Sheet7 / Sheet1 / Sheet2 / Sheet3

图 4-93 步骤 6:完成数据透视表

4.9.6 导入数据

Excel 可导入的数据格式很多,导入其他格式的数据,具体步骤如下。

(1)导入数据

选择“数据”菜单下的“导入外部数据”菜单,双击“连接到新数据源”后,选择数据类型,根据提示操作即可。

(2)刷新导入数据

对于外部导入数据,可以有以下两种刷新方法。

①设置打开工作簿时自动刷新外部数据区域

单击想要刷新的外部数据中的单元格,打开“外部数据”工具栏中的【数据区域属性】按钮,选中【打开工作簿时,自动刷新】按钮。

如果想在保存工作簿时保存查询定义,但不保存外部数据,则选中“保存工作表之前删除外部数据”复选框。

②刷新多个外部区域

从【视图】菜单中选择【工具栏】命令下的【外部数据】子命令。在“外部数据”工具栏上单击【全部更新】按钮以刷新工作簿所有外部数据区域。

如果有多个打开的工作簿,则需要在每个工作簿中都单击【全部更新】以刷新外部数据。

4.10 数据分析

4.10.1 使用模拟运算表分析数据

模拟运算表是由一组替换值代替公式中的变量得出的一组结果所组成的一个表,模拟运算表为某些运算中的所有更改提供了捷径,可以将所有更改的运算结果一起显示在工作表中,从而更容易分析。模拟运算表分为两种:单变量模拟运算表和双变量模拟运算表。

(1)单变量模拟运算表

单变量模拟运算表显示一个变量的不同变化值对一个或多个公式的影响。具体使用方法如下。

☆ 选定包含变量的单元格。选择【数据】→【模拟运算表】菜单项，弹出“模拟运算表”对话框，如图 4-94 所示。

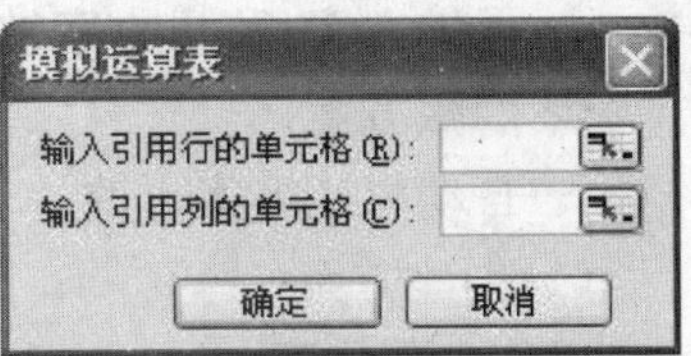

图 4-94 “模拟运算表”对话框

☆ 在“模拟运算表”对话框上有两个文本框，分别是“输入引用行的单元格”和“输入引用列的单元格”。如果已知的数值是放在同一列中，则在“输入引用列的单元格”文本框中输入变量所在的单元格。如果已知的数值是放在同一行中，则在“输入引用行的单元格”文本框中输入变量所在的单元格。其中，变量所在的单元格是指公式中变化的参数。

☆ 单击【确定】按钮，模拟运算表会根据不同的变量值进行计算，同时把计算结果填充到运算表相应的单元格中。

(2)双变量模拟运算表

双变量模拟运算表用来分析两个变量的几组不同的数值变化对公式结果所造成的影响。使用双变量模拟运算表进行求解时，两个变量应分别放在一行和一列中，而两个变量所在的行与列交叉的那个单元格中放置的是这两个变量带入公式后得到的计算结果。具体使用方法如下。

☆ 选定包含两组变量和公式的单元格区域。选择【数据】→【模拟运算表】菜单项，弹出“模拟运算表”对话框。在该对话框的“输入引用行的单元格”和“输入引用列的单元格”输入相应的单元格名称。

☆ 单击【确定】按钮，模拟运算表会根据不同的变量值进行计算，同时把计算结果填充到运算表相应的单元格中。

注意，在使用单变量运算表和双变量运算表时，如果输入的数值被排成一列，则在第一个数值的上一行且处于数值右侧的单元格中输入使用的公式，在同一行的第一个公式右边输入其他公式；如果输入的数值被排成一行，则在第一个数值的左边一列且处于数值下方的单元格中输入使用的公式，在同一列的第一个公式下边输入其他公式。

(3)清除模拟运算结果

选定模拟运算表中的所有计算结果单元格，选择【编辑】→【清除】→【内容】菜单项，则模拟运算表的计算结果即被清除。

4.10.2 方案管理器

方案是一组命令的组成部分，也称作假设分析工具。方案是 Excel 保存在工作表中并可进行自动替换的一组值，用户可以使用方案来预测工作表模型的输出结果，也可以在工作表中创建并保存不同的数组值，然后切换到任意新方案以查看不同的结果。

使用方案管理，可以做以下工作：

☆ 建立多个方案，每个方案中可以含有几组数据，从而进行多次预测；

☆ 命名、保存和查看工作表中方案的计算结果；

☆ 建立输入数据和计算结果的总结报告；

☆ 将一组方案合并成单个模型；

☆ 保护方案，防止方案被修改；

☆ 隐藏方案；

☆ 自动追踪方案更改。

(1)创建方案

操作步骤如下。

☆ 选中相关的单元格，选择【工具】→【方案】菜单项，打开“方案管理器”对话框，如图 4-95 所示。

☆ 单击【添加】按钮，弹出“添加方案”对话框，如图 4-96 所示。

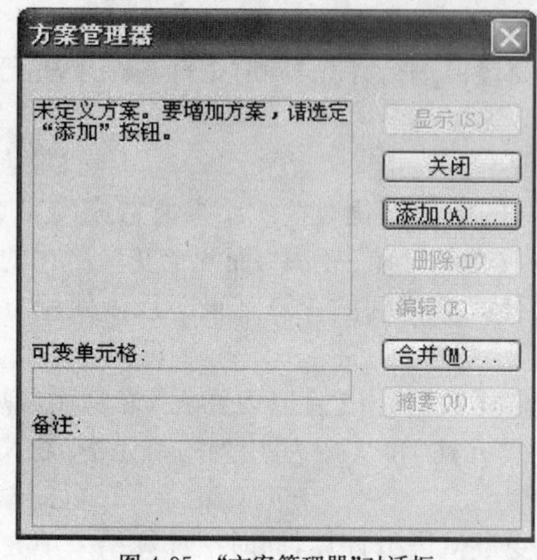

图 4-95 “方案管理器”对话框

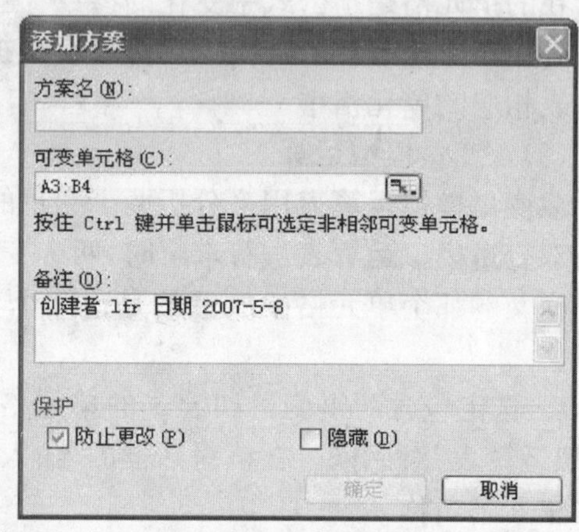

图 4-96 “添加方案”对话框

☆ 在该对话框的“方案名”文本框中输入方案名称。

☆ 在“可变单元格”文本框中输入方案相关单元格，也可以按住【Ctrl】键，然后用鼠标单击单元格，注意单元格之间需要用逗号分开。

☆ 在“保护”选项中选择“防止更改”复选框，确定无误后单击【确定】按钮，弹出“方案变量值”对话框，如图 4-97 所示。

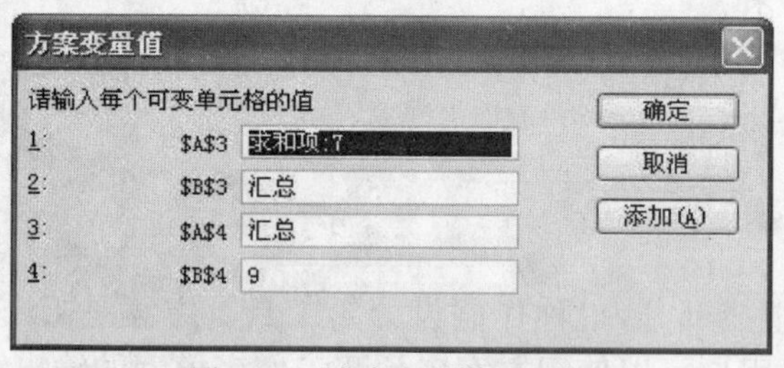

图 4-97 “方案变量值”对话框

☆ 在该对话框中输入可变单元格的最佳值。单击【确定】按钮，返回“方案管理器”对话框。

按照上述步骤添加方案，在“方案管理器”对话框中选择一种方案后，单击【显示】按钮，这时在工作表中会显示相应的结果。

(2)编辑方案

①保护方案

选择【工具】→【方案】菜单项，打开“方案管理器”对话框。在该对话框中选择要保护的方案的名称，单击【编辑】按钮，弹出“编辑方案”对话框，如图 4-98 所示。

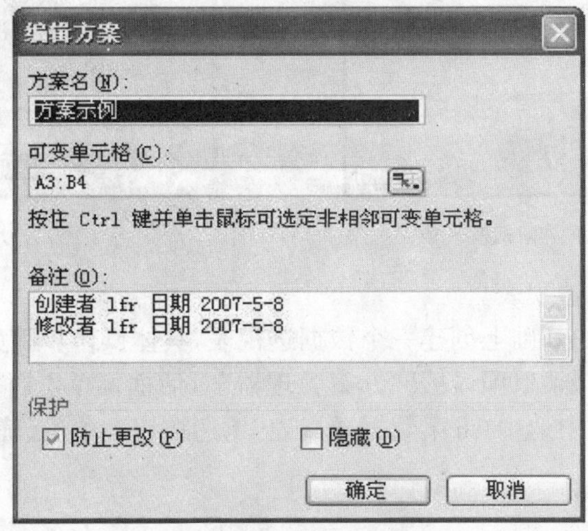

图 4-98 “编辑方案”对话框

如果想防止别人修改方案，可以将“防止更改”复选框选中，如果想隐藏方案的名称，可以将“隐藏”复选框选中。然后单击【确定】按钮完成操作。

②修改方案

选择【工具】→【方案】菜单项，打开“方案管理器”对话框。在该对话框中选择要修改的方案的名称，单击【编辑】按钮，弹出“编辑方案”对话框。在该对话框中对方案进行相应的修改，单击【确定】按钮，弹出“方案变量值”对话框，在“方案变量值”对话框中输入可变单元格的新值。单击【确定】按钮，方案即被修改。

③合并方案

打开待合并的方案所在的工作表，选择【工具】→【方案】菜单项，打开“方案管理器”对话框。在该对话框中单击【合并】按钮，弹出“合并方案”对话框，如图 4-99 所示。

在“工作簿”下拉列表中选择需要的工作簿名称，在“工作表”下拉列表框中选择需要的工作表名称。单击【确定】按钮，即可进行合并。

④删除方案

打开方案所在的工作表，选择【工具】→【方案】菜单项，打开“方案管理器”对话框。在该对话框中选中要删除的方案的名称，单击【删除】按钮。

(3)创建方案报表

需要按照同一的格式列出工作表中各个方案的信息时，利用“方案管理器”对话框中的【摘要】按钮，可以把报表自动格式化，并复制到一个新的工作表中。具体步骤如下。

☆ 选择【工具】→【方案】菜单项，打开“方案管理器”对话框。单击【摘要】按钮，弹出“方案摘要”对话框，如图 4-100 所示。

☆ 在该对话框中选中“方案摘要”按钮，单击【确定】按钮，则一个新的工作表会显示在工作簿中。在“方案管理器”对话框中，每执行一次“摘要”命令，Excel 都会创建一个工作表。

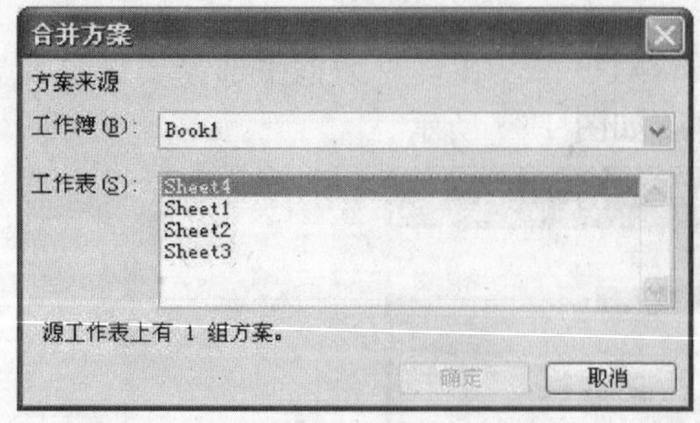

图 4-99 “合并方案”对话框

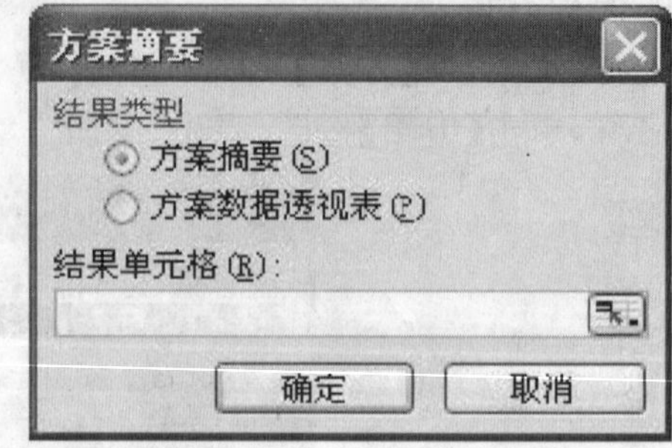

图 4-100 “方案摘要”对话框

(4)基于方案的数据透视表

如果想在现有方案的基础上创建一个数据透视表,具体操作步骤如下:

选择【工具】→【方案】菜单项,打开“方案管理器”对话框。单击【摘要】按钮,弹出“方案摘要”对话框。在该对话框中选中“方案数据透视表”单选按钮。单击【确定】按钮,即可创建基于方案的数据透视表。

4.11 宏和 Web

4.11.1 创建宏

选择【工具】→【宏】→【录制新宏】菜单项,弹出“录制新宏”对话框,如图 4-101 所示。

在“宏名”文本框中输入“宏”的名称 。注意,宏名的第一个字符必须是字母,其他字符可以是字母、数字或下划线。宏名中不允许有空格,下划线也可以作为分词符。

图 4-101 “录制新宏”对话框

如果要给宏设置一个快捷键,则在“快捷键”文本框中输入一个字母或者按住【Shift】键输入一个字母,然后就可以使用快捷键【Ctrl】+字母(小写)或【Ctrl】+【Shift】+字母(大写)来运行宏了。设置快捷键时不能和已经存在的快捷键重复。

在“保存在”下拉列表中选定宏所要存放的地址。如果要使宏随 Excel 的使用而激活,则需要在“保存在”下拉列表框中 选择“个人宏工作簿”选项。

如果还需要包含宏的说明,在“说明”文本区中输入相应的文字。

单击【确定】按钮开始宏的录制工作和执行需要记录的操作,这时会出现“停止录制”工具栏,选择【工具】→【宏】→【停止录制】菜单项,即可完成创建宏。

宏记录的是单元格的绝对引用,如果在录制宏的过程中选中了某些单元格,则该宏在每次运行时都将选中原来这些单元格。如果要让宏在选择单元格时不考虑活动单元个的位置,则需要将宏设置成为记录单元格的相对应用。单击“停止录制”工具栏中的【相对参考】按钮,Excel 将按照相对引用格式记录宏,直到退出 Excel 或再次单击【相对参考】按钮为止。

4.11.2 运行宏

(1)使用菜单运行宏

选择【工具】→【宏】→【宏】菜单项，弹出“宏”对话框。在“宏名”文本文本框中输入需要运行的宏的名称，或在下面的列表框中选择要运行的“宏”的名称，单击【执行】按钮，即可运行宏。

(2)使用快捷键运行宏。

如果在创建宏时，对宏设置了快捷键，直接按设置的快捷键也可以运行宏。

(3)利用工具栏运行宏

选择【视图】→【工具栏】→【自定义】菜单项，弹出“自定义”对话框，如图 4-102 所示。

在“类别”列表框中选择“宏”选项，将“命令”列表框中的“自定义按钮”拖曳到“常用”工具栏中。单击“自定义”对话框中的“更改所选内容”下拉按钮，弹出下拉菜单，选择其中的“指定宏”选项，这时会弹出“指定宏”对话框，如图 4-103 所示。

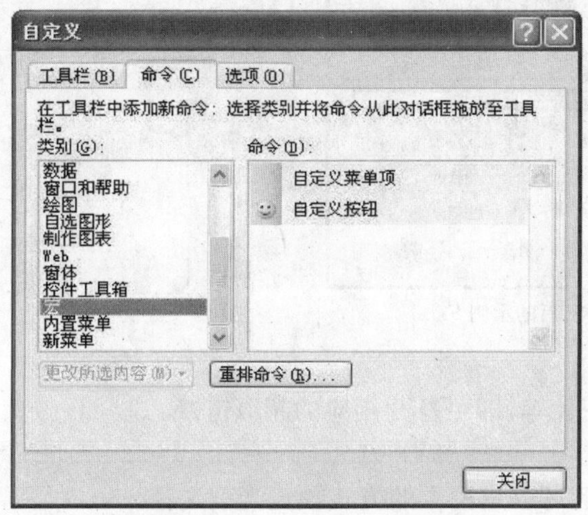

图 4-102 “自定义”对话框

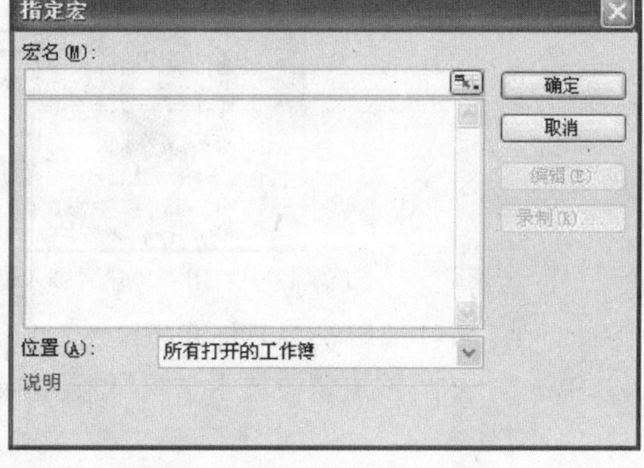

图 4-103 “指定宏”对话框

在“宏名”文本框中输入宏的名称，在“指定宏”对话框的列表中选定要作为按钮的宏，单击【确定】返回到“自定义”对话框。这时，“常用”工具栏中就多了一个宏按钮，单击该按钮即可完成宏定义的操作。

4.11.3 Web 应用

利用 Excel 可以制作 Web 网页。下面以一简单示例，说明具体步骤。

(1)编辑 Excel 文件(图 4-104)

(2)建立超链接

光标选中“哈尔滨铁道职业技术学院”单元格，选“插入”菜单下的“超链接”菜单弹出“插入超链接”对话框，如图 4-105 所示。

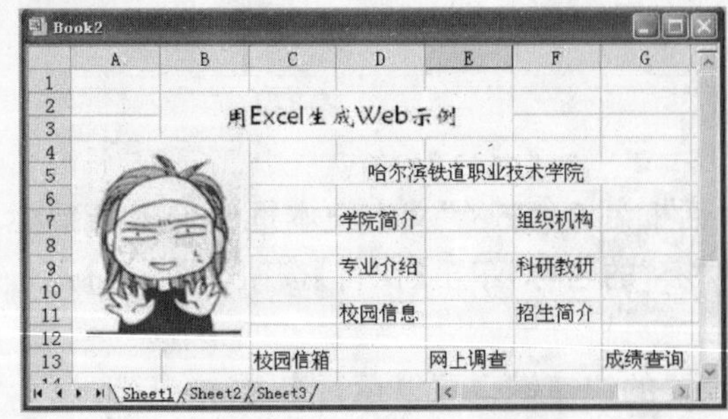

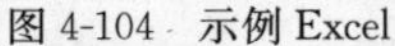
图 4-104 示例 Excel

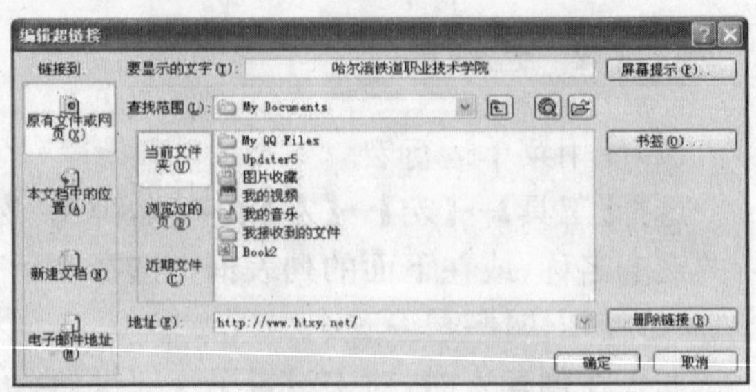

图 4-105 “插入超链接”对话框

在“地址”栏中输入“哈尔滨铁道职业技术学院”的网址 http://www.htxy.net,选【确定】返回,这时鼠标移到“哈尔滨铁道职业技术学院”单元格时,指针变为小手。用同样的方法,链接网页上所有的单元格和图片。在“地址”栏中输入本机文件地址,可链接本地文件,如图 4-106所示。

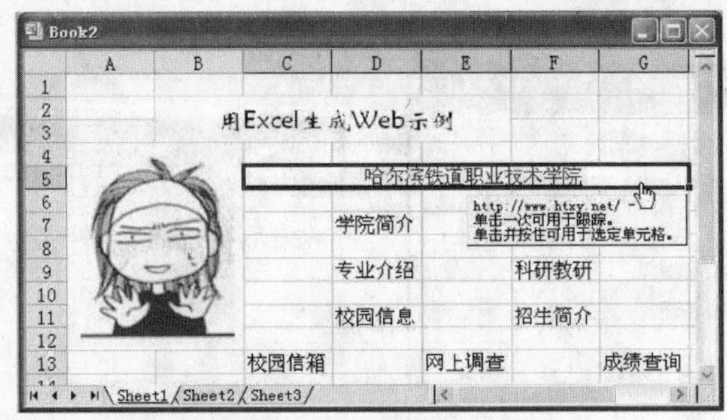

图 4-106 “插入超链接”后的示例 Excel

(3)在 Excel 编辑状态下打开超链

单击“哈尔滨铁道职业技术学院”单元格或图片等,即可打开相应的超级链接。

(4)浏览

在 Excel 中,选中“文件”菜单下的“网页预览”可以用网页的方式预览当前文件。

(5)保存

在 Excel 中,选中“文件”菜单下的“另存为网页”可以将当前的 Excel 文件保存为网页格式文件。

4.12 打印功能

Excel【文件】菜单下的【打印】功能非常丰富,可打印工作簿、选定的工作表、选定的区域等。选定区域可以是表格区,也可以是图表区。

默认情况下,打印时将工作表中的数据和图表一同打印。如果只想打印工作表中的数据,不打印图表。可现选定工作表中的图表区,然后选择【格式】菜单下的【图标区域】菜单项,弹出“图表区格式”对话框,如图 4-107 所示。

在“属性”选项卡中,清除“打印对象”复选框,单击【确定】按钮,则再选“文件”下的“打印”功能输出工作表时,图表不会被打印。

另外,选择【文件】→【页面设置】菜单项,打开“页面设置”对话框,单击“工作表”选项卡,如

图 4-108 所示。

在该选项卡中,可以对工作表的打印区域、打印标题及打印顺序进行设置,如打印行号和列标、打印网格线、打印批注等。

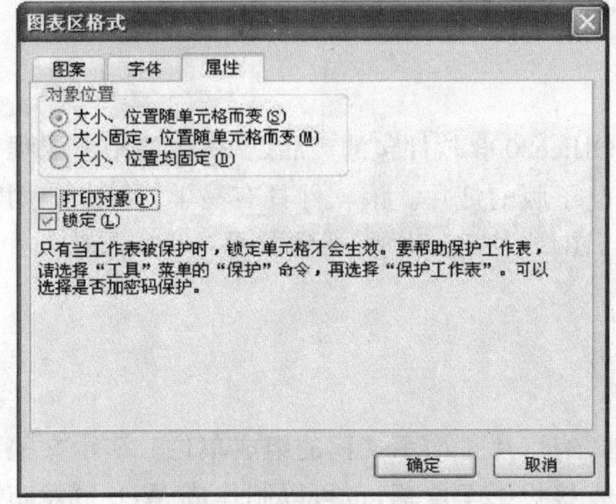

图 4-107 “图表区格式”对话框

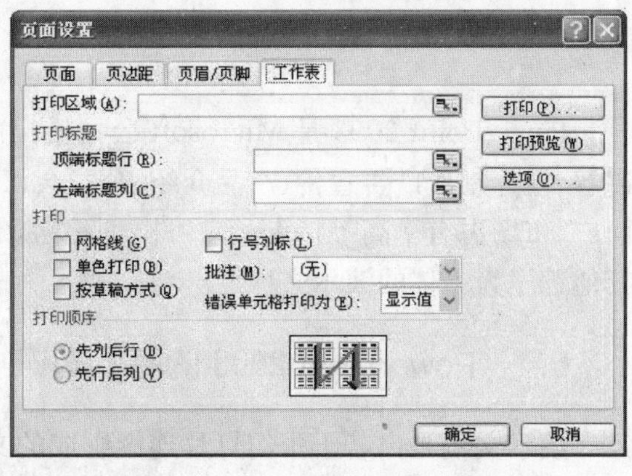

图 4-108 “页面设置—工作表”选项卡

第 5 章　中文 PowerPoint 2003

PowerPoint 2003 是 Microsoft 公司推出的 Office2003 软件包的产品之一，主要用于课程讲解、设计制作广告宣传、产品介绍、公司会议的电子版幻灯片。该软件具有易学、易用、应用面广、市场占有率高等特点。它可以创建融图形、图像、声音、动画、视频及 Word 或 Excel 等其他程序为一体的演示文稿。

5.1　PowerPoint 2003 的基本知识

演示文稿是由若干张幻灯片连续组成的文档，幻灯片是演示文稿的组成单位。演示文稿可以打印在投影胶片上制作成幻灯片，在演讲时直接投影至屏幕，也可以制作成 Web 页发布在 Internet 上浏览，还可以在计算机的屏幕上显示。

5.1.1　PowerPoint 2003 的启动和退出

(1)启动 PowerPoint 2003

安装好 Microsoft Office 2003 后，通过双击桌面上的 PowerPoint 的快捷方式，或者单击任务栏【开始】→【程序】→【Microsoft office】→【Microsoft Office PowerPoint 2003】命令来启动 PowerPoint，如图 5-1 所示。

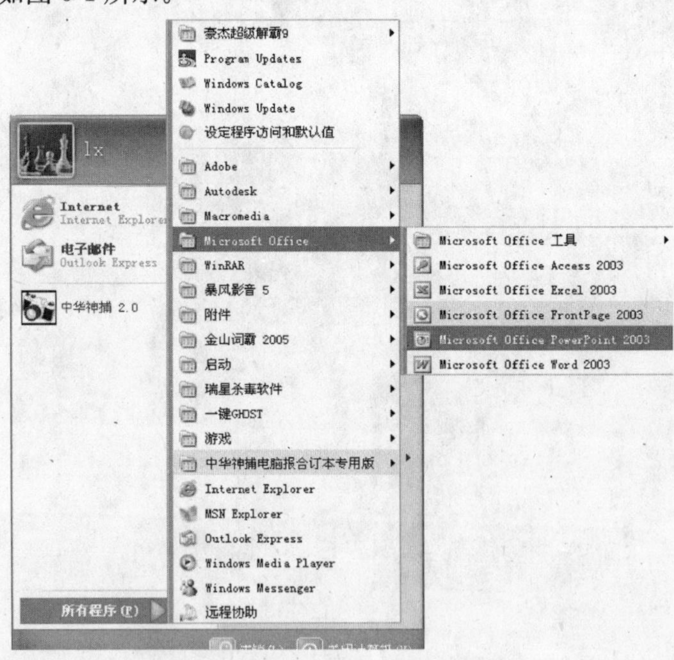

图 5-1　PowerPoint 2003 的启动

(2)退出 PowerPoint 2003

退出 PowerPoint 2003 的方法与之前学习过的 Office 软件包的其他软件一样，具体操作方法有如下三种。

☆ 单击 PowerPoint 2003 窗口右上角的【关闭】按钮。

☆ 双击 PowerPoint 2003 窗口左上角的 PowerPoint 图标。

☆ 单击 PowerPoint 2003 窗口中的【文件】菜单→【退出】命令。

5.1.2 PowerPoint 2003 的工作界面

PowerPoint 2003 的工作界面主要由标题栏、菜单栏、常用工具栏、格式工具栏、绘图工具栏、工作区、备注窗、幻灯片目录窗、任务窗、状态栏等部分组成，如图 5-2 所示。

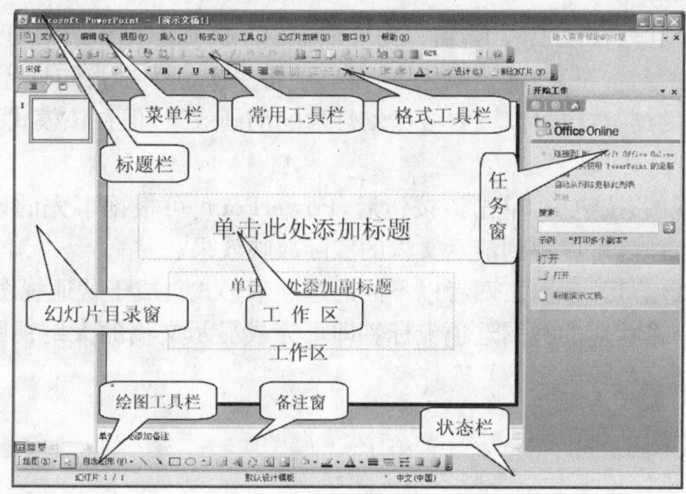

图 5-2 PowerPoint 的工作界面

①标题栏：Windows 常规，在程序窗口顶端布置有标题栏，显示当前演示文稿的名称，并且提供最大化、最小化和关闭等功能按钮。

②菜单栏：PowerPoint 提供的菜单栏，是用户控制 PowerPoint 功能的主要工具，可以通过菜单栏选择各种命令，通过 PowerPoint 执行各种操作。可以通过鼠标或键盘调用菜单中的命令。PowerPoint 中的菜单主要有下列功能选项：文件、编辑、视图、插入、格式、工具、幻灯片放映、窗口和帮助。每项菜单下都有支持该菜单项的命令集合的子菜单。其中的文件、编辑、窗口、帮助等几项菜单的功能与 Word 和 Excel 中的菜单功能基本一样，而插入、视图、格式、幻灯片放映与 Word 和 Excel 中的菜单功能有较大的差异。

③工具栏：PowerPoint 将一些常用的命令用图形按钮代替，集中在一起形成工具栏，单击这些图形按钮可以执行与菜单相同的命令。第一次打开 PowerPoint 编辑环境时，通常只有常用工具栏、格式工具栏和绘图工具栏，其他工具栏的打开，可以通过在工具栏上任意位置单击鼠标右键选择要打开的工具栏名称，名称前有"√"的表示已经打开，反之表示该工具栏正隐藏。

④工作区：在幻灯片普通视图模式下窗口中央是幻灯片的编辑区，可以对幻灯片的内容进行编辑、修改。

⑤备注窗：在幻灯片普通视图模式下位于幻灯片编辑区下部，是用来为幻灯片添加备注的窗口。该窗口中的内容只在编辑时起到提示用户的作用，在幻灯片放映时其中的内容不显示。

⑥幻灯片目录窗：默认情况下，在 PowerPoint 窗体左侧中央有幻灯片的目录区或称大纲区。

⑦任务窗格：任务窗格中包含了打开和创建演示文稿的命令。此外单击此窗格上面的倒三角按钮可以从下拉列表中打开不同的任务窗格，如帮助、剪贴画和剪贴板等。

⑧状态栏：在 PowerPoint 窗口最底端，它向用户提供了关于演示文稿内容的信息。

5.1.3 PowerPoint 2003 的视图方式

在备注窗口左下方有若干个按钮，这是演示文稿的视图按钮，单击各种按钮可以在不同视图间进行切换。

【普通视图】按钮：在该模式下，窗口每屏只显示一张在左侧点选的幻灯片。

【幻灯片浏览视图】按钮：在该模式下，窗口中将一次显示多张幻灯片，并且可在该视图下完成对演示文稿的浏览，也可以设置各张幻灯片的动画效果，但在该模式下不能对单个幻灯片内容进行编辑。

【幻灯片放映视图】按钮：单击该按钮后，PowerPoint 可根据事先的设定将多张幻灯片连接起来进行连续放映，可以看到演示文稿的实际放映效果。

【大纲视图】和【幻灯片视图】：两者以不同的选项卡形式集成于普通视图中，位于幻灯片目录窗口上部，只需单击相应的视图选项卡标签即可完成显示文稿的大纲视图与幻灯片缩略图的切换。

5.2 演示文稿的制作

5.2.1 演示文稿的建立

PowerPoint 2003 提供了多种方法建立演示文稿，如建立空白演示文稿，根据设计模版建立演示文稿，根据内容提示向导建立演示文稿等。下面为用户一一介绍。

(1)【空白演示文稿】建立演示文稿

如果用户希望建立具有自己风格和特点的演示文稿，可以通过空白的幻灯片来进行设计。它不包含任何的背景图案，但包含了 20 多种自动的版式供用户选择。这些版式中包含许多占位符，用户可以根据需要按占位符中的提示输入内容。也可以删除多余的占位符，并可通过点击各种占位符图标或点击【插入】菜单中的【对象】命令插入自己所需的图片、表格、声音、视频等各种对象。

建立空演示文稿，可以通过单击【文件】→【新建】命令，然后在右侧任务栏中选择【空白演示文稿】，新建不依赖任何样式的空白演示文稿的第一张幻灯片，接下来可以通过不断点击【插入】→【新幻灯片】命令加入新的幻灯片，选择版式可点击任务窗口标题栏，选择幻灯片版式(如图 5-3 所示)，在任务窗口处打开幻灯片版式窗口(如图 5-4 所示)，从而建立拥有自己风格的演示文稿。

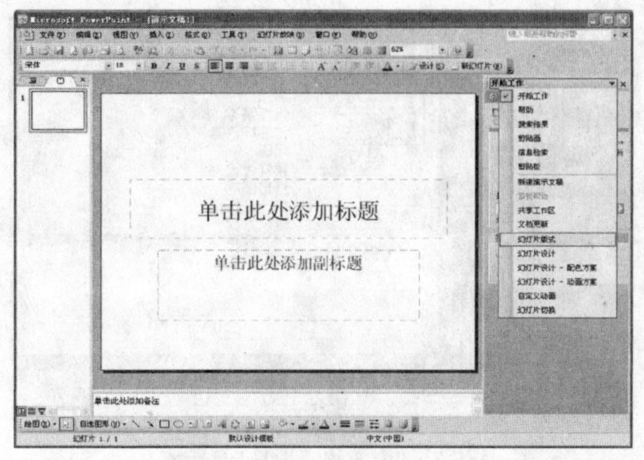

图 5-3　幻灯片版式窗口的打开

图 5-4　幻灯片版式

(2)【根据设计模板】建立演示文稿

PowerPoint 2003 的用户可以通过 PowerPoint2003 提供的模板来自动、快速地形成一个新演示文稿,如图 5-5 所示。

操作方法是单击【文件】→【新建】命令,然后在右侧任务栏中选择【根据设计模板】,在幻灯片设计窗口中,选择好要使用的模板样式,用鼠标左键点击样式右侧下箭头,根据需要选择【应用于所有幻灯片】、【应用于选定幻灯片】、【用于所有新演示文稿】来建立演示文稿。

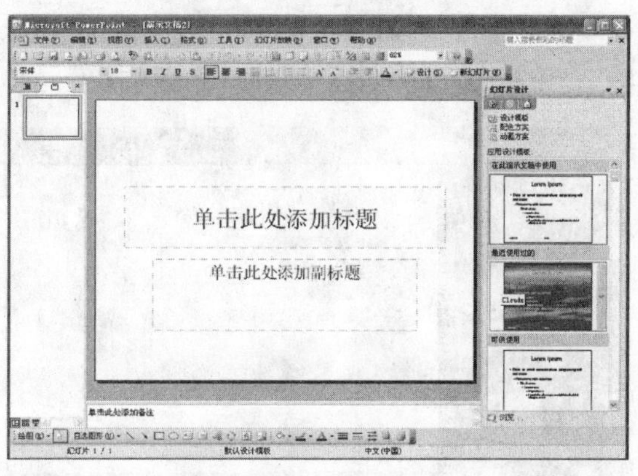

图 5-5　幻灯片模板

(3)【根据内容提示向导】建立演示文稿

若编写演示文稿有困难,最好的方法就是用【根据内容提示向导】来创建幻灯片。它可以引导用户一步一步地操作,适时地提醒用户输入相应的信息,包括标题幻灯片的信息,标题幻灯片是一个演示文稿的首页。

启动 PowerPoint 2003 编辑环境后,单击【文件】→【新建】命令,然后在右侧任务栏中选择【根据内容提示向导】,出现图 5-6 所示对话框,图中左侧列出了创建演示文稿的五个步骤,右半部分是提示信息。单击【下一步】可对下一步内容进行设置,单击【取消】则退出内容提示向导,如果想修改上一步的设置可单击【上一步】按钮,否则单击【下一步】按钮。

出现图 5-7 所示对话框,可以看到有 7 种演示文稿的类型可供用户选择,包括:全部、常规、企业、项目、销售/市场、成功指南、出版物,单击其中任何一种类型都会显示出各自的子类型。选择好所要使用的类型,单击【下一步】按钮。

出现图 5-8 所示对话框,该对话框给出了演示文稿的 5 种输出方式。

☆ 屏幕演示文稿:演示文稿用于在显示器上显示。

☆ Web 演示文稿:制作出演示文稿适合在 Web 上发布浏览。

☆ 黑白投影机:演示文稿将用黑白投影机投影出来,所以文稿只有黑白两色。

☆ 彩色投影机:演示文稿将作为彩色投影使用,色彩丰富生动。

☆ 35 毫米幻灯片:演示文稿作为幻灯片输出。

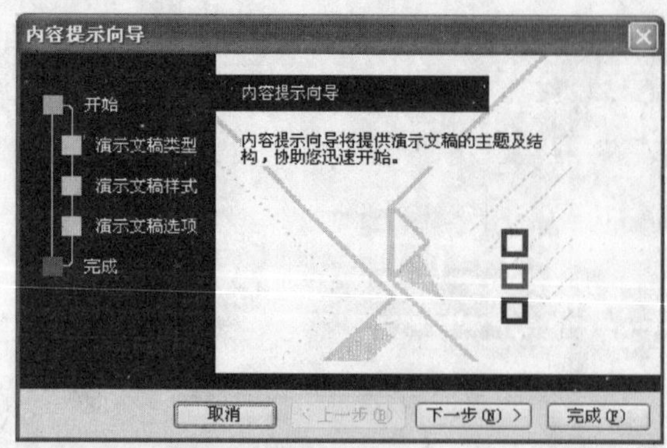

图 5-6 “内容提示向导”对话框 1

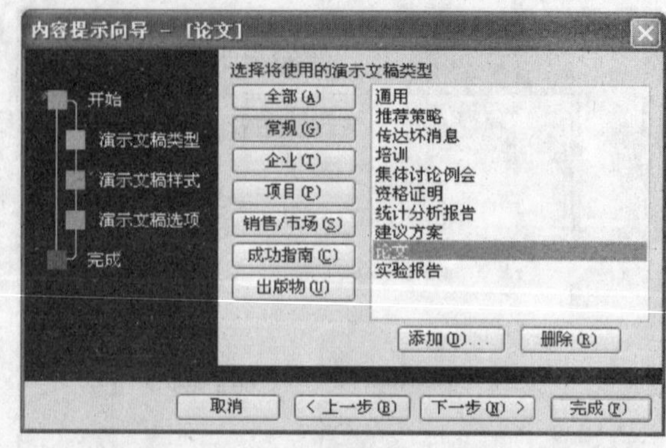

图 5-7 “内容提示向导”对话框 2

一般使用默认选项点击【下一步】按钮。

在出现的对话框中输入演示文稿的标题。如果是每张幻灯片都包括的对象，可在页脚处输入相应的信息，如图 5-9 所示，单击【下一步】按钮。

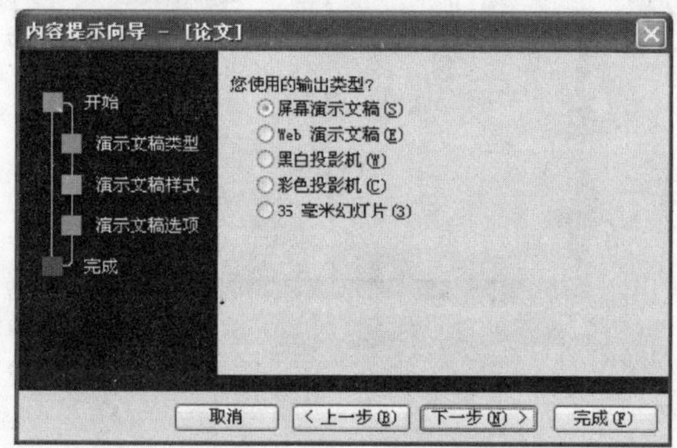

图 5-8 “内容提示向导”对话框 3

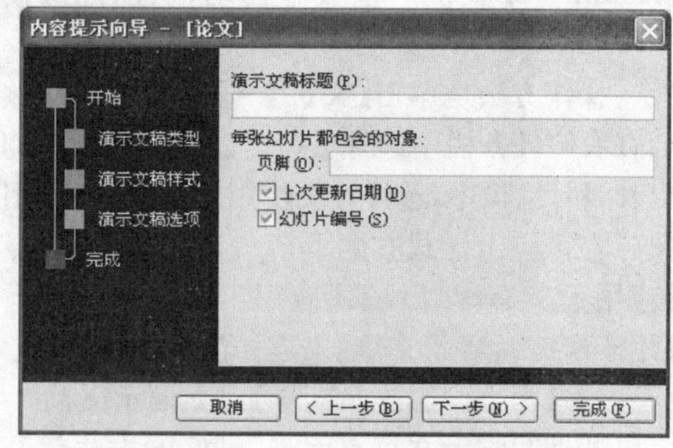

图 5-9 “内容提示向导”对话框 4

到此为止，内容提示向导的设置已经结束。如果需要修改可以单击【上一步】按钮进行设置，设置完毕后单击【完成】按钮，如图 5-10 所示。

使用内容提示向导创建的演示文稿如图 5-11 所示。创建好演示文稿后，即可往幻灯片中输入有关文稿的详细内容。

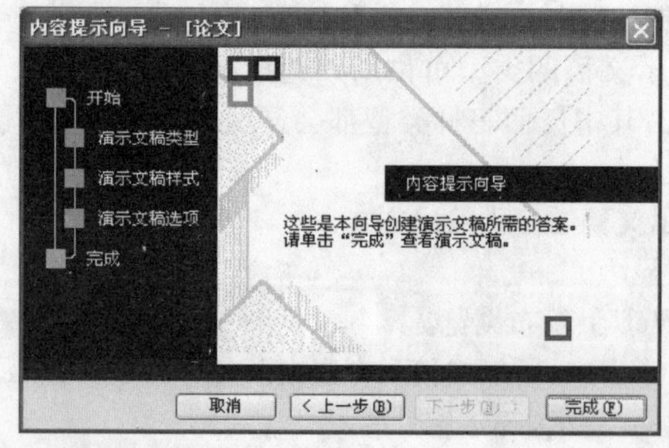

图 5-10 内容提示向导对话框

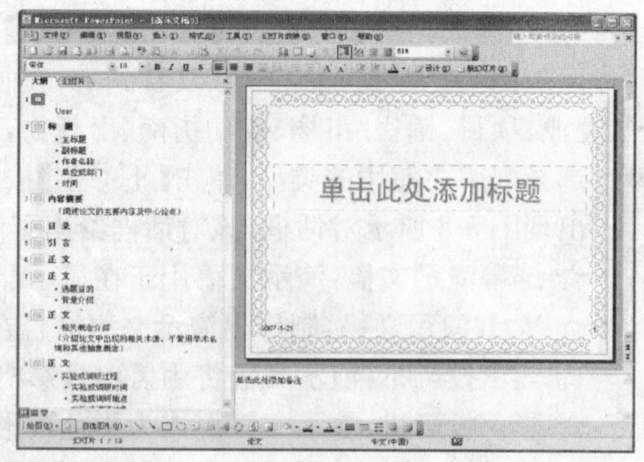

图 5-11 使用内容提示向导创建的演示文稿

5.2.2 演示文稿的打开、保存和关闭

(1)演示文稿的打开

对于已创建好的演示文稿,打开方法与 Word 和 Excel 的相同。一种方法是双击已存在的 PowerPoint 文件图标,另一种方法是在已启动的 PowerPoint 环境中点击【文件】菜单中的【打开】命令或者点击常用工具栏中的打开按钮,在打开的对话框中找到文件存放位置并选中,单击【打开】按钮。

(2)演示文稿的保存

当演示文稿制作完成后,应将它保存在指定的位置。保存演示文稿时可以将它存为不同的格式,如演示文稿格式(ppt)、网页(html)格式等。如果演示文稿保存为 HTML 格式,则可以在 Internet 上查看并使用它。选择【文件】菜单→【保存】命令或点击常用工具栏中的保存按钮,打开【另存为】对话框。如果想更改文稿的类型,则可在此对话框中进行修改,在【保存类型】下拉列表中进行设置,如图 5-12 所示。

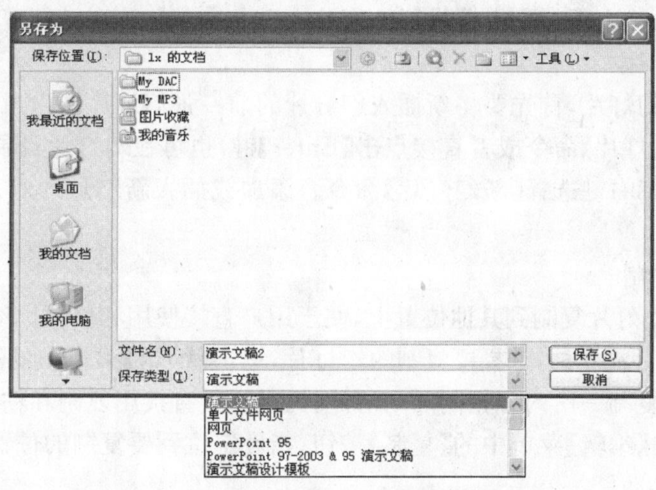

图 5-12 “另存为”对话框

如果需要把已存在的演示文稿保存至其他位置,单击【文件】→【另存为】命令,打开如图 5-12 所示的对话框,在保存位置处进行设置。

如果需要将演示文稿保存成网页,可以单击【文件】→【另存为】命令,在保存类型下拉列表中选择网页,填入保存文件名,单击【保存】按钮。

(3)演示文稿的关闭

PowcrPoint 可以同时打开多个演示文稿,每个演示文稿显示一个窗口,若要关闭某一演示文稿,可以将其保存后,选择【文件】菜单中的【关闭】命令或单击文档窗口右上角的【关闭】按钮,关闭当前演示文稿。

5.2.3 编辑演示文稿的幻灯片

编辑幻灯片是指对幻灯片进行修改、添加、删除、复制、移动等操作。在做这些操作之前,首先要选定所要编辑的幻灯片,一般在幻灯片浏览视图下进行。

(1)选择幻灯片

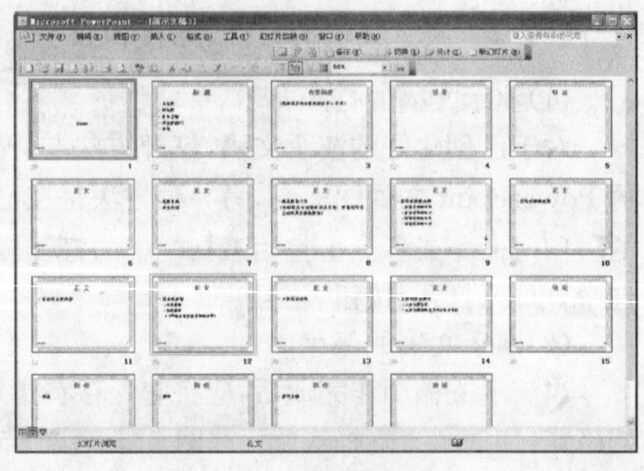

图 5-13　幻灯片浏览视图

在普通视图或者幻灯片浏览视图下，所有的幻灯片都会以缩小的图标显示在屏幕上，分别见图 5-11 左侧和 5-13 所示。如果要选择单张幻灯片，则单击选中即可，此时被选中的幻灯片周围有一个深颜色的框。如果要选择多张幻灯片，则要按住 Ctrl 键，同时用鼠标单击要选择的幻灯片。

(2)幻灯片上的文字编辑

先选择要添加文字内容的幻灯片，根据幻灯片中的相关提示，单击文本区后，将原内容删除，输入自己所需的演示文稿内容。当幻灯片中不包含文本框时可点击【插入】菜单→【文本框】，在文本区添加所需内容。若当前幻灯片文本框不完全合适时，可以在幻灯片中把原有文本框删除，然后插入一个新的文本框进行文字输入。

(3)插入新幻灯片

如果需要增加幻灯片，首先要将新插入幻灯片的前一张幻灯片置为当前幻灯片，然后选择【插入】菜单→【新幻灯片】命令或者直接点击【Enter】键，也可在幻灯片目录窗口中要插入新幻灯片的位置点击鼠标右键选择【新幻灯片】命令。添加或插入新幻灯片后，可在窗体的右侧选择幻灯片的版式。

(4)幻灯片的复制

将已制作好的幻灯片复制到其他位置上，便于用户直接使用和修改。幻灯片的复制有两种方法：一种是作幻灯片副本法，选择要复制的幻灯片，单击【编辑】菜单中的【制作副本】命令，在选定幻灯片的后面复制一份内容相同的幻灯片；另一种是直接用复制和粘贴命令复制，选择要复制的幻灯片，单击【编辑】菜单中的【复制】按钮，指针定位到要复制的位置，单击【粘贴】按钮。

(5)幻灯片的移动

移动幻灯片是把演示文稿中的某一张幻灯片从原来的位置移动到另一位置，也就是调整幻灯片的顺序。在【普通视图】→【幻灯片】方式下，用鼠标左键选中要移动的幻灯片，按住左键不放拖动鼠标，将幻灯片拖至目的地即可。拖动鼠标时，可以看见一条水平线随着鼠标移动而移动，水平线表示幻灯片将要移动到的位置。在幻灯片浏览视图中，也是用鼠标拖拽的方法，把要移动的幻灯片拖至目标位置。

(6)幻灯片的删除

当演示文稿中的某张幻灯片需要被删除时，先选中要被删除的幻灯片，然后按下键盘上的【Delete】键或者点击【编辑】菜单→【删除幻灯片】命令，即可删除指定的幻灯片。

5.3　演示文稿的修饰

PowerPoint 2003 具有一个显著的特点，它能使演示文稿中的所有幻灯片具有一致的外观效果，可以通过三种方式来控制幻灯片的外观，分别是：幻灯片母版、配色方案和应用设计模板。

5.3.1 幻灯片母版

母版用于设置演示文稿中每张幻灯片的预设格式，这些格式包括每张幻灯片的标题、正文文字位置和大小、项目符号的样式、背景图案等。PowerPoint 2003 的母版可分为四种：幻灯片母版、标题母版、备注母版和讲义母版。

(1)幻灯片母版

幻灯片母版是最常用的母版样式，因为幻灯片母版控制的是除标题以外的所有幻灯片的格式，如果更改了幻灯片母版，将影响基于这一母版的所有幻灯片样式。

点击【视图】→【母版】→【幻灯片母版】命令可以进入幻灯片母版编辑状态，如图 5-14 所示。

在幻灯片母版中有 5 个占位符，用来确定幻灯片母版的版式。这 5 个占位符分别为：标题样式、文本样式、日期区、页脚区、数字区。

①标题样式、文本样式：如果在母版中设置标题或文本的样式，将同时修改除标题幻灯片以外的所有幻灯片的标题或文本样式。如，将母版中的标题样式设置为，宋体、红色、加粗、倾斜，则所有幻灯片的标题都将修改为此样式。

②修改幻灯片的页脚：在幻灯片母版中设置幻灯片的页脚，就是设置【日期区】、【页脚区】、【数字区】。若要对幻灯片的页脚进行修改，则可选择【视图】→【页眉和页脚】命令，在打开的对话框中选择【幻灯片】选项卡，如图 5-15 所示。

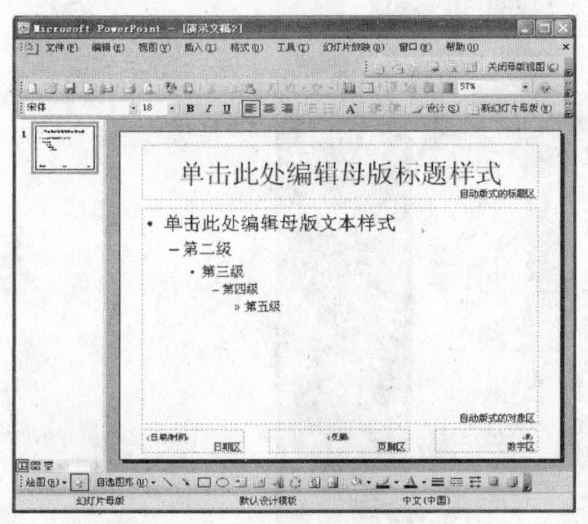
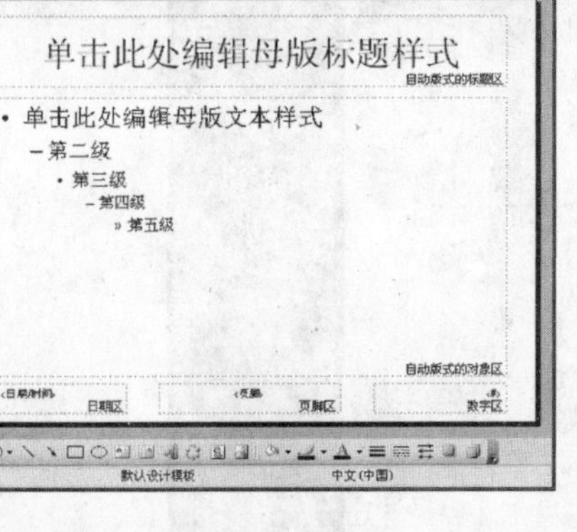

图 5-14　幻灯片母版

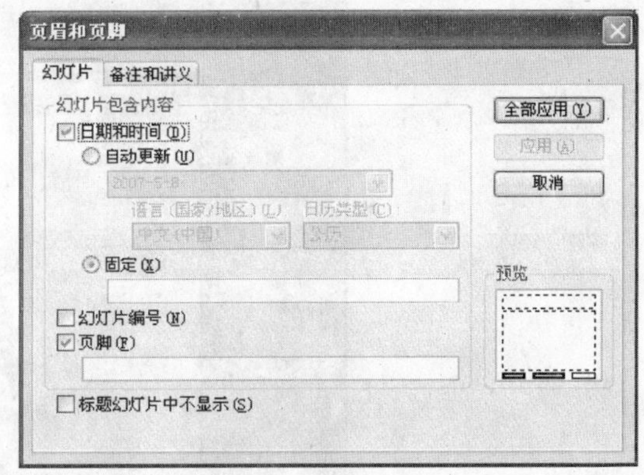

图 5-15　"页眉和页脚"对话框

a.【日期和时间】选项中，表示【日期区】显示的日期和时间。若选择了【自动更新】，则时间域会随着制作日期和时间的变化而改变，用户可以打开下拉式列表，选择一种喜欢的格式；若选择【固定】，则用户需自行输入一个日期或时间。

b.【幻灯片编号】复选框选项若选中，则每张幻灯片加上编号。

c.【页脚】复选框选项中，在页脚区输入内容，作为每一页的注释。

(2)标题幻灯片母版

标题幻灯片母版控制的是演示文稿的第一张幻灯片，必须是【新幻灯片】对话框中的第一种【标题幻灯片】版式建立的。由于标题幻灯片相当于演示文稿的封面，所以要单独设计出来。

(3)备注母版

备注母版是为演讲者提供的备注空间以及设置备注幻灯片格式的。选择【视图】→【母版】→【备注母版】命令可以进入备注母版编辑状态，如图 5-16 所示。

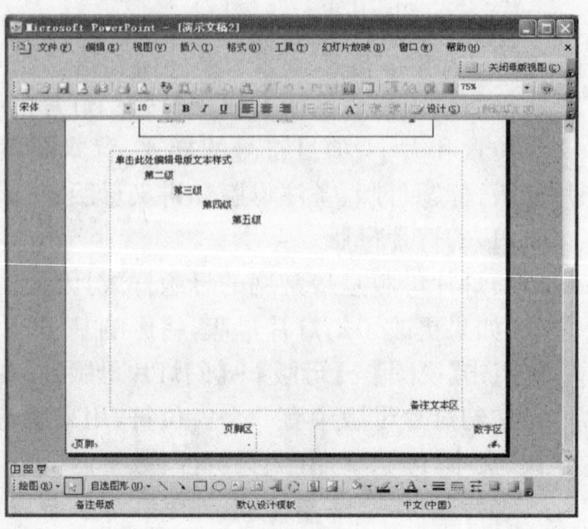

图 5-16　备注母版

(4)讲义母版

讲义母版是用于控制幻灯片以讲义形式打印演示文稿格式的。讲义母版中有 4 个占位符，用来确定讲义母版的页眉、页脚。这 4 个占位符分别为：页眉区、日期区、页脚区、数字区。选择【视图】→【母版】→【讲义母版】命令可以进入讲义母版编辑状态，如图 5-17 所示。【讲义母版】工具栏可以设置，一页打印 1、2、3、4、6、9 张幻灯片。

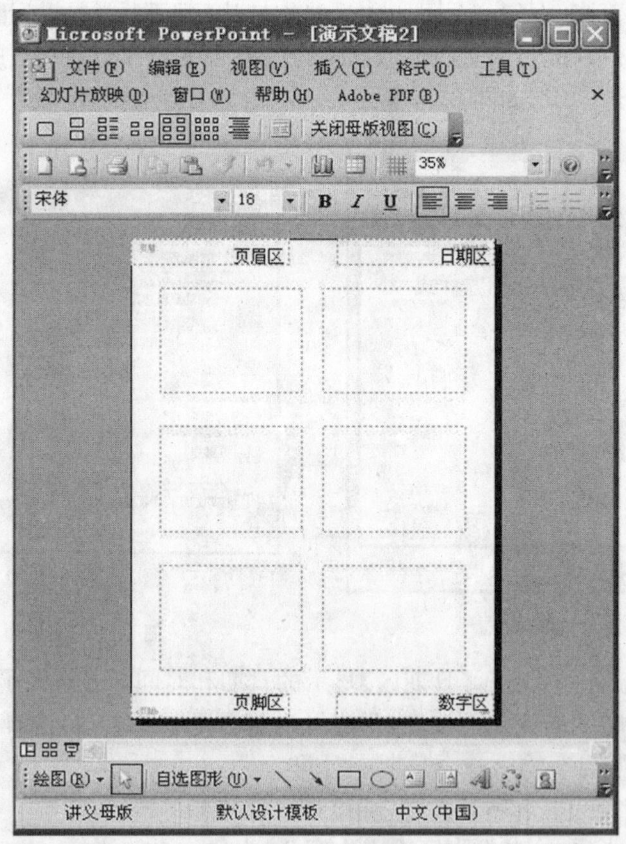

图 5-17　讲义母版

如果在打印演示文稿时需要设置页面的页码、页眉、页脚，可以选择【视图】→【页眉和页脚】命令，打开如图 5-18 所示的【页眉和页脚】对话框，选择【备注和讲义】选项卡。

在【备注和讲义】选项卡中可以设置讲义母版的 4 个占位区。

☆【日期和时间】复选框：用来设置在【日期区】中显示的日期和时间。

☆【页眉】复选框：表示可以给每一个幻灯片加上页眉。

☆【页码】复选框：表示可以给每一个幻灯片加上页码。

☆【页脚】复选框：设置后会在每一页上显示页脚内容，并打印出来。

5.3.2 配色方案

PowerPoint 2003 利用【配色方案】能够完成演示文稿色彩的设置，在【配色方案】中每种颜色都会自动用于幻灯片上的不同组件，如文本、背景、填充、强调文字所用的颜色等。【配色方案】一旦改变，幻灯片上的各组件颜色也随之改变。

具体操作如下。

(1)首先选择要修改的幻灯片，然后在任务窗口中选择【幻灯片设计—配色方案】选项，打开配色方案任务窗口，如图 5-19 所示。

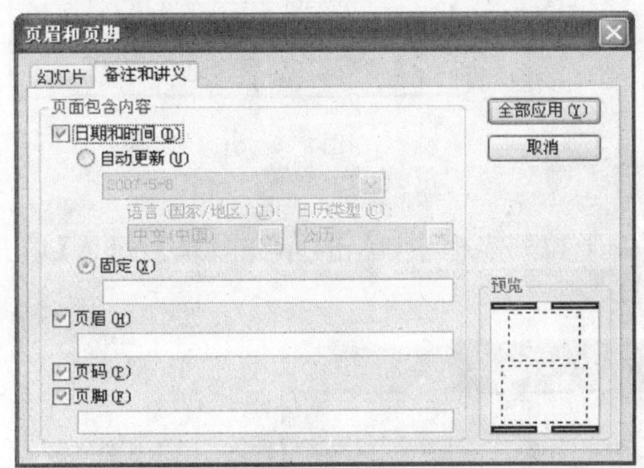

图 5-18 “页眉和页脚”对话框

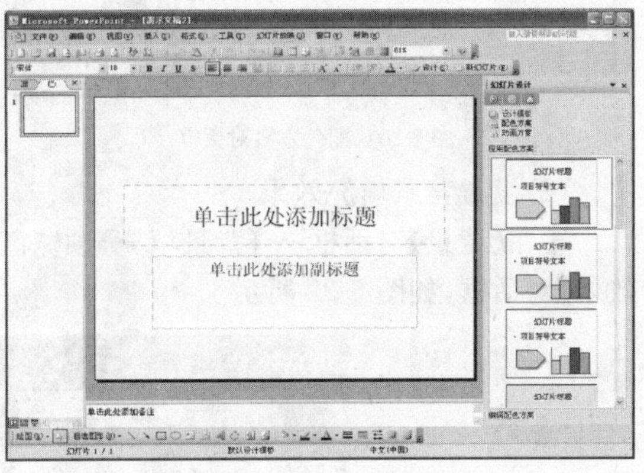

图 5-19 配色方案任务窗口

(2)在任务窗口中提供了 7 种配色方案，如果要对配色方案进行修改，可以选择任务窗口下方的【编辑配色方案】命令，打开如图 5-20 所示的对话框，再对对话框中的设置进行相应的修改，点击【应用】按钮建立新的幻灯片配色方案。

5.3.3 应用设计模板

PowerPoint 2003 提供了各种专业设计模板，我们也可以自己添加模板。下面介绍一下在 PowerPoint 2003 中应用设计模板的两种方式。

(1)选择【文件】→【新建】命令新建一个演示文稿，然后在 PowerPoint 2003 窗口的任务窗格中单击右侧三角形打开下拉列表，选择【幻灯片设计】命令，此时任务窗格中就可以应用设计好的模板了，如图 5-5 所示。

(2)打开一个已经存在的演示文稿，然后选择【格式】→【幻灯片设计】命令，则在任务窗格中列出系统提供的所有模板，选取所需要的幻灯片模板。

在一般的情况下，选择一种模板后，当前演示文稿中所有幻灯片的模板都将发生变化。如果希望将选择的模板只应用于当前幻灯片，而其他幻灯片不发生任何变化，则可以在任务窗格中的选定模板上单击鼠标右键，选择【应用于选定幻灯片】。

5.3.4 设计幻灯片的背景

PowerPoint 2003 允许对个别幻灯片进行单独设置，如对幻灯片的组成对象进行颜色填充、增加纹理等，以满足用户对幻灯片的不同要求。

(1)设置背景颜色

选择【格式】菜单中的【背景】菜单项，打开【背景】对话框，如图 5-21 所示。在【背景填充】中有一预览框，对幻灯片所做的任何设置与修改都将显示在预览框中。

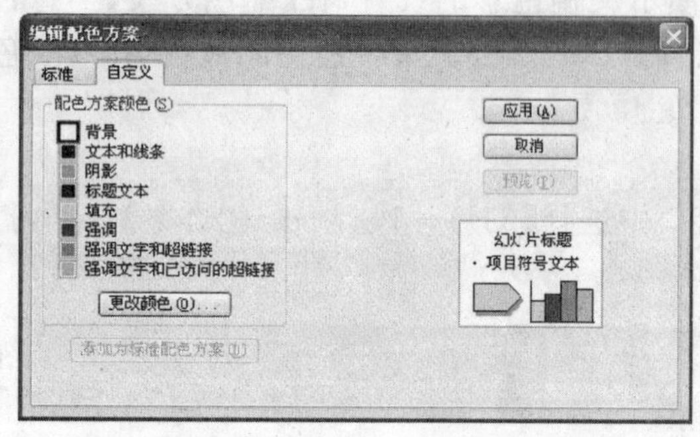

图 5-20 配色方案对话框

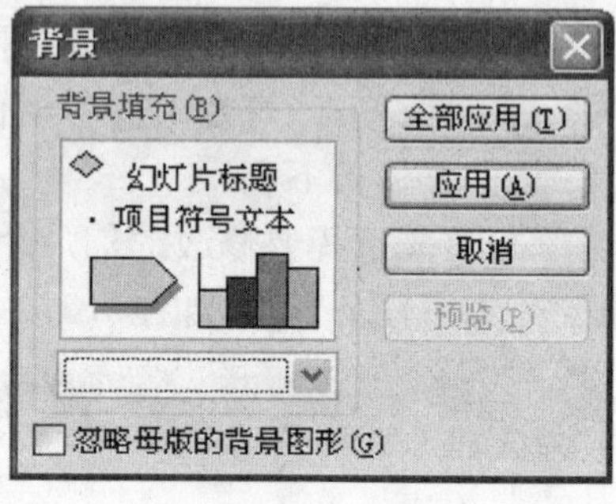

图 5-21 背景对话框

(2)设置背景填充效果

①在【背景】对话框→【背景填充】预览区下的下拉列表框中，单击【填充效果】，进入【填充效果】对话框，如图 5-22 所示。

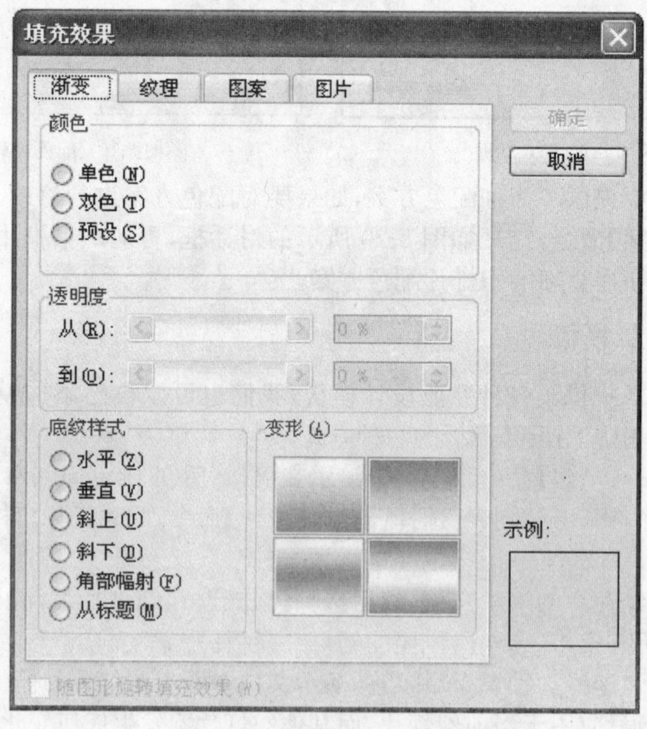

图 5-22 填充效果对话框

②在【填充效果】对话框中有四个选项卡:渐变、纹理、图案、图片。

【渐变】选项卡用来设置背景的颜色,使背景从一种颜色过渡到另一种颜色。选中【颜色—预设】选项可显示一些预先设置好的渐变颜色,如【红日西斜】、【金乌坠地】、【暮霭沉沉】、【雨后初晴】等。也可以通过设置【颜色】、【底纹样式】、【变形】来自定义一种渐变色。

【纹理】选项卡列出了 PowerPoint 提供的纹理图案,选择其中一种纹理可直接作为背景,也可以单击【其他纹理】按钮将一个图形文件中的图像设置为纹理。

【图案】选项卡中可以选择一种图案填充背景,并设置图案的前景色和背景色。

【图片】选项卡用来把一幅图片设置为背景。

5.4 制作多媒体演示文稿

PowerPoint 2003 提供了丰富的剪贴画、图片、声音和影片的剪辑库,可以将需要的剪贴画、图片、声音和影片等插入到演示文稿中。另外还可以把文件中的剪贴画、图片、声音和影片等插入到演示文稿中。

插入剪贴画与图片

(1)插入剪贴画

先选择要插入剪贴画的幻灯片,如果幻灯片版式包含剪贴画区域,则双击该区域打开【剪贴画图库】对话框,或者也可以用【插入】菜单中的【图片】菜单项,再选择【剪贴画】项,在窗体的右侧打开插入剪贴画的搜索菜单,在【搜索文字】中输入关键字,如动物,即可弹出动物剪贴画,单击所需要的剪贴画即可,如图 5-23 所示。

(2)插入图片

插入图片文件除来自剪辑库外,还可以指定图像文件插入到幻灯片中。先选中要插入图片的幻灯片,选择【插入】菜单中的【图片】菜单项,再选择【来自文件】,打开【插入图片】对话框,在对话框中选择适合的图像文件,单击【确定】按钮即可在当前幻灯片中插入该图片。

(3)插入图表对象

在幻灯片中插入图表对象是将数据表格以图表对象的形式在幻灯片中表示出来。图表对象的编辑是在其数据表上进行的,对应的图表随之发生相应的变化。插入图表对象的具体操作如下。

先选择要插入图表对象的幻灯片,选择【插入】→【图表】命令,出现如图 5-24 所示界面。在数据表中输入新的数据取代数据表中的样本数据,创建新的图表对象。数据输入结束后将数据表窗口关闭。若需要对数据表进行编辑,则选择【图表】菜单进行设置,或者双击图表,使其处于编辑状态,然后进行编辑。编辑图表完毕后,在图表区域外单击,即可返回 PowerPoint,新建的图表即被插入到当前幻灯片中,其位置可以通过移动对象来调整。

(4)插入 Excel 工作表

要将 Excel 工作表插入到幻灯片中,先选择要插入工作表的幻灯片,然后选择【插入】→【对象】命令,打开如图 5-25 所示界面。

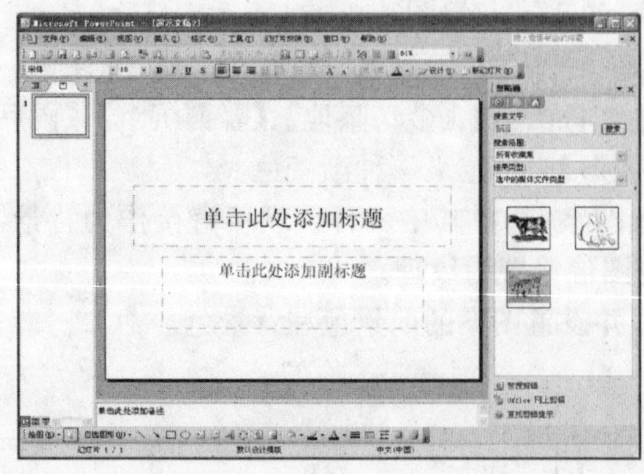

图 5-23　剪贴画对话框

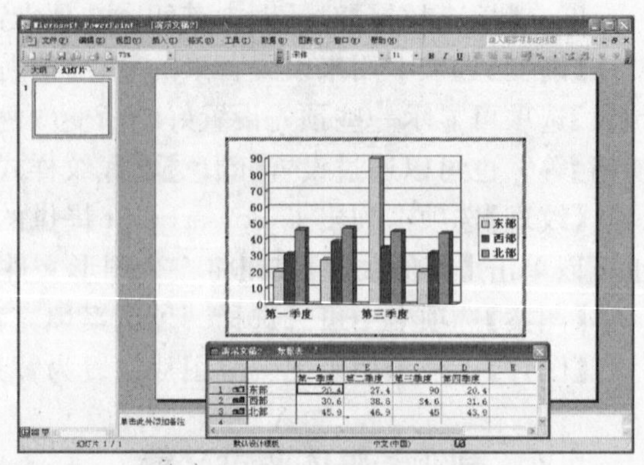

图 5-24　插入图标界面

在【对象类型】菜单中选择 Microsoft Excel 工作表，单击【确定】按钮，在幻灯片中会出现一个 Excel 电子表格，如图 5-26 所示。

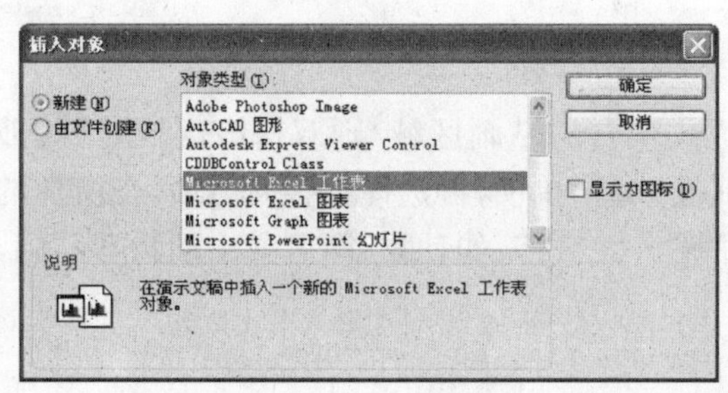

图 5-25　“插入对象”对话框

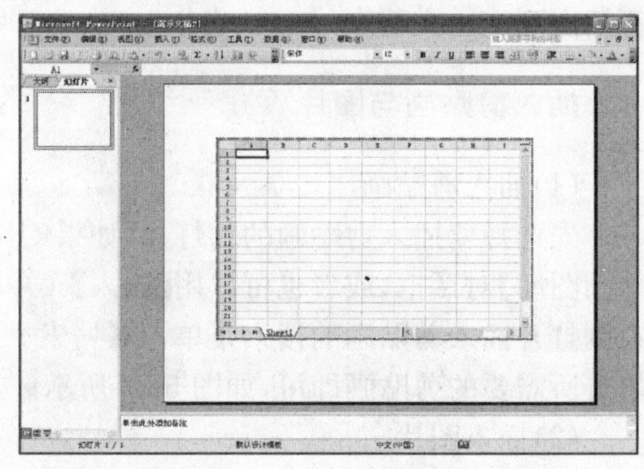

图 5-26　插入 Excel 电子表格后的幻灯片

在插入的 Excel 表格中输入数据，输入在这里的数据可以运用公式和插入函数的方法进行计算，最后单击幻灯片的空白处返回 PowerPoint 工作状态。

(5)插入艺术字

艺术字是美化演示文稿的一种方式，如果使用得当，幻灯片会产生更好的视觉效果。在 PowerPoint 中插入艺术字与在 Word 中相同，选择【插入】→【图片】→【艺术字】命令，打开艺术字字库，然后根据需要进行设置。

对于插入的艺术字可以对其进行编辑，编辑的方法是先选中插入的艺术字，然后利用艺术字工具栏进行设置。

(6)插入声音和影像

在 PowerPoint 2003 中不仅可以插入图片，还可以插入声音和影片。这些声音和影片，一种是 Microsoft【剪辑库】中的声音和影片，另一种是来自文件的声音和影片。

①插入【剪贴库】中的声音和影片

选择【插入】→【影片和声音】→【剪辑管理器中的声音】或【剪辑管理器中的影片】命令，用鼠标左键单击需要的影片和声音文件，将其插入到幻灯片中，这样就可以把【剪贴库里的声音】或【剪辑管理器中的影片】插入到幻灯片中。

②插入【来自文件】中的声音和影片

选择【插入】→【影片和声音】→【文件中的声音】或【文件中的影片】命令，可以把硬盘、CD里的声音或影片插入到幻灯片中。

(7)录制旁白

向幻灯片中添加旁白，可以使幻灯片在放映时画面有配音的效果。例如，对放映画面的说明，人物的对白，自然界的风声、雨声、动物的叫声等等。录制旁白需要在计算机上安装声卡、话筒等设备。录制旁白有两种方式，一种是对单张幻灯片录制旁白且有录音标记；另一种是对整套或多张幻灯片录制旁白且没有任何标记。

①对单张幻灯片录制旁白

单击选中要进行录制旁白的幻灯片，使用【插入】→【影片和声音】→【录制声音】命令，会出现录音对话框(如图 5-27)，按下圆形按钮开始录音，方形按钮录音结束，三角形按钮可将录制的声音播放一次。录制完毕后幻灯片上会有一个声音图标，如图 5-28 所示。在幻灯片放映时，只需单击此图标，录制的旁白即可播放。

图 5-27 “录音”对话框

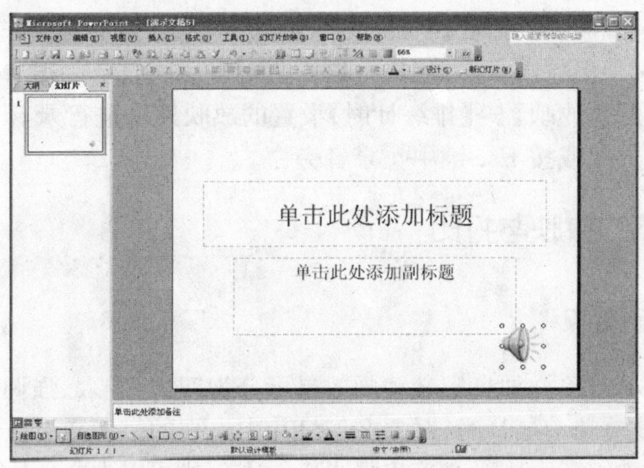

图 5-28 幻灯片上录制旁白的声音图标

②对整套或多张幻灯片录制旁白

先单击选中要录制旁白的第一张幻灯片，再用【幻灯片放映】→【录制旁白】命令录制旁白。使用此方法，应在如图 5-29 录制旁白对话框中单击【改变质量】按钮，再如图 5-30 所示，在选择声音对话框中的【名称】列表框里选择相应的音质。使用【CD 音质】，其录音效果较好。

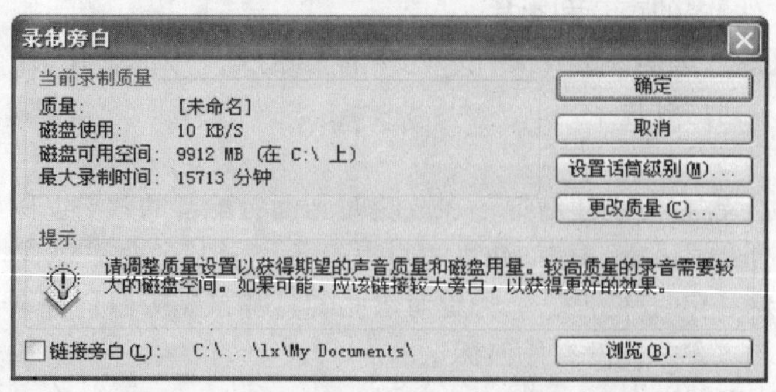

图 5-29　录制旁白对话框

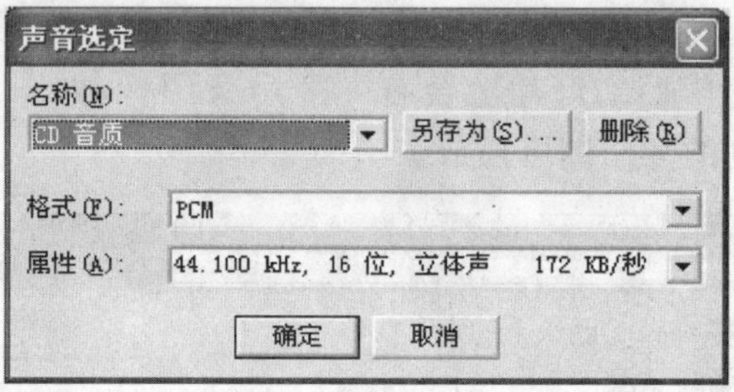

图 5-30　“选择声音”对话框

录制的声音文件，系统默认保存在 C:\My Documents\文件夹下，用户也可以单击如图 5-29 录制旁白对话框中的【浏览】按钮，重新选择保存声音文件的文件夹，单击选中【链接旁白】前的选项，使声音文件和幻灯片链接(声音文件和幻灯片文件分别存放，一方面可以减少幻灯片文件的存储量，另一方面如不需要声音时可以删除声音文件而不影响幻灯片的使用)，最后单击【确定】按钮，幻灯片呈放映状态，用户可以一边对着话筒录音一边单击鼠标控制放映速度(人工)，或者根据【幻灯片放映】→【排练计时】设置的放映速度进行录音。用户可用此方法录制旁白到最后一张幻灯片或按 Esc 键中止录音旁白。

5.5　演示文稿的放映与打印

5.5.1　设置动画效果

在幻灯片中为某个对象添加自定义动画效果可分为四类:进入、强调、退出、动作路径。

☆进入:用来设置放映幻灯片时，对象在幻灯片中出现的过渡效果。

☆强调:如果在放映幻灯片时，需要突出强调某个对象，则可以为这个对象设置强调动画效果。

☆退出:用来设置放映幻灯片时，对象在幻灯片中消失时的过渡效果。

☆动作路径:用来设置按照特定路径的运动效果。

为幻灯片中的图形对象添加动画效果，具体步骤如下。

(1)在幻灯片中选取需要设置动画效果的对象。

(2)选择【幻灯片放映】菜单中的【自定义动画】，在右侧任务窗口中单击【添加效果】按钮，选择一种动画方案，如图 5-31 所示。

(3)对于添加的动画效果可以进行再编辑,具体操作如下,如图 5-32 所示。

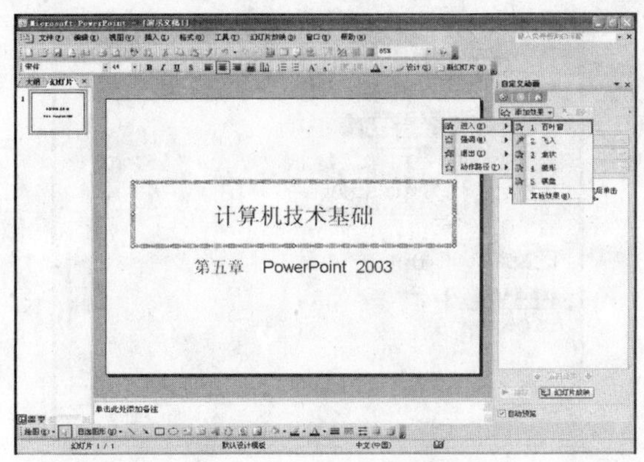

图 5-31 选择动画方案效果

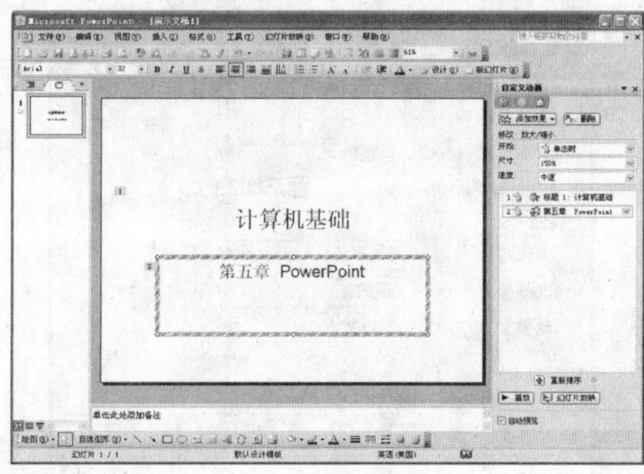

图 5-32 再编辑动画效果

☆删除:用来删除动画效果。

☆开始:用来设置该动画效果是单击时发生还是间隔某段时间以后发生。

☆方向:用来设置该动画效果的运动方向。

☆速度:用来设置该动画效果的运动速度。

☆重新排序:用来调整动画效果的先后顺序。

再编辑动画效果还有另一种方法,如对图中第一个动画效果进行编辑,单击右侧三角形打开下拉列表,如图 5-33 所示。

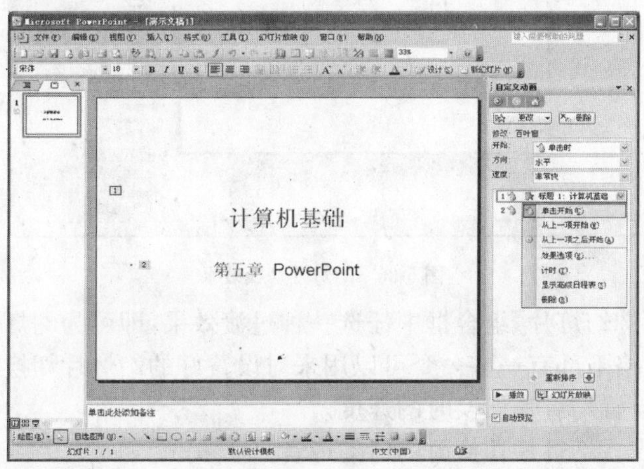

图 5-33 再编辑动画效果

☆效果选项:用来设置动画效果的运动方向和为动画效果添加声音效果,如图 5-34 所示。

☆计时:用来设置动画效果的时间间隔,如图 5-35 所示。

可以用以上方法在幻灯片中添加退出、强调、动作路径等动画效果。

5.5.2 幻灯片切换

幻灯片间的切换效果是放映两张幻灯片之间的过渡效果。例如,放映演示文稿时新幻灯片出现的动画效果有水平百叶窗、盒状收缩、横向棋盘式等等。将这些过渡效果添加到幻灯片中的具体操作步骤如下。

飞入
效果 计时 正文文本动画
设置
方向(R): 自底部
平稳开始(M) 平稳结束(N)
增强
声音(S): [无声音]
动画播放后(A): 不变暗
动画文本(X): 整批发送
% 字母之间延迟(D)
确定 取消

图 5-34 效果选项卡

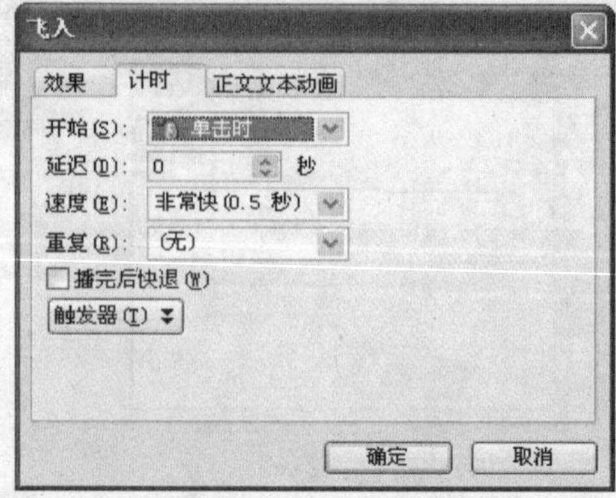

图 5-35 计时选项卡

(1)选择要进行效果切换的幻灯片,可同时选取多个幻灯片。

(2)选择【幻灯片放映】菜单中的【幻灯片切换】命令,任务窗格如图 5-36 所示。

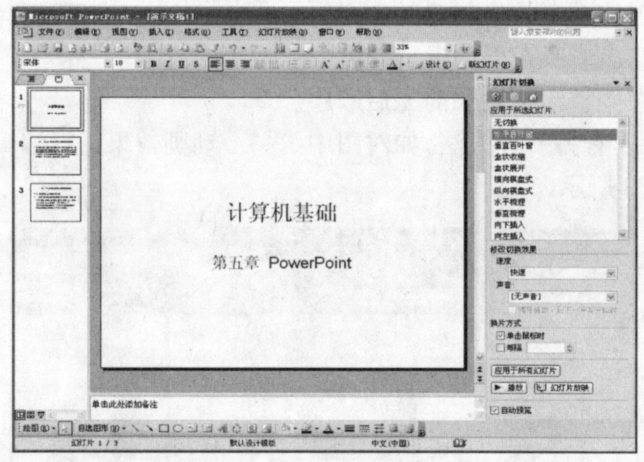

图 5-36 幻灯片切换效果

(3)在【应用于所选幻灯片】组合框中任选一种过渡效果,即可为幻灯片设置切换效果。

在幻灯片任务窗格下部有一些命令可以用来对设置好的幻灯片切换效果进行编辑。

☆【速度】:用来设置幻灯片切换时的速度。

☆【声音】:用来设置幻灯片切换时的伴随声音。

☆【换片方式】:用来设置幻灯片切换方式。选择【单击鼠标时】复选框表示单击一下鼠标左键切换到下一页幻灯片。选择【每隔】复选框,可以设置间隔时间,表示隔一段时间后幻灯片自动切换到下一页。

☆【应用于所有幻灯片】:表示当前设置的切换效果应用于整个演示文稿的所有幻灯片。

5.5.3 创建交互式演示文稿

交互式放映演示文稿是在放映时允许通过鼠标的点击而跳转到不通的位置,类似于 Web 页的跳转。在 PowerPoint 中有两种方法可以设置交互式放映:动作按钮和超级链接。

(1)动作按钮

PowerPoint 提供了预选制作好的动作按钮供用户使用,可将这些动作按钮插入到演示文稿中并为之定义链接。

操作方法如下。

①选中要加入按钮的幻灯片。

②选择【幻灯片放映】菜单中的【动作按钮】菜单,弹出子菜单,如图 5-37 所示,从中选择一个适合的图形按钮。

③鼠标指针变成【十】字形,在幻灯片中按住鼠标左键并拖动鼠标出现一个按钮(一般将按钮放在幻灯片的左、右下角),放开鼠标左键后,跳出【动作设置】对话框,如图 5-38 所示。

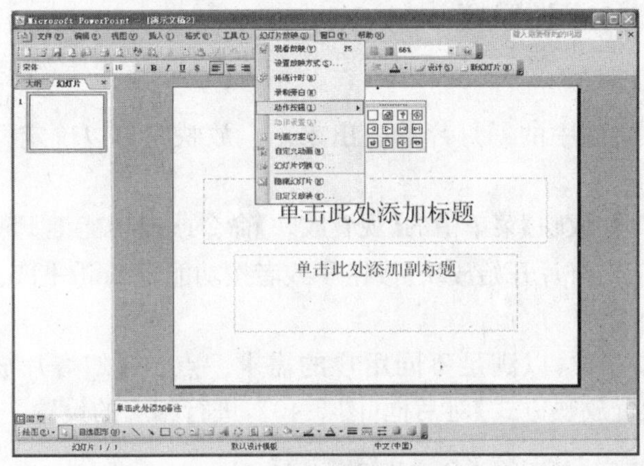
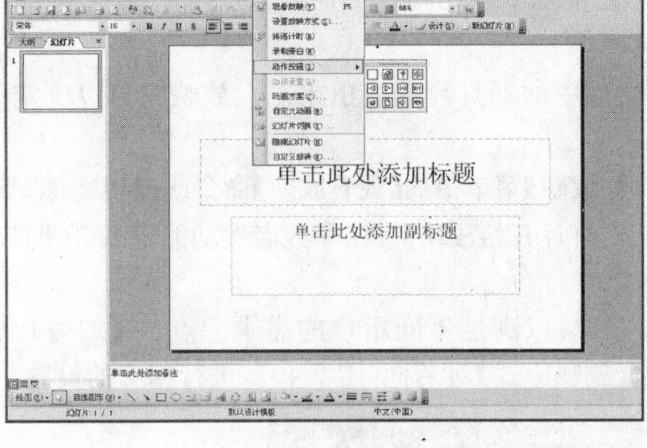

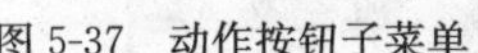

图 5-37 动作按钮子菜单

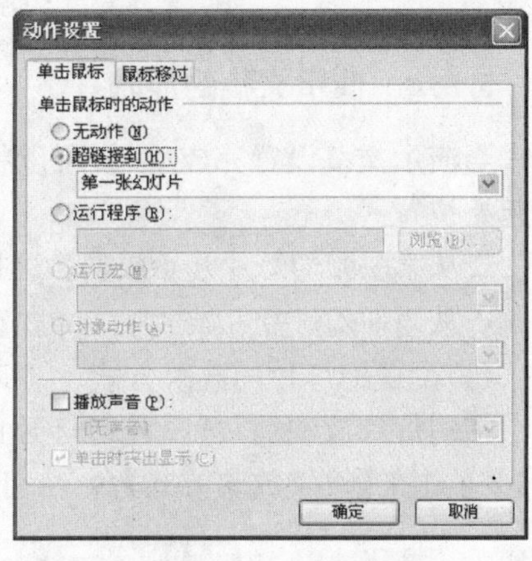

图 5-38 动作设置对话框

④在对话框中有【单击鼠标】和【鼠标移过】两个选项卡,分别用来设置鼠标单击按钮或移动时按钮的动作,这个动作可以定义为链接到某个位置或是运行某个应用程序。单击【单击鼠标】选项卡,选择【超链接到】按钮,并在其下拉列表中选择某一动作。

⑤选中【播放声音】复选按钮,在下拉列表框中可以选择声音效果。一般在【单击鼠标】选项卡中设置链接动作或运行某个应用程序,在【鼠标移动】选项卡中设置【播放声音】效果。

⑥单击【确定】按钮完成动作按钮设置,在幻灯片放映中可观看设置的动作按钮效果。

(2)超级链接

建立超级链接的操作方法如下。

①选中某一幻灯片,再从中选中需建立超级链接的文本或图形。

②单击【插入】菜单下的【超链接】命令或按快捷键 Ctrl+K,打开【插入超链接】对话框,如图 5-39 所示。

③根据对话框设置一种链接,可以是已有的各种格式的文档,PowerPoint 演示文稿、幻灯片或网址等。

④单击【确定】按钮后选定的文本或图形即具有了超级链接。如果要删除超级链接,则需选中表示超级链接的文字后按快捷键 Ctrl+K,打开【插入超链接】对话框,单击其中的【取消超链接】按钮即可。

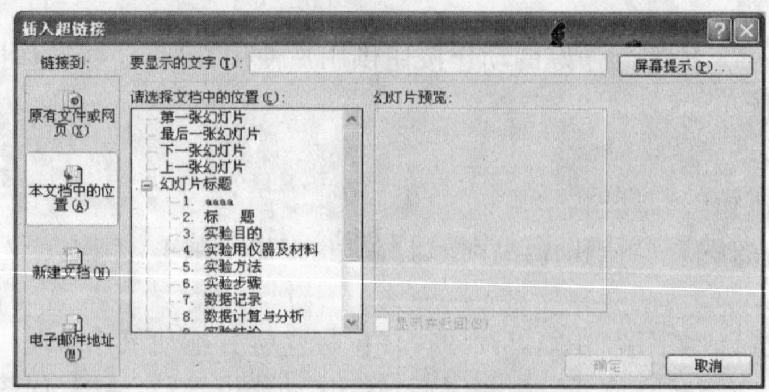

图 5-39　插入超链接对话框

5.5.4　演示文稿的放映

当演示文稿设置完成后，就可以将演示文稿中的幻灯片放映出来了。放映时可以确定两种起始位置。

☆从第一张幻灯片开始放映。选择【幻灯片放映】菜单中的【观看放映】命令或按功能键 F5。

☆从当前幻灯片开始放映。单击【从当前幻灯片开始放映】按钮或者按功能键 Shift+F5。

(1)设置幻灯片的放映方式

在幻灯片放映前，可设置幻灯片的放映方式，以满足不同用户的需求。点击【幻灯片放映】菜单中的【设置放映方式】命令，打开【设置放映方式】对话框(图 5-40)，进行相应的设置。

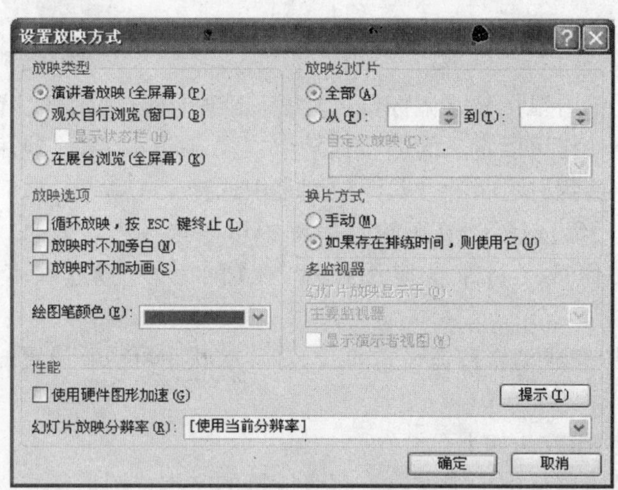

图 5-40　设置放映方式对话框

在【设置放映方式】对话框中有 3 种放映方式。

①演讲者放映：是以全屏幕的形式显示幻灯片内容，这种方式下演讲者具有完整的控制权，并可以采用人工或自动方式放映。

②观众自行浏览：是以窗口的形式显示幻灯片内容，观众可以参与幻灯片的播放过程。

③在展台浏览：是以全屏的形式在展台上做演示，这种方式可自动放映演示文稿，每次放映结束后重新启动放映，从而实现循环放映。

(2)幻灯片放映过程中的操作

在放映过程中,可以利用快捷菜单或命令按钮对幻灯片进行操作。

①快捷菜单:放映时,在幻灯片上点击鼠标右键,则弹出快捷菜单,如图 5-41 所示。

☆【下一张】和【上一张】:用于从当前幻灯片跳转到演示文稿中的其他幻灯片。

☆【屏幕】:用于设置屏幕效果。

☆【指针选项】:用于设置鼠标的状态。指针选项的下一级菜单如图 5-42 所示,如果选择【荧光笔】则鼠标会变为荧光笔形状,在幻灯片上拖动,可以留下墨迹,但放映后幻灯片内容不会受到影响。

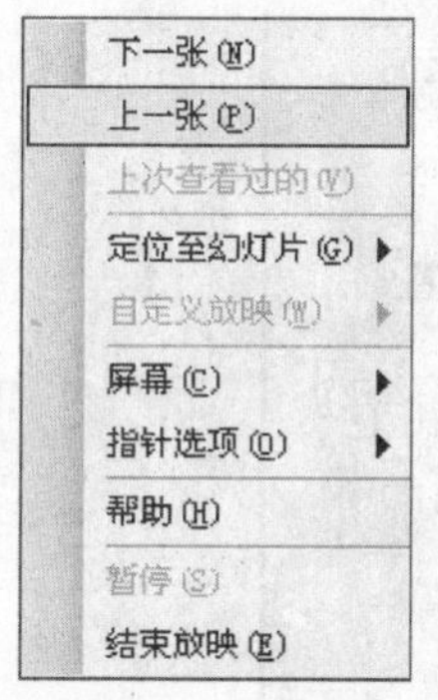

图 5-41　放映幻灯片时的快捷菜单

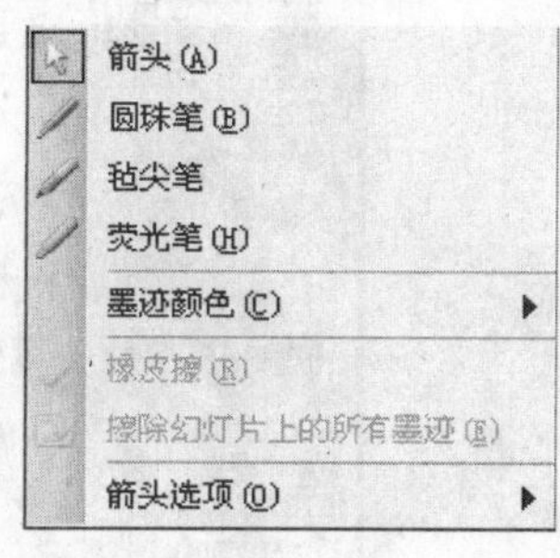

图 5-42　指针选项菜单

☆【结束放映】:用于退出幻灯片的放映状态,也可以按 Esc 键退出。

②图标按钮:当放映幻灯片时在屏幕的左下角有 4 个图标按钮,如图 5-43 所示,利用这些图标按钮也可以对幻灯片进行操作。

☆ 第一个按钮:点击它会将幻灯片切换到上一张。

☆ 第二个按钮:点击它会打开如图 5-42 所示的快捷菜单,可以设置圆珠笔、毡尖笔、荧光笔等。

☆ 第三个按钮:点击它相当于在幻灯片中单击鼠标右键,弹出如图 5-41 所示的快捷菜单。

☆ 第四个按钮:点击它幻灯片将切换到下一张。

5.5.5　打印演示文稿

建立好演示文稿以后,除了可以将它演示出来,还可以将其打印出来。具体的操作如下。

(1)页面设置。在打印演示文稿之前,必须先将幻灯片的大小和方向设置好,确保打印出来的效果能够满足要求。选择【文件】菜单中的【页面设置】命令,打开页面设置对话框,如图 5-44 所示。

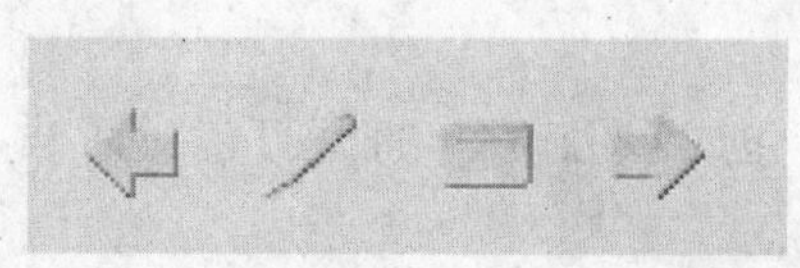

图 5-43　放映按钮

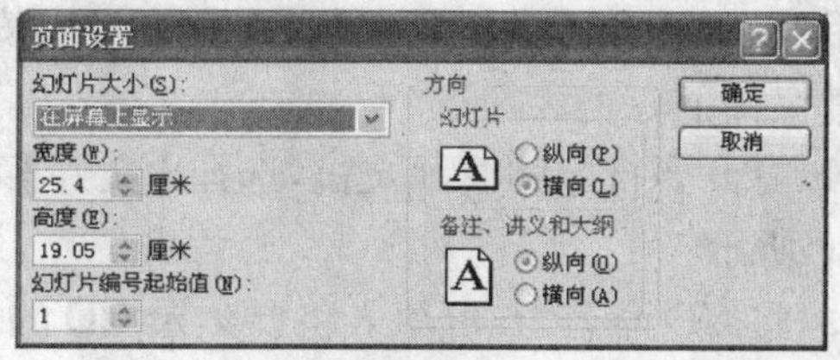

图 5-44　页面设置对话框

☆ 幻灯片大小:用于设置幻灯片的尺寸。

☆ 幻灯片编号起始值:用于设置打印演示文稿的编号起始值。

☆ 方向:用于设置打印方向。

(2)设置打印选项。打印的页面设置好以后,还要对打印机、打印范围、打印份数、打印内容等进行设置或修改。选择【文件】菜单【打印】命令,打开打印对话框,如图 5-45 所示。

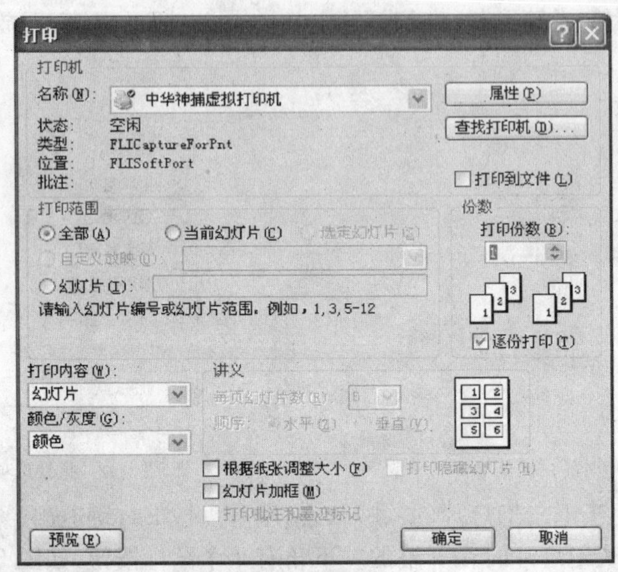

图 5-45　打印对话框

☆ 打印范围:用于设置要打印演示文稿的范围,确定是打印【当前幻灯片】还是打印演示文稿中的【全部】幻灯片。

☆ 打印内容:在打印内容的下拉列表框中有 4 个选项,幻灯片、讲义、备注页和大纲视图。如果在列表中选择【讲义】,则【讲义】栏里的内容变为可用状态。在【讲义】栏里可以设置每一页纸张能打印出多少张幻灯片,并且可以设置打印讲义的顺序。

☆ 颜色/灰度:用于设置幻灯片的颜色,为了打印清晰,一般在列表中选择【黑白】选项。

5.5.6　演示文稿的打包

不同的计算机中软件环境不尽相同,有的计算机没有安装 PowerPoint 2003,但使用播放器程序也可放映演示文稿,这时需要将 PowerPoint 演示文稿打包。

PowerPoint 2003 提供了打包向导功能。这个向导可以将演示文稿所需的所有文件、字体连用 PowerPoint 播放器一起打包,在没有安装 PowerPoint 的计算机上播放演示文稿。打包的过程如下。

(1)打开要打包的演示文稿,选择【文件】菜单中的【打包成 CD】命令,打开打包对话框,如图 5-46 所示。

(2)将 CD 命名为:可填入将要刻录 CD 的名称。

(3)添加文件:点击它可增加要打包的演示文稿的数量。

(4)选项:点击后出现图 5-47,可在下拉列表中选择演示文稿在 PowerPoint 播放器中的播放方式,在此对话框中可为演示文稿添加打开和修改的密码。

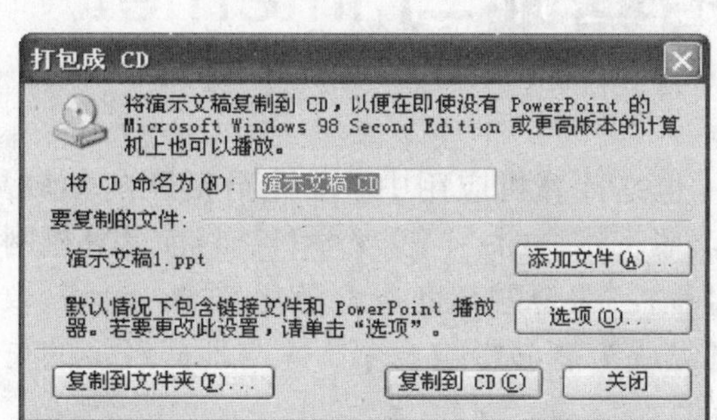

图 5-46 演示文稿打包对话框

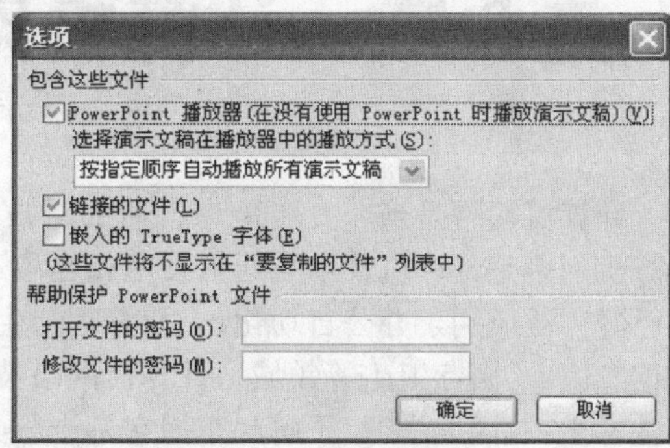

图 5-47 选项对话框

(5)复制到文件夹或复制到 CD:选择复制到文件夹后出现图 5-48,可输入打包后的文件夹名称和打包后存放的位置,默认位置是 C:\Documents and Settings\lx \My Documents\,也可以点击浏览重新选择,点击确定后,打包完成,打包后的文件会出现在指定位置。选择复制到 CD 后,打包文件会直接产生在刻录光盘中,当然前提条件是打包用户备有刻录光驱并且打包时光驱中有刻录光盘。

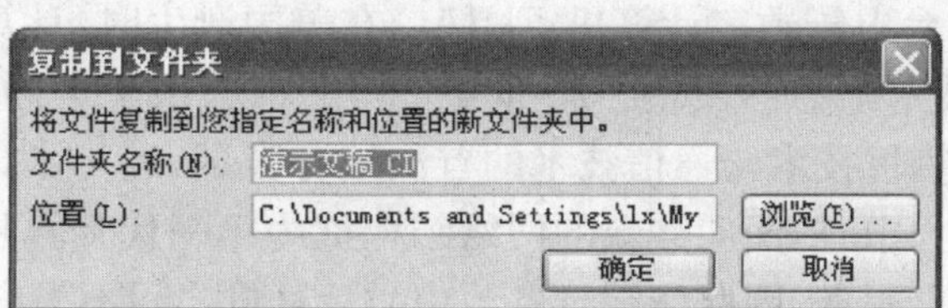

图 5-48 复制到文件夹对话框

第 6 章　计算机网络基础与 Internet

计算机网络是当今发展最为迅速的科技之一，也是计算机应用中一个十分活跃的领域。计算机网络是计算机技术与通信技术相互渗透而又紧密结合的一门交叉学科。目前计算机网络已经广泛应用于办公自动化、企业管理与生产过程控制、金融与商业电子化、军事、科研、教育信息服务、医疗卫生等领域。计算机网络技术已经成为能够影响一个国家与地区经济的重要技术之一，因此学习、了解和掌握它是十分必要的。

6.1　计算机网络概述

计算机网络是计算机技术与通信技术相结合的产物，具体说是把分布在不同地理位置的独立的计算机按照网络协议，通过通信设备和线路联接起来从而实现资源共享的系统。

6.1.1　计算机网络的发展过程

1946 年世界上第一台电子数字计算机 ENIAC 在美国诞生时，计算机与通信技术并没有直接的联系，因为两项技术都不够成熟。20 世纪 50 年代初，由于美国军方需要，美国半自动地面防空系统进行了计算机技术与通信技术的首次结合尝试，进行了集中的防空信息处理和控制。这种以单个主机为中心、面向终端的网络结构称为第一代计算机网络。由于其终端设备不能为中心计算机提供服务，因此终端设备与中心计算机之间不提供相互的资源共享，网络功能以数据通信为主。20 世纪 60 年代初，美国航空公司建成了由一台计算机与分布在全美 2 000 多个终端组成的航空订票系统 SABRE-1。

随着计算机应用的发展，出现了多台计算机互联的要求。这种需求主要来自军事、科学研究、地区与国家经济分析决策、大型企业经营管理。在这一阶段研究的典型代表是美国国防部高级研究计划局(Advanced Research Projects Agency，ARPA)的 ARPANET(通常称为 ARPA 网)。1969 年美国国防部高级研究计划局提出将多个大学、公司和研究所的多台计算机互联的课题。1969 年 ARPANET 只有 4 个结点，到 1973 年 ARPANET 发展到 40 多个节点，1983 年已经达到 100 多个结点。ARPANET 通过有线、无线与卫星通信线路，使网络覆盖了从美国本土到欧洲的广阔地域。ARPA 网在网络的概念、结构、实现和设计方面奠定了计算机网络的基础，它标志着计算机网络的发展进入了第二个时代。与第一个时代的主要区别在于，第二个时代网络中的计算机都是具有自主能力的计算机，而不是终端计算机，并且网络中的计算机是以资源共享为主，而不是以数据通信为主。

由于 ARPA 网的成功，到了 20 世纪 70 年代，不少公司推出了自己的网络体系结构。最著名的是 IBM 公司的 SNA(System Network Architecture)和 DEC 公司的 DNA(Digital Network Architecture)。不久，各种不同的网络体系结构相继出现。体系结构出现以后，对同一体系结构的网络设备互联是非常容易的，但不同体系结构的网络设备要想互联仍然十分困难。

然而社会的发展需要不同体系结构的网络都能互联。因此国际标准化组织(International Standard Organization,ISO)在 1977 年设立了一个分委员会,专门研究网络通信的体系结构,并于 1983 年提出了著名的开放式系统互联参考模型 OSI(Open System Interconnection Basic Reference Model),给网络的发展提供了一个可以遵循的规则。从此,计算机网络走上了标准化的轨道。我们把体系结构标准化的计算机网络称为第三代计算机网络。

进入 20 世纪 90 年代,Internet 的建立,它把分散在各地的网络联接起来,形成了一个跨越国界范围、覆盖全球的网络。Internet 已经成为人类最重要、最大的知识宝库。网络互联和高速计算机网络的发展,使计算机网络进入到第四个时代。

由于 Internet 的商业化,使其业务量剧增,从而导致了它的性能降低。在这种情况下,一些大学申请了国家科学基金,以建立一个新的、独立的能够在美国国家科学基金会(National Science Foundation,NSF)内部使用的网络 NSFNET(相当于一个专用的 Internet),供这些大学使用。1996 年 10 月,这种想法以 Internet 2 的形式付诸实施。Internet 2 是高级 Internet 开发大学合作组(UCAID)的一个项目。UCAID 是一个非赢利组织,是由 NSF、美国能源部等 110 多所研究性大学和一些私人商业组织共同合作创建的,它的宗旨是组建一个为其成员、组织服务的专用网络。其初始运行速率可达 10Gbps。考虑到 Internet 2 的实验特性,Cisco、IBM、Qwest、MCI、Worldcom 等公司提供了可观的资金和技术支持。同时,Internet 2 也得到了美国政府的资助。开发中的 Internet 2 将应用于多媒体虚拟图书馆、远程医疗、远程教学、视频会议、视频点播 VOD、天气预报等领域,并且开发出支持这些应用的基本技术。所有成员均可接入 Internet 2。Internet 2 的目的是满足高等教育与科研的需要,并希望形成下一代 Internet 的技术与标准,Internet 2 将使计算机网络进入一个崭新的时代。

6.1.2 计算机网络的功能

计算机网络的功能主要体现在信息交换、资源共享和分布式处理三个方面。

(1)信息交换

信息交换是计算机网络最基本的功能,主要完成网络中各个节点之间的通信。任何人都需要与他人交换信息,计算机网络提供了最快捷的途径。人们可以通过 www 方式访问各类信息系统,了解包括政府、教育、艺术、保健、娱乐、科学、体育、旅游等各方面的信息,甚至包括各类商业广告。电子邮件的广泛使用已由初期的只能传送文本文件,发展到现在可以传送语音与图像文件。IP 电话也是基于计算机网络的一类典型的个人通信服务。

(2)资源共享

资源共享包括硬件资源、软件资源和数据资源的共享。在网络范围内各种输入/输出设备、大容量的存储设备、高性能的计算机等都是可以共享的网络资源,对于一些价格昂贵又不经常使用的设备,可以通过网络共享,提高设备的利用率,节省重复投资。

(3)分布式处理

所谓分布式就是指网络系统中若干台计算机可以互相协作共同完成一项任务。我们可以将一项复杂的任务划分成多个部分,由网络内的各计算机完成相关部分,这样既提高了系统的可靠性又简化了任务的难度。

6.1.3 计算机网络的分类

计算机网络的分类方法多种多样，主要有以下两种。

(1)按网络拓扑结构分类

抛开网络中具体的设备，把网络中的计算机等设备抽象为点，把网络中的通信介质抽象为线，这样从拓扑学的观点去看计算机网络，就形成了由点和线组成的几何图形，从而抽象出网络系统的具体结构。采用拓扑学方法描述各个节点之间的联系方式称为网络的拓扑结构。计算机网络常采用的拓扑结构有星形结构、总线型结构、环形结构，如图 6-1 所示。在实际构造网络时，大量的网络是这三种拓扑结构的集合。

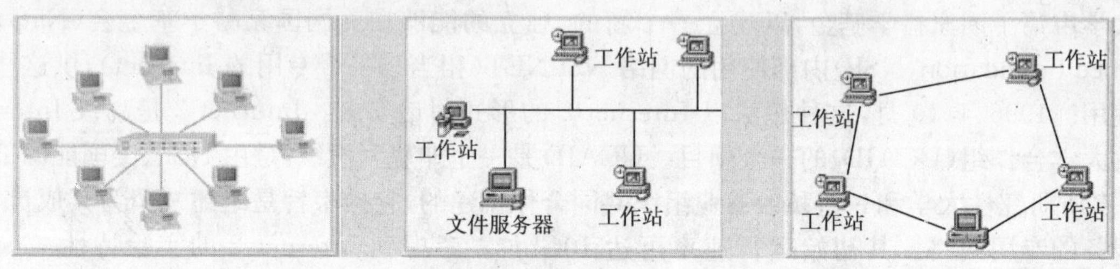

图 6-1　网络拓扑结构(星形、总线型、环形)

①星形拓扑结构的特点：在星型拓扑结构中，节点通过点到点通信线路与中心节点连接，任何两点之间进行通讯必须通过中心节点；星型结构简单，易于实现，便于管理，但中心节点是全网的可靠性瓶颈，中心节点的故障可以导致全网瘫痪。

②总线型拓扑结构的特点：在总线型拓扑结构中，以一根电缆作为传输介质(称为总线)，在一条总线上装置多个 T 型头，每个 T 型头连接一个节点机，总线两端用端接器防止信号反射，节点之间按广播式方式进行通信，一个节点发送的信号其他节点均可接收。总线结构简单，可靠性高，布线容易，但是总线任务重时易产生瓶颈问题。

③环形拓扑结构的特点：在环型拓扑结构中，节点通过点到点通信线路连接成闭合环路；环型拓扑结构简单，传输延时确定，但是每两个节点之间的通信线路都会成为网络可靠性的瓶颈；环中任何一个节点出现故障，都可能造成网络瘫痪。

(2)按照覆盖范围与规模分类

计算机网络按照其覆盖的地理范围进行分类，可以很好的反映不同类型网络的技术特征。由于覆盖的地理范围不同，它们采用的传输技术也就不同，因而形成了不同网络技术特点与网络服务功能。按照覆盖地理范围分类分为局域网、城域网和广域网。

①局域网(Local Area Network，LAN)，是一种在小范围内实现的计算机网络，一般在一个建筑物内，或一个工厂、一个学校内。局域网覆盖范围可以在几十公里以内。它是当前计算机网络研究和应用的一个热点，也是目前技术发展最快的领域之一。局域网内传输速率高，误码率低，结构简单容易实现。

②城域网(Metropolitan Area Network，MAN)，城市地区网络简称城域网。它是比局域网规模大的一种中型网络，其设计目标是要满足几十千米范围内的大量企业、机关、公司的多个局域网互联的要求，以实现大量用户之间的数据、语音、图形与视频等多种信息的传输

功能。

③广域网(Wide Area Network,WAN),广域网也称远程网。他所覆盖的范围从几十千米到几千千米。广域网覆盖一个国家、一个地区或跨几个州,形成国际性远程网络。

6.2 计算机网络组成

计算机网络系统由硬件、软件和规程三部分构成。硬件组成包括主体设备、连接设备和传输介质三大部分。软件包括网络操作系统和应用软件。规程涉及网络中的各种协议,而这些协议也是以软件形式表示出来的。

6.2.1 计算机网络的传输介质

传输介质是网络中收发双方的物理通路,也是通信中实际传送信息的载体。网络中常用的传输介质有:双绞线、同轴电缆、光纤、无线与卫星通信信道。

(1)双绞线,是由按规则螺旋结构排列的两根、四根或八根绝缘导线组成,如图 6-2 所示。一对线可以作为一条通信线路,各个线对螺旋排列的目的是为了使各对线之间的电磁干扰最小。它是网络中最常用的传输介质。双绞线按物理特性分为非屏蔽双绞线(Shielded Twisted Pair,STP)和屏蔽双绞线(Unshielded Twisted Pair,UTP)两种。屏蔽双绞线性能优于非屏蔽双绞线,但是价格也比非屏蔽双绞线高一些。目前共有 5 类双绞线,其传输速率在 4～100Mbps。

(2)同轴电缆,是由中心导体、外屏蔽层、绝缘层及外部保护组成,如图 6-2 所示。它是网络中应用十分广泛的传输介质之一。根据同轴电缆的带宽不同,可以分为基带同轴电缆和宽带同轴电缆。基带同轴电缆使用的最大距离是几千米,而宽带同轴电缆最大传输距离可达几十千米。同轴电缆的造价介于双绞线与光纤之间,使用维护方便。

图 6-2 有线传输介质

(3)光纤,是一种直径为 50～100μm 的柔软、能传导光波的介质,多种玻璃和塑料可以用来制造光纤,使用超高纯度的石英玻璃纤维制造的光纤可以得到最低的传输损耗,如图 6-2 所示。在折射率较高的光纤外面,用折射率较低的包层包裹起来,即可以构成一条光纤通道。将多条光纤组成一束,就得以构成一条光缆。光纤按传输类型分为单模与多模两类。所谓单模光纤是指光信号与光纤轴单个可分辨角度的单光线传输。所谓多模光纤是指光线的光信号与光纤轴成多个可分辨角度的多光线传输。光纤具有低损耗、宽频带、高数据传输速率、低误码率、安全保密性好的特点,但光纤的价格高于同轴电缆和双绞线。

(4)无线与卫星通信信道。无线传输采用无线频段、红外线、激光等进行传输。无线传输不受固定位置的限制,可以全方位实现三维立体通信和移动通信。目前无线传输还有不少缺陷，主要表现在无线传输速率低，数据安全性不高，容易受气候和电磁干扰的影响。

6.2.2 网络连接设备

常用的网络连接设备主要有：网卡、集线器、交换机、网桥、路由器、网关等。

(1)网卡，网络接口卡(Network Interface Card，NIC)又称网卡，它是计算机网络的基本部件，如图 6-3 所示。网卡一面连接网络中的计算机，另一面连接局域网中的传输介质。按照网卡支持的计算机种类分为标准的以太网卡和个人计算机内存卡国际协会(Personal Computer Memory Card International Association，PCMCIA)网卡。标准的以太网卡用于台式计算机联网，而 PCMCIA 网卡与信用卡大小相似，适于将便携式计算机联入局域网。

(2)集线器，又称 HUB，它是网络传输媒介的中心节点，具有对信号放大转发的功能，如图 6-4 所示。用于连接 RJ-45 端口的 HUB 一般有 8 个、12 个、16 个或更多的端口。使用 HUB 的用户可以通过双绞线与网络设备相连，HUB 上的端口彼此独立，不会因某一端口的故障影响到其他用户。集线器的类型分为无源、有源、智能三种。无源集线器只负责把多个网段介质连在一起，不对信号做任何处理，它限制工作站到集线器之间的距离在 30m 以内。有源集线器与无源集线器相似，具有对信号的放大作用和扩展通信介质的长度功能，它将工作站和集线器之间的距离扩大到 600m，使网络的作用范围扩大。智能集线器除具有有源集线器的全部功能外，还提供网络管理、智能选择网络传输通路的功能。

图 6-3　网卡

图 6-4　集线器

(3)交换机(Switch)，也有人把它叫做交换式集线器，如图 6-5 所示。交换机改变了共享介质的工作方式，使通过交换机端口连接的网络中的各节点之间实现并发传输数据，从而改善了局域网的性能和服务质量。例如，如果一个 10Mbps 端口只连接一个结点，那么这个节点就可以独占 10Mbps 的带宽，这类端口通常被称为专用端口；如果一个 10Mbps 的端口连接一个网络的话，那么这个端口将被网络的多个结点共享，这类端口称为共享端口。

(4)网桥(Bridge)，在很多实际应用中，网桥用来联接多个局域网，如图 6-6 所示。

(5)路由器(Router)，随着网络的扩大，形成广域网时网桥的路由选择和网络管理就远远达不到要求，而路由器则大大加强了这方面的功能，如图 6-7 所示。

图 6-5　交换机

图 6-6　网桥

(6)网关(Gateway),网关又称协议转换器,其作用是使处于通信网上采用不同高层协议的主机仍然相互合作,完成各种分布式应用,如图 6-8 所示。

图 6-7　路由器

图 6-8　网关

6.2.3　网络的主体设备

计算机网络中的主体设备称为 HOST(主机),一般可分为中心站(又称为服务器)和网络工作站(客户机)两类。

服务器是网络提供共享资源的基本设备,一般采用高配置与高性能的计算机,其工作速度快,硬盘容量及内存容量的指标都有较高要求,携带外部设备多。服务器按功能分为文件服务器、打印服务器、域名服务器和通信服务器等。

网络工作站是网络用户入网操作的节点。用户既可以上网通过工作站共享网络上的公共资源,也可以不进入网络单独工作。网络工作站上的客户机一般配置要求不是很高,大多采用个人计算机及携带相应的外部设备,如打印机、扫描仪等。

6.2.4　网络操作系统

网络操作系统是具有网络管理功能的操作系统。它除了具有通用操作系统的功能外,还具有网络的支持功能,能管理网络的资源。主要的网络操作系统有 Windows NT Server、NetWare、Linux 和 UNIX。不同的网络操作系统具有不同的特点,但它们提供的网络服务功能有很多的相同点。一般来说,网络操作系统具有以下八种基本功能。

(1)文件服务(File Service)

文件服务是最重要最基本的网络服务功能。文件服务器以集中的方式管理共享文件、网络工作站;可以根据所规定的权限对文件进行读写以及其他各种操作,文件服务器为网络用户的文件安全与保密提供必须的控制方法。

(2)打印服务(Print Service)

打印服务也是最基本的网络服务功能之一。打印服务可以通过设置专门的打印服务器完成,或者由工作站或文件服务器来承担。通过网络打印服务功能,局域网中可以安装一台或几台网络打印机，网络用户就可以远程共享网络打印机。打印服务实现对用户打印请求地接收、打印格式的说明、打印机的配置、打印队列的管理等功能。网络打印服务在接收用户打印请求后，本着先到先服务的原则，将多用户需要打印的文件排队来管理用户打印任务。

(3)数据库服务(Database Service)

网络数据库服务即选择适当的网络数据库软件，依照客户—服务器(Client/Server)工作模式，开发出客户端与服务器端数据库应用程序，客户端可以用结构化查询语言(SQL)向数据库服务器发送查询请求，服务器进行查询后将查询结果传送到客户端。它优化了局域网系统的协同操作模式，有效地改善了局域网的应用系统性能。

(4)通信服务(Communication Service)

局域网提供的通信服务主要有：工作站与工作站之间的对等通信、工作站与网络服务器之间的通信服务等功能。

(5)信息服务(Message Service)

局域网可以通过存储转发方式或对等方式完成电子邮件服务。目前，信息服务已经发展为文本、图像、数字视频与语音数据的传输服务。

(6)分布式服务(Distributed Service)

网络操所系统为支持分布式服务功能，提出了一种新的网络资源管理机制，即分布式目录服务。分布式目录服务将分布在不同地理位置的网络中的资源，组织在一个全局性、可复制的分布式数据库中，网中多个服务器都有该数据库的副本。用户在一个工作站上注册，便可与多个服务器连接。对于用户来说，网络系统中分布在不同位置的资源都是透明的，这样就可以用简单方法去访问一个大型互联局域网系统。

(7)网络管理服务(Network Management Service)

网络操作系统提供了丰富的网络管理服务工具，可以提供网络性能分析、网络状态监控、存储管理等多种管理服务。

(8)Internet/Intranet 服务(Internet/Intranet Service)

为了适应 Internet 与 Intranet 的应用，网络操作系统一般都支持 TCP/IP 协议，提供各种 Internet 服务，支持 Java 应用开发工具，使局域网服务器很容易成为 Web 服务器，全面支持 Internet/Intranet 访问。

6.2.5 网络传输协议

目前在局域网上流行的数据传输协议有以下几种。

(1)NetBEUI

NetBEUI(NetBIOS Extend User Interface)是网络基本输入输出系统扩展用户接口。这一协议是由 IBM 开发出来的，是一个小但效率高的通信协议。

(2)IPX/SPX

IPX/SPX 是 Novell 公司在它的 NetWare 局域网上实现的通信协议。IPX(Internet Packet Exchange Protocol)是在网络层运行互联网包交换协议。该协议提供用户网络层数据报接口。IPX 是工作站上的应用程序通过它访问 NetWare 网络驱动程序的协议。网络驱动程序直接驱动网卡，直接与互联网络内的其他工作站、服务器或设备互连。IPX 使得应用程序能够在互联网络上发送包和接收包。

SPX(Sequenced Packet Protocol)为运行在传输层上的顺序包交换协议,SPX 提供了面向连接的传输服务,在通信用户之间建立并使用应答进行差错检测和恢复。

(3)TCP/IP

传输控制协议和网际互联协议组是一组工业标准,简称 TCP/IP 协议。它具体包括了 100 多个不同功能的协议,是互联网络上的交通规则。其中最主要的是 TCP/IP 协议。

TCP(Transmission Control Protocol)传输控制协议用于保证被传送信息的完整性。IP(Internet Protocol)网际互联协议负责将消息从一个地方传送到另一个地方。

TCP/IP 协议也采用分层结构,共分为四层。

①应用层——常用的应用程序。例如,远程登录 Telnet、简单邮件传输协议 SMTP、文件传输协议 FTP、域名系统 DNS 等。应用程序协议负责将网络传输的东西转换成我们能够识别的信息。应用层包含的协议随着技术的发展不断扩大。

②传输层——提供端到端的通信。主要功能是信息格式化,数据确认和丢失重传等。传输层提供 TCP 协议与用户数据协议 UDP(User Datagram Protocol)。UDP 是一个非链接、高效服务的协议,用于简单交互场合。

③网际网层——负责不同网络或同一网络中计算机之间的通信,主要处理数据包和路由。网际网层的核心是 IP 协议。

④网络接口层——负责与物理网络的联接。它包含所有现行网络访问标准,如以太网、ATM、X.25 等。

TCP/IP 与 OSI 参考模型对照关系如表 6-1 所示。

TCP/IP 与 OSI 参考模型对照关系 表 6-1

OSI 参考模型	TCP/IP 模型	OSI 参考模型	TCP/IP 模型
应用层	应用层	网络层	网际网络层
表示层		数据链路层	网络接口层
会话层	传输层	物理层	
传输层			

TCP/IP 与 OSI 参考模型是不同的,OSI 模型来自于标准化组织,而 TCP/IP 不是人为制订的标准,它产生于 Internet 的研究和应用实践中。

6.3 Internet 基本知识及其应用

6.3.1 Internet 基本知识

Internet 又称因特网,它是将全球范围内不同类型的计算机,不同技术组成的各种计算机网络,按照一定的协议相互联接在一起,使网中的每一台计算机或终端宛如在一个网络中工作,从而实现资源共享。

Internet 上的资源分为信息资源和服务资源两类。Internet 的主要功能分为 5 个方面:网上信息查询、网上交流、电子邮件、文件传输和远程登录。

网上信息查询和网上交流包括了万维网 www、专题讨论(Usenet)、菜单式信息查询服务(Gopher)、广域信息服务系统(WAIS)、网络新闻组(Netnews)和电子公告栏(BBS)等。

电子邮件(E-mail)通过网络技术收发以电子文件格式编写的邮件。

文件传输通过 FTP 程序,用户可以将 Internet 上一台计算机内的文件复制到网上另一台计算机上。

远程登录通过 Telnet 或其他程序登录到 Internet 的一台主机上,使用户的计算机成为该台主机的远程终端,这样用户就可以使用主机上的资源。

6.3.2 Internet 的基本工作原理和联接方式

Internet 采用客户机/服务器方式访问资源。当用户连接 Internet 后,首先启动客户机软件(例如 Internet Explorer 或 Netscape),生成一个请求,通过网络将请求发送到服务器,然后等待回答。服务器由一些更为复杂的软件组成,它在接收到客户端发来的请求后分析请求并给予回答,应答信息也是通过网络返回到客户端。客户端软件收到服务器端发送的信息后将结果显示给用户。

与客户机不同,服务器程序必须一直运行着,随时准备好接收请求,客户机可以在任何时候访问服务器。

要使用 Internet 上的资源,首先必须使自己的计算机通过某种方式与 Internet 上的某一台服务器联接起来,一旦完成这一联接过程,你就是 Internet 的一员了。Internet 的联接方式可以分为两类:单机联接和局域网联接。

(1)单机(PC)联接方式

这是一种最简单,最容易的方式,特别适合于个人、家庭用计算机。联接的线路根据计算机所在地的通信线路而定,可以选择普通电话线、ISDN 或三合一有线电视网,还有无线上网的方式。

(2)局域网联接方式

很多企业和单位都建立了自己的局域网,如果局域网与 Internet 的一台主机已联接,那么,局域网用户无需增加设备就能访问 Internet 资源。局域网与 Internet 联接一般采用专线接入的方式,以保证局域网上的每一个用户都能正常地使用 Internet 上的资源。不管以何种方式接入 Internet,用户必须选择一家 Internet 服务提供商 ISP(Internet Service Provider)。例如,ChinaNET 在各地的 Internet 接入服务点 163 或 169。在选择 ISP 时应该注意以下几点。

①ISP 可提供哪些接入方式供用户选择,例如,ISDN、ADSL、普通电话线拨号上网等,以及不同接入方式的收费标准。

②各种接入方式的连通率,数据传输带宽,ISP 接入主干网的带宽,拨号上网号码。

③ISP 能提供哪些服务,例如,Telnet、Ftp、www、邮件服务等。告诉用户接入帐号和接入密码。如果提供邮件服务的还应告知邮件服务器的域名或 IP 地址,与用户约定 E-mail 地址和打开电子邮箱的密码。

6.3.3 Internet 的网络地址和域名系统

(1)IP 地址

在计算机技术中,地址是一种标识符,用于标记某个设备在网络中的物理位置。在网络中有两种地址:物理地址和网间地址。物理地址是网卡地址,网卡地址随着网络类型的不同而不同,是统一的格式。为了保证不同的物理网之间能够相互通信,需要对地址进行统一,但又不能改变原来的物理地址,网络技术就是将不同的物理地址统一起来的高层软件技术,它提供一个网间地址,使同一个系统内一个地址只能对应一台主机。IP 地址是 IP 协议提供的一种统一格式的地址,它为 Internet 上的每一个网络和每一个主机分配网络地址。每一个 IP 地址在 Internet 上是唯一的,是运行 TCP/IP 协议的唯一标识。

为了确保 IP 地址在 Internet 上的唯一性,IP 地址统一由各级网络信息中心 NIC(Network Information Center)分配。NIC 面向服务和用户(包括不可见的用户软件),在其管辖范围内设置各类服务器。国际级的 NIC 中的 INTERNIC 负责美国其他地区的 IP 地址的分配,RIOPENIC 负责欧洲地区的 IP 地址的分配,APNIC 负责亚太地区的 IP 地址的分配。

IP 地址具有固定、规范的格式,由 32 位二进制数组成,分为四段,其中 8 位构成一段,这样每段所能表示的十进制数的范围最大不超过 255,段与段之间用【.】隔开。为了方便表达和识别,IP 地址是以十进制数形式表示的,每八位为一组,用一个十进制数表示。如 192.168.2.225 是一个标准的 IP 地址。

Internet 的 IP 地址根据网络规模的大小分为五种类型,其中 A 类、B 类和 C 类地址为基本地址,如图 6-9 所示。

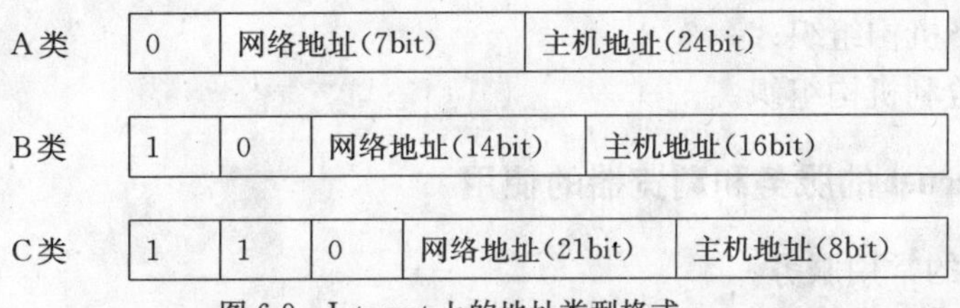

图 6-9 Internet 上的地址类型格式

从地址的各式中可以看出,A 类地址最左边是【0】,表示网络地址有 7 位,第一字节地址范围在 1～126(0 和 127 有特殊含义),主机地址有 24 位。因此,A 类地址适用于主机多的网络,它可以提供一个大型网,每个这样的网络可含 $2^{24}=1677216$ 台主机。B 类地址左边的 2 位是【1 0】,表示网络的地址有 14 位,第一字节地址范围在 128～191(10000000B～10111111B),主机地址有 16 位。这是一个可含有 $2^{16}=65536$ 台主机的中型网络,这样的网络可有 $2^{14}=16384$ 个。C 类地址最左边的 3 位是【1 1 0】,表示网络的地址有 21 位,第一字节地址范围在 192～223(11000000B～11011111B),主机地址有 8 位,代表一个小型网络。一共可以有 20971152 个 C 类小型网络,每个网络可以含有 254 台主机(主机地址中的全 0 和全 1,有特殊含义,不能使用,所以只有 254 台而不是 256 台)。

通常一个 IP 地址表示一台主机,但当地址全为 0 和全为 1 时,即为专用地址,具有特殊含义。

①主机地址全为 1,表示可向网络内全部主机进行广播通信。

②主机地址全为 0,表示该 IP 地址是一个网络地址。

③网络地址为全为 0,表示标识本网络。若主机试图在本网络内通信但又不知道网络地址,此时可采用 0 地址。

(2)域名系统

由于数字表示的 IP 地址不便于人们记忆和理解,因此引入了用字符表示主机名的方法,也就是域名系统(Domain Name System,DNS),即用具有一定含义的字符串来标识网络上的一台计算机,也就是说用字符串来为计算机命名。但是如果让用户自己为计算机进行命名,则有很大可能出现重名现象,从而导致不能唯一标识网络上的一台计算机。为了避免重名现象的发生,Internet 协会采用了在主机名后面加上多个后缀的方法,该后缀名就成为域名,用来表示主机的区域位置或机构特性等。例如www. latc. edu. cn 表示中国教育和科研网络中的兰州师专的 Web 服务器。DNS 服务器是提供主机的域名与 IP 地址之间进行互相转换的计算机系统,它通过反复转寄查询和递归两种方法来实现。

每个域名的最后一部分都叫做顶级域名,顶级域名又分为两种类型,一种用来表示区域位置,如 cn 表示中国、uk 表示美国、au 表示加拿大、hk 表示香港等。另一种用来表示机构特性,Internet 协会共规定了 7 类表示机构特性的顶级域名,分别为

①COM:商业机构组织;

②EDU:教育机构组织;

③INT:国际机构组织;

④GOV:政府机构组织;

⑤MIL:军事机构组织;

⑥NET:网络机构组织;

⑦ORG:非盈利机构组织。

6.3.4 Internet 的服务和浏览器的使用

(1)Internet 的常用服务

①电子邮件(E-mail)

电子邮件又称 E-mail,是 Internet 上使用最广泛、最受欢迎的服务,使用它可以发送和接收文字、图像、声音等多媒体信息。它与现实的邮件最大的不同是可以把同一封邮件同时发送给多个接收者,并且使用简便、快捷、可靠、成本低廉,因此备受网络用户的青睐。

②远程登录(Telnet)

远程登录服务是指一台计算机允许网络中的另一台计算机以远程登录的方式成为它的仿真终端,从而实现被登录的计算机上的资源全部开放,也可以进行数据库查询、资料检索等操作。

③文件传输(FTP)

在 Internet 上有许多文件,它们可以是文本文件、软件程序或者是多媒体文件,文件传输服务就是帮助用户获取网络上的这些文件,从而实现资源共享。

④万维网(www)

www 是基于 Internet 的信息服务系统,其全称为 World Wide Web。它以超文本技术为

基础，利用面向文件的阅览方式，替代通常的菜单列表方式，可以提供具有一定格式的文本和图形。Web 将全球信息资源通过关键字方式建立链接，使信息不仅可按线性方式搜索，而且可按交叉方式访问。

⑤网络新闻(Usernet)

Usernet 即 Usernet's network，就是用户网络，简言之，它是一群有共同爱好的 Internet 用户为了相互传递信息而组成的一种无形的用户交流网。这些信息实际上是网络使用者相互交流的新闻。

(2)Internet 浏览器的使用

用户通过使用浏览器可以连接到 Internet，从而访问网络上其他计算机里的资源，并且可以从中搜索所需信息，同时可把自己的信息提供给其他计算机使用。

①启动浏览器

双击桌面上或任务栏上的 Internet Explorer 图标，或者点击【开始】→【程序】→【Internet Explorer】命令。

②浏览器的界面

浏览器界面由浏览区、菜单栏、工具栏、地址栏、状态栏组成。

a. 菜单栏中包括【文件】、【编辑】、【查看】、【收藏】、【工具】和【帮助】等菜单。通过选择菜单命令可以完成对浏览器的操作，菜单栏是不可改变的。

b. 工具栏是用户最常使用的，由按钮组成，用户可以通过添加或减少按钮来完成对浏览器各功能的操作。

c. 地址栏是用来显示当前网页的地址或输入准备浏览的网页的地址，通过单击地址栏右边的下拉按钮，可以选择曾经访问过的网站。

d. 状态栏位于浏览器窗口的最下方，他表示当前浏览器的工作状态，如显示当前链接地址或者打开网页的进度。

③浏览器的设置

a. 设置主页

在浏览器窗口中单击【工具】菜单中的【Internet 选项】命令，在打开的对话框中选择【常规】选项卡。【主页】选项区中有三个按钮：【使用当前页】是指上网浏览时单击这个按钮可以将频繁查看的网页设置为主页；【使用默认页】是指将浏览器的起始页设置成主页；【使用空白页】是为了提高上网速度把主页设置为空白主页。

b. 历史记录

IE 浏览器提供了历史记录功能，它可以自动记录用户浏览过的网站和网页的地址。如果用户需要查看在此之前某天浏览过的网站或网页，或者由于用户误操作关闭了正在浏览的网站或网页时，可以使用历史记录功能恢复。

c. 保存 Web 页的信息

在查看 Web 页时会发现有许多有用的信息，这时可以保存整个 Web 页，也可分别保存其中的文本、图像或链接的内容。

保存当前页可以在打开想要保存的网页后点击【文件】菜单中的【另存为】对话框，选择要保存的本地位置，在【文件名】框中输入该页名称后单击【保存】。

保存图片可在图片上点击鼠标右键,在弹出的快捷菜单中选择【图片另存为】或【目标另存为】,在弹出的对话框中选择好要保存的本地位置,单击【保存】按钮。

保存网页上的文本部分可将要保存的文本信息用鼠标选定,点击【编辑】菜单中的【复制】,然后启动另一处理程序(Word 或写字板),在其中使用粘贴命令并保存。

6.4 FrontPage 2003 的基本使用

6.4.1 FrontPage 2003 概述

FrontPage 2003 是微软公司 Office 2003 办公软件的组件之一,它集网站创建、发布、管理、网页设计、编辑等于一体,具有强大的功能。它提供了可视化的编辑方式,编辑的对象就是组成网页的一个个元素,而不是一行行的代码,使用者不必学习复杂的 HTML 语言,只要通过丰富的命令和工具箱即可设计出美观生动的网页。

(1)FrontPage 2003 的启动

安装好 FrontPage 后,通过单击任务栏【开始】→【程序】→【Microsoft office】→【Microsoft Office FrontPage 2003】命令启动 FrontPage,如图 6-10 所示。也可以通过双击桌面图标完成启动。

图 6-10 FrontPage 2003 的启动

(2)FrontPage 2003 的工作界面

FrontPage 2003 作为 Office 2003 中的成员之一,其工作界面和之前介绍过的其他工具软件基本相同,但由于功能的不同,它具有自己的视图方式,主要由标题栏、菜单栏、工具栏、页面编辑区、任务窗口和状态栏组成,如图 6-11 所示。

①标题栏：Windows 常规，在程序窗口顶端布置有标题栏，显示当前页面的名称，提供最大化、最小化和关闭等功能按钮。

②菜单栏：提供了用于编辑管理页面的菜单项，这些菜单又分别归类在文件、编辑、视图、插入、格式、工具、表格、数据、框架、窗口和帮助这 11 个菜单中。

③工具栏：用按钮的形式提供了一些编辑网页时最常用的菜单命令，按功能分为常用工具栏和格式工具栏。

④页面编辑区：用于编辑网页，其下有设计、拆分、代码和预览四种显示方式。设计方式用于编辑网页，拆分方式用于同时显示代码和页面，代码方式用于查看网页源代码，预览方式用于查看网页在浏览器中的显示效果。

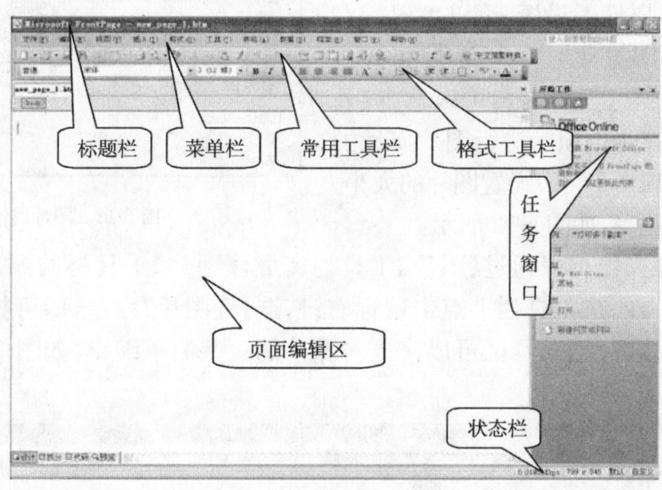

图 6-11　FrontPage 2003 的界面

(3)网页新建、打开和保存

网站是由许多网页组织在一起构成的，在 FrontPage 中创建网页非常简单。启动 FrontPage 后，它会自动创建一个空白的网页并起名为 new page 1. html，除此之外，若要再新建网页可以通过点击常用工具栏上的 【新建】，或者在操作界面右侧的【任务窗口】中用鼠标左键点击【新建网页或网站】→【空白网页】命令，马上就会出现一个空白的网页文件。

打开已经存在的网页的操作与 Word 中打开已存在的文件操作完全一样。具体步骤为，单击【文件】→【打开】命令，然后选择要打开的文件，单击【确定】按钮，或直接双击要打开的文件即可。

当一个网页设计完成后，或者完成一个阶段的设计后，通常要保存网页。操作步骤为，单击【文件】→【保存】命令，在弹出的保存对话框中选择保存的位置，然后点击【确定】按钮。

(4)网页的编辑

①对于网页中文本的处理

网页中文本的添加可以直接在需要的位置键入，也可以复制文本将其粘贴到网页中，还可以从其他文件导入，如可以从 Word 文档中导入文本。

对于文本的格式可以通过点击【格式】工具栏上的按钮进行设置，其具体操作方法与 Word 的文本设置方法基本相同。

②对于网页中图像的处理

在网页中可添加 jpg 和 gif 等格式的图片，恰当的使用图片会提高网站的点击率，但决不能因此加入过量的图片，大量的图片必将影响网页在浏览器内的显示速度。在网页中使用的图形文件最好和网页放在同一个目录下。当要在页面中插入图片时，先选择图片要插入的位置，将光标停于此，然后单击【插入】→【图片】→【来自文件】命令，出现【图片浏览】对话框，选择要插入的图片，然后单击【插入】按钮，图片即会出现在页面中。

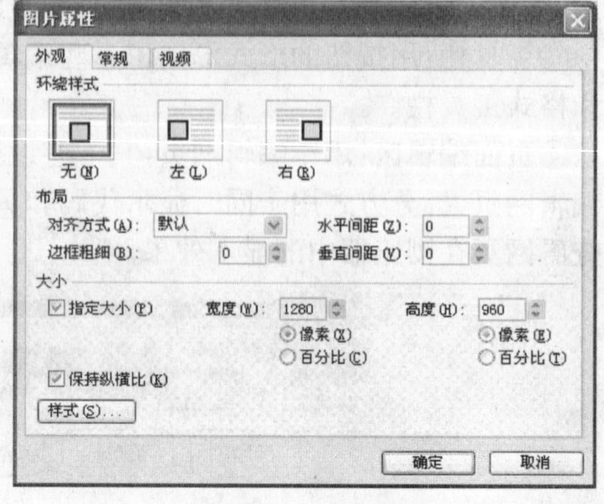

图 6-12　图片属性设置

对于网页中图像属性的设置，可以用鼠标右键单击该图，在弹出的快捷菜单中选择【图片属性】命令，随即打开【图片属性】对话框，可以选择【外观】、【常规】和【视频】三张选项卡进行图片属性的设置。如在【外观】选项卡中可以设置图片的大小、对齐方式和图片的边框等，如图 6-12 所示。

对于图像的其他操作可以通过【图片】工具栏完成，【图片】工具栏的添加和其他工具软件添加工具栏的方法一样，在工具栏上点击鼠标右键，选择【图片】命令，即可打开如图 6-13 所示的图片工具栏。通过【图片】工具栏可以完成对图片的一些简单编辑，如图像的淡化、黑白化或图像的旋转等操作。

图 6-13　图片工具栏

如果要将插入的图片作为背景图，可用鼠标右键点击编辑区域内任意点，在快捷菜单中选择【网页属性】，弹出如图 6-14 所示网页属性对话框，选择【格式】选项卡，选中【背景图片】复选框，再通过【浏览】按钮制定作为背景的图片文件即可。

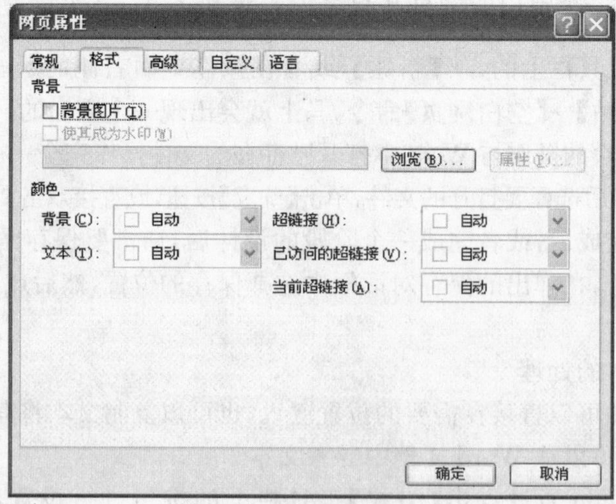

图 6-14　设置图片背景

③对于网页中特殊对象的输入

网页中的一些特殊网页元素通常是无法从键盘输入的，对于这些特殊对象，可以通过【插入】菜单提供的相应命令来完成。

a. 符号，利用【插入】→【符号】命令，打开【符号】对话框。这个对话框除了包括大小写字母、数字等键盘上能找到的符号外，还有拉丁语、基本希腊语和国际音标等其他符号。

b. 水平线，水平线可以用来分割段落。执行【插入】→【水平线】命令，就会在光标处插入一条水平线。双击水平线可弹出水平线属性对话框，即可对水平线进行编辑。设置水平线的宽度与高度时，可以通过选择【窗口宽度百分比】来设定线的相对宽度，也可以通过选择【像素】来设定线的绝对宽度。

(5)使用不同视图方式设计网页

FrontPage 2003 提供了 4 种网页视图方式：设计视图、拆分视图、代码视图和预览视图。当网页打开时可以通过窗口底部的视图按钮来访问这些视图，如图 6-15 所示。

图 6-15　网页视图按钮

①设计视图，在设计视图中可以直观地设计网页布局、键入文本、插入图片和插入超链接等。在设计视图工作时，FrontPage 2003 在后台生成所有的 HTML 代码。在设计视图中看到的网页与它在浏览器中的外观比较相似。

②拆分视图，是将视图拆分成两部分，上半部分显示这个网页的 HTML 代码，下半部分显示网页。在拆分视图中，只要处理其中的一半，另一半会自动更新。拆分视图具有设计精确、灵活方便和辅导直观的优点。

③代码视图，显示的是网页的 HTML 代码。代码视图可以快速而精确的插入和编辑 HTML 标记、属性和事件。如果忘记某个标记的正确语法或它的可用属性，这个视图中的智能感知菜单可提供相应的帮助。

④预览视图，可以查看设计好的网页在浏览器中呈现的样子。类似表格虚线这样的内容不会在此视图中。在预览视图中看到的不是网页在浏览器中的真实外观，但是，当需要快速确认段落或布局是否合适时，预览视图可以提供快速的确认信息。

6.4.2　网页的基本操作

页面布局是网页的骨架，通过网页布局可以用类似网格的方式安排、放置文本和图形。创建布局最常见的方式是使用 HTML 表格。此外，还可以使用框架页、层来进行网页布局。

(1)HTML 表格

使用 HTML 表格的最终目的是按行、列来组织数据，而在网页中表格最主要的作用是用于设计网页的布局。

在网页中插入表格要点击【表格】→【插入】→【表格】命令，打开如图 6-16 所示对话框。在此对话框中可以设置要插入表格的行和列的数量，表格的对齐方式，包括默认、左对齐和右对齐，设置单元格衬距和单元格间距分别指的是单元格间的间隔量和单元格内容周围的间隔量，设置表格的宽度和高度，设置表格边框颜色、大小和背景。

(2)单元格

当创建完表格后需要对表格中的单元格设置属性时，可用鼠标右键单击表格，在出现的快捷菜单中选择【单元格属性】，即打开如图 6-17 所示单元格属性对话框。在此对话框中可完成对单元格布局、边框和背景的设置。

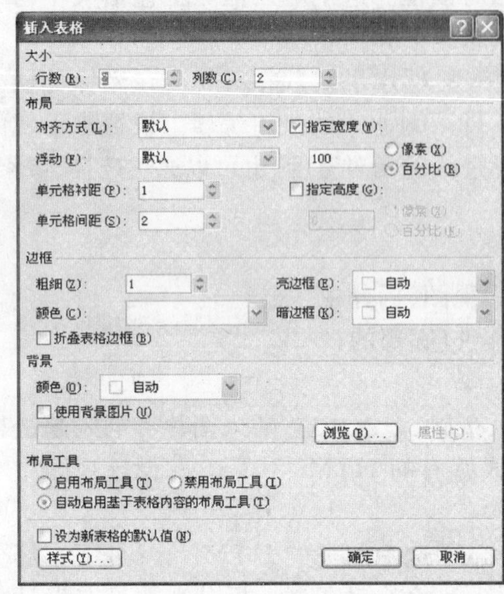

图 6-16　插入表格对话框

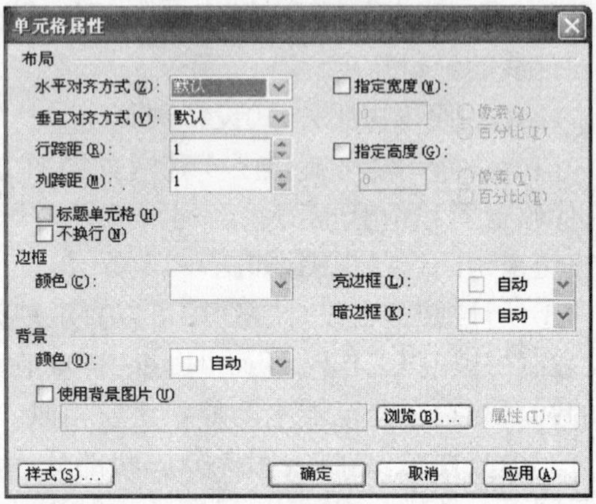

图 6-17　单元格属性对话框

(3)布局表格

前面介绍了简单的 HTML 表格和单元格的相关知识，当需要以简单表格形式显示信息时，此类表格很有用，但是如果对网页布局使用更为复杂的表格，则需要使用布局表格。布局表格是一种特殊的表格，它可以帮助用户设计网页的布局。最为重要的是，通过各个列顶部和底部的选项卡可以了解各个列的宽度，另外通过两侧的选项卡还可以了解各个行的高度。

使用布局表格设计网页步骤如下。

①设计准备

显示标尺和网格，通过点击【视图】→【显示标尺和网格】→【显示标尺】和【显示网格】命令，打开网格和标尺，如图 6-18 所示。

显示【表格】工具栏，在工具栏上的任意位置单击鼠标右键，在弹出的快捷菜单中选择【表格】命令，即可显示【表格】工具栏，如图 6-19 所示。

②设计布局

创建布局表格。单击【表格】工具栏中的【绘制】按钮，然后将表格拖拽至所需的尺寸，即可完成布局表格的创建，如图 6-20 所示。该表格式作为所有其他组件的初始画布。在开始绘制表格之前应先构思布局的宽度，如果布局过宽，对分辨率较低的显示器，该布局可能无法全部显示。例如：17 英寸的显示器通常采用 1024 像素×768 像素分辨率，如果表格宽度超过 800，则显示器将无法显示该表格。

绘制布局单元格。绘制布局单元格与绘制布局表格相似，它们是布局中将包含内容的部分，如图 6-21 所示。布局单元格的功能仅用于固定的、基于像素的表格设计，因此布局单元格的宽度和高度只能以像素为单位。另外，还可以将宽度或高度设置为 100%，从而使宽度或高度与可用空间自动匹配。这是一种在布局表格与单元格设计完成之后使用的常用技巧。某些布局单元格需要进行细微的大小调整，而某些单元格则需要移动至正确的位置，这时可用鼠标拖动单元格的控制点来调整布局单元格的大小，也可拖动整个单元格将其移动到相应的位置。在移动时任何移动或调整，FrontPage都采用10像素作为增量，如想忽略此值，可在调整

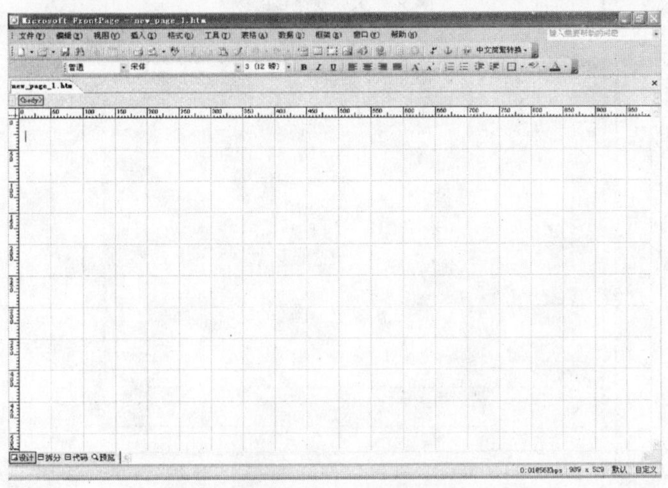

图 6-18 标尺和网格

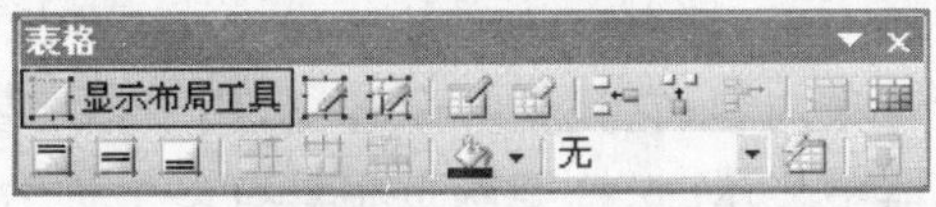

图 6-19 表格工具栏

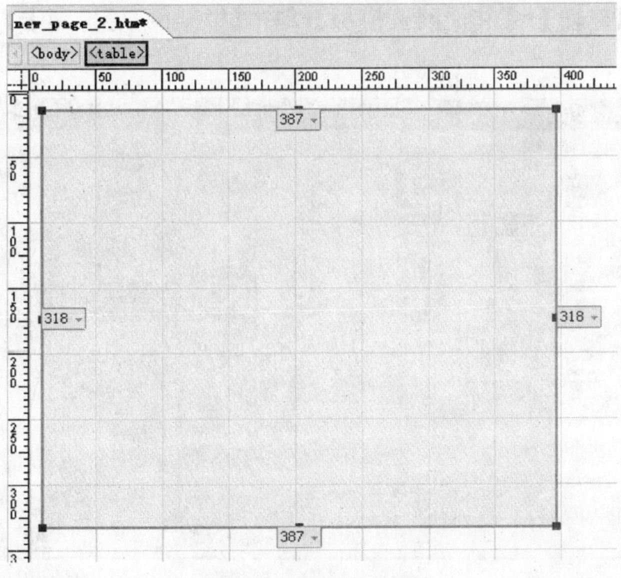

图 6-20 创建布局表格

单元格大小或移动单元格时按住 Alt 键。在单元格中可键入文本，也可单击【插入】菜单中的各种选项来插入图片、Flash 动画等多媒体元素。

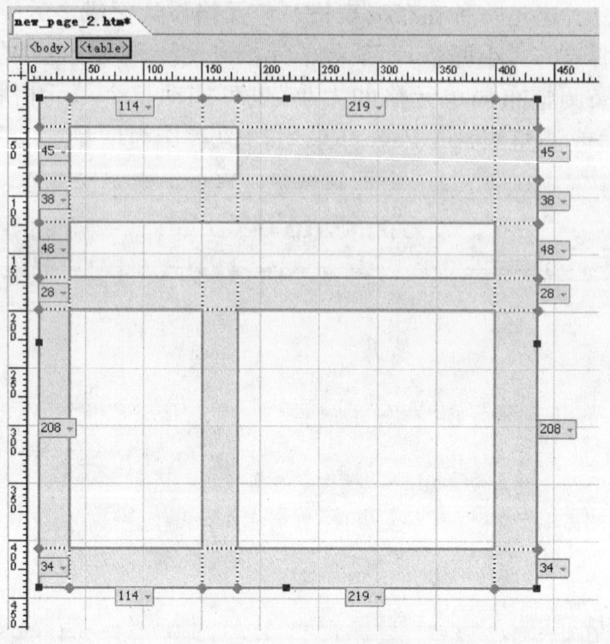

图 6-21　绘制布局单元格

(4)框架网页

框架网页本身并不包含可见内容，它只是一个容器，用于指定要在框架中显示的其他网页及其他显示方式。当在浏览器中显示时，框架网页中具有多个称为框架的区域，每个框架都可以显示不同的网页。

点击任务栏中的【新建】→【其他网页模板】，单击【框架网页】选项卡，可在其中创建框架网页，如图 6-22 所示。

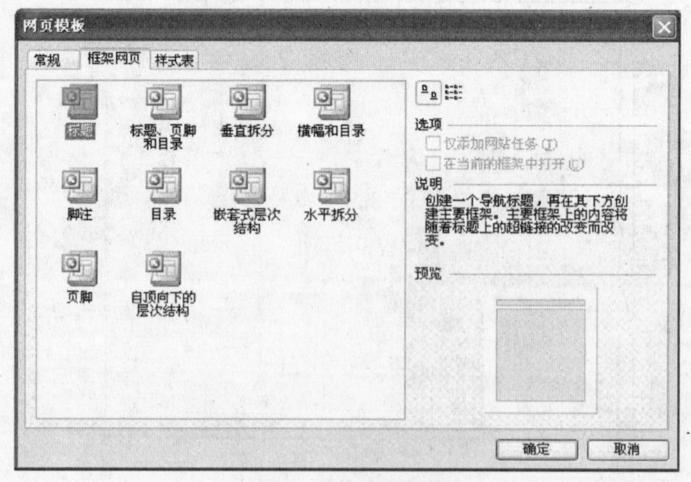

图 6-22　框架网页模板

每个模板的框架构成都可选中后在预览窗口中看到。选择模板后单击【确定】按钮。创建完框架网页后，需要设置在每个框架中显示的初始网页，可以选择现有的网页，也可以创建一个新网页，如图 6-23 所示，然后可直接在其框架中编辑该网页。

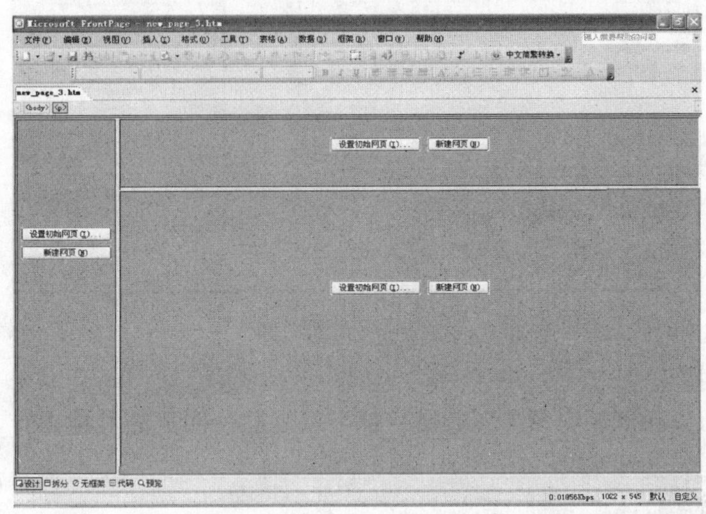

图 6-23　初始网页设置

①设置框架的属性

根据所需网页的外观来设置框架的大小、边距、滚动条等基本属性。在框架页上任何位置点击鼠标右键，单击快捷菜单上的【框架属性】命令，弹出【框架属性】对话框。在【框架属性】对话框中设置列宽为 800 像素、高度为 600 像素，如图 6-24 所示。

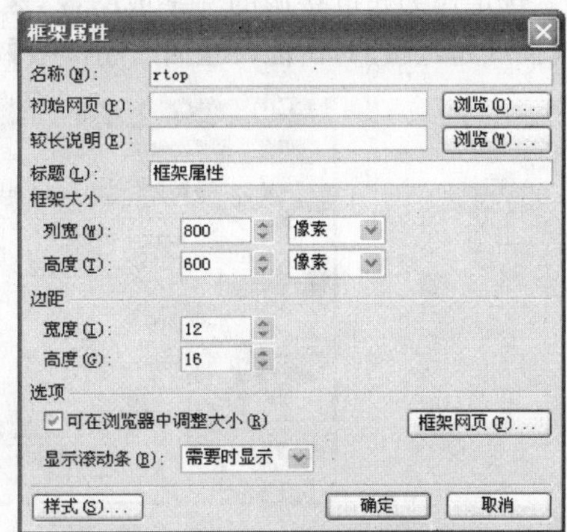

图 6-24　框架属性对话框

图中【标题】用来输入框架的标题，【框架大小】用于以像素或百分比形式设置框架的列宽和高度，【边距】用于以像素为单位设置框架的边距，【显示滚动条】用于设置框架滚动条的显示方式。

②拆分框架

按住 Ctrl 键并拖动框架的任一边框，即可拆分框架，或单击要拆分的框架，再点击【框架】→【拆分框架】命令，弹出【拆分框架】对话框，选择【拆分成行】或者【拆分成列】，单击【确定】按钮，拆分完毕。

③保存框架网页

单击【文件】→【保存】命令，弹出【另存为】对话框，在对话框中会显示框架网页布局的预览，如图 6-25 所示。图中深色框突出显示的内容就是要保存的内容，然后输入框架网页的名称，单击【保存】按钮。单击【保存】后，【另存为】对话框会再次打开，并要求保存刚才保存过的框架中显示的网页。对于当前框架网页中显示的每一个网页都会出现这种情况，也就是说框架中的每一个部分都是单独的网页，应该分别保存。

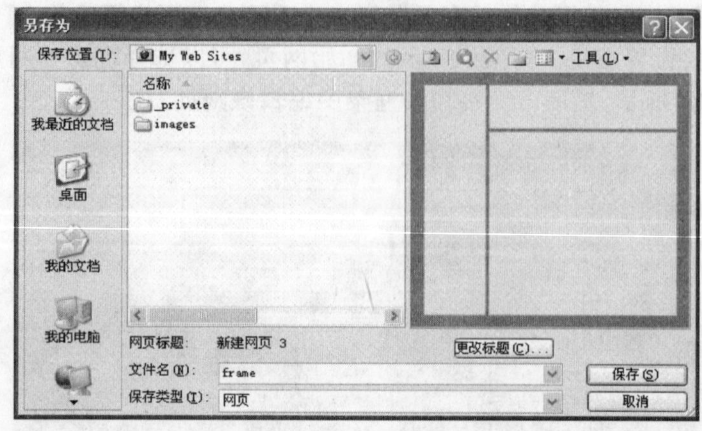

图 6-25　另存为对话框

(5)创建超链接

通过链接源可以访问超链目标。超链目标可以是同一网页的其他内容,同一网站的其他内容或另一网站。

①创建超链接

在 FrontPage 2003 中可以很方便的创建超链接,具体的操作如下。

选定作为超链接源的文字或图像,然后执行【插入】→【超链接】命令,打开如图 6-26 所示的【插入超链接】对话框,在【插入超链接】对话框中选定要链接的目标,单击【确定】按钮。

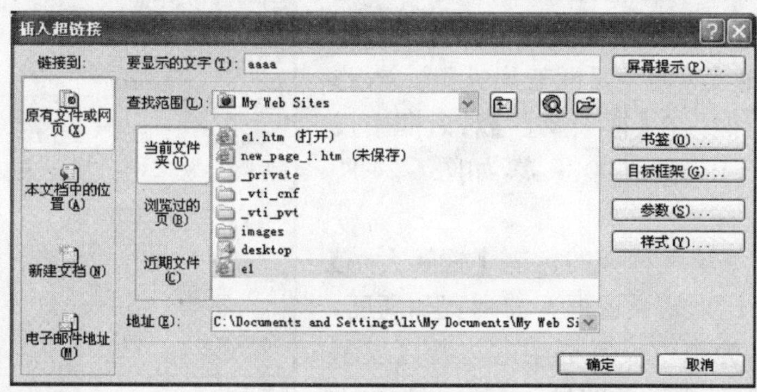

图 6-26　创建超链接对话框

②编辑超链接

超链接的文字、图像、超链接目标可以改变(包括文字内容),但不可改变超链接目标的内容。超链源的编辑修改方法与建立超链接方法类似。如果要删除超链接,只需将图 6-26 中地址栏清除即可。

③设置热点

热点是图像上具有超链接的区域,一幅图片上可以包含若干个热点。热点形状可以是矩形、圆形或多边形,热点位置可自行确定。设置方法如下:选定图片,单击图 6-13 所示图片工具栏上热点形状按钮 ,在图片上画出热点区域,一个圆、矩形或多边形,在弹出的【插入超链接】对话框内设定链接目标。

除了可以在图片上设置热点外，还可以在图片上叠加一些文本，建立文本热点。文本热点设置方法如下，选定图片，单击图片工具栏上插入文本图标A，在图片上出现一个文本框，输入所需的文字，可以用鼠标改变文本框的大小和位置，双击文本框的边框，在弹出的【插入超链接】对话框内设定链接目标。

④书签链接

一个网页文件长达几个屏幕才能显示完毕时，浏览者要想直接找到网页中的某个专题内容就比较困难。如果对文件的各个专题部分加上书签，那么浏览者只要单击书签就可快速到达指定部分。

在网页中使用书签的操作分为两步：第一步是在某位置上定义一个书签，第二步是定义一个链接到书签的超链接。定义书签时，可以使用文本或图像作为书签的载体，也可以在网页空白处设置书签。书签制作步骤如下，选择某一位置（文本、图像或某空白处），执行【插入】→【书签】命令，弹出【书签】对话框。在对话框内命名书签名，例如 Label1，这个名为 Label1 的书签名就代表所选定的位置。

定义完一个书签后，便可以建立到书签的超链接。建立与书签超链接的方法与建立超链接的方法相同，只需要在图 6-26 中选择书签作为链接目标。

6.4.3 构建网站和管理

任何一个网站都是由一组 HTML 网页和图片构成，通过超链接相互连接构成。使用 FrontPage 2003 可以方便的规划和创建网站。

(1)建立站点

在 FrontPage 2003 中建立一个网站的具体步骤如下。

①新建网站

单击【文件】→【新建】命令，在屏幕的右侧任务栏显示新建窗格，如图 6-27 所示。在【新建网站】栏中单击【由一个网页组成的网站】链接，可以创建带有空白主页的 FrontPage 网站，单击【其他网站模板】链接，可以创建带有预设内容的 FrontPage 网站。

②选定网站的类型

在【新建网站】栏中，单击【其他网站模板】链接，显示【网站模板】对话框，如图 6-28 所示。

③选定网站模板

选中需要的网站模板，然后单击【确定】按钮，例如【个人网站】模板。

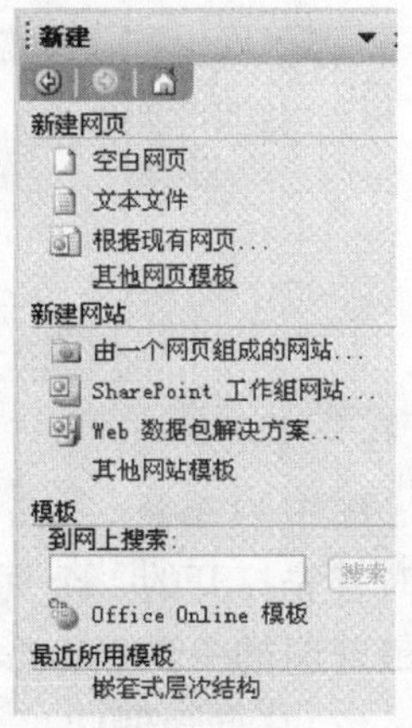

图 6-27　新建窗格

④选择发布网站的位置

单击图 6-28 中的【浏览】按钮，选择要发布网站的位置(如【我的文档】)，再单击【打开】按钮。

需要注意的是，此处可以将网站发布到硬盘其他位置或网络上的本地目录或文件夹，也可以将它发布到拥有帐户的 Internet 位置。

完成上述步骤后，就可以在 FrontPage 2003 中看到所创建的个人网站内容及结构，如图 6-29 所示。

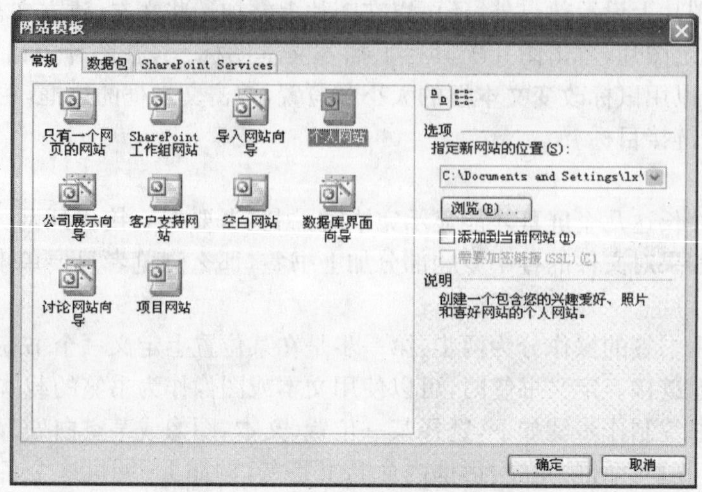

图 6-28　网站模板对话框

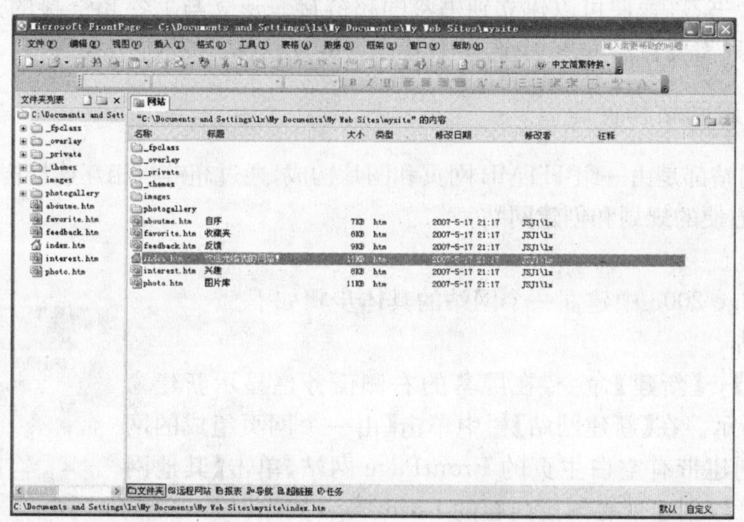

图 6-29　个人网站内容及结构

图中的 index. htm 解释为，index 通常是网站首页所使用的名称，也就是别人访问你的网站时首先打开的一个页面，. htm 扩展名表示的是超文本标识语言，是网页的一种保存形式，也是最普遍的一种保存形式。保存网页还有很多其他的格式，如 asp、php、jsp、aspx 等。

(2)站点管理

①【文件夹】视图

通常在 FrontPage 2003 中使用【文件夹】视图进行管理。在网站选项卡中选中底部的【文件夹】视图，如图 6-29 所示。通过这个视图，可以看到构成 FrontPage 2003 网站的所有文件和文件夹，它类似于资源管理器。

在文件夹视图中的空白位置单击鼠标右键，可以执行新建空白页、创建子网站和创建文件夹等操作，如图 6-30 所示。选中网页文件之后，单击鼠标右键可以执行删除、移动等操作。另外通过拖拽操作可将网页文件移动到网站中的不同位置。

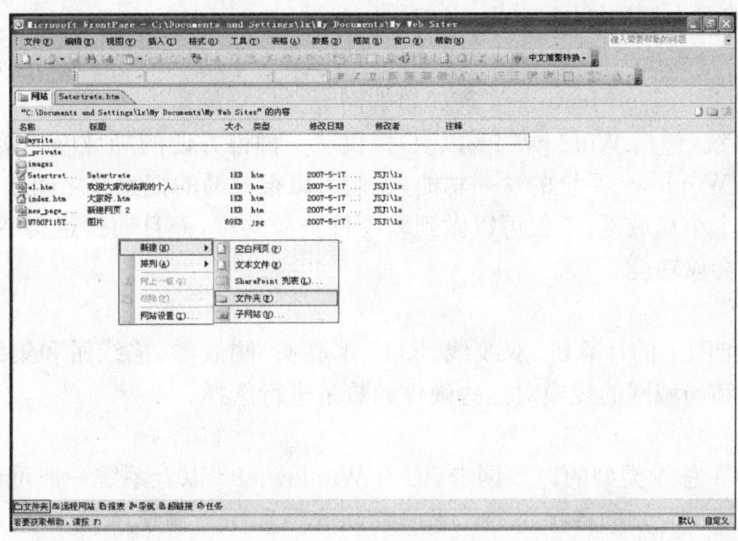

图 6-30　新建文件夹

②【报表】视图

当网站创建完毕后，可以使用【报表】视图(图 6-31)所示，其为针对网站运行的诊断报表。有些报表是对网站进行简单总结，如网站文件的数量；有些诊断报表对排除故障是非常有帮助的。

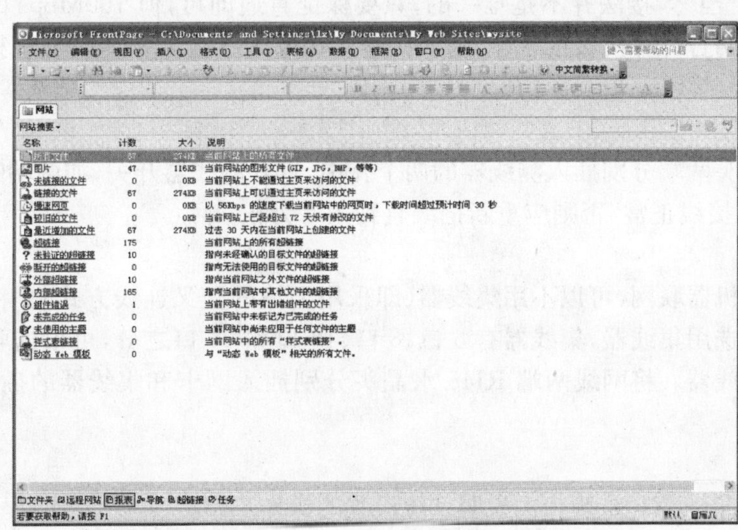

图 6-31　报表视图

三个最有用的排除故障报表如下。

a. 未链接文件报表：这个报表查找网站中所有无链接指向的文件。例如，添加了新的网页或文件，但是忘记了提供链接以使用户能够进行访问。

b. 慢速网页报表：这个报表查找用户所需花很长时间才能下载和浏览的网页。

c. 断开的超链接报表：这个报表查找任何没有链接到有效位置的链接。

【例 6-1】 建立小型局域网

要求把 2～3 台安装了 Windows 系统的电脑组成一个局域网，实现资源共享（文件共享、打印机共享、通过运行 NetMeeting 实现简单的网上会议功能）。

Windows 系统（包括 Windows 98 以上）提供了一种很方便的局域网连接方式，即工作组联网方式。利用 Windows 系统的这一功能，人们可以很容易的把家庭之间或单位或部门内部的计算机连成一个小局域网，不仅可以做到软硬件资源共享，而且通过运行 NetMeeting 还能实现简单的网上会议功能。

1. 硬件准备

硬件包括：带网卡的计算机、双绞线、RJ45 水晶头、测线器、掐线钳和集线器。用户可以根据自己的需要和局域网的规模对这些硬件的数量进行选择。

（1）网卡

建议使用 PCI 总线类型的以太网卡，因为 Windows 98 以上系统一般可以自动识别这种类型的网卡并正确设置它的各项参数。家庭之间联网选用传输速率为 10Mbps 的网卡即可，单位或部门内部联网最好选用 100Mbps 的网卡。若选用 ISA 总线类型的网卡，可能需要用户自己安装驱动程序并设置各项参数。

（2）双绞线和 RJ45 水晶头

建议选用 5 类线（5 级 UTP 电缆）或超 5 类线和 RJ45 型接头。与集线器连接时，将 RJ45 接头的卡子向下，由左至右编号为 1～8，依次接上 5 类线的白橙、橙、白绿、白、蓝、白蓝、绿、白棕、棕等 8 根线。当然，接法并不是唯一的，只要保证直通即可，但 100Mbps 的局域网最好采用这种接法。若两台计算机直接相连，则须在连接时将编号为 1 和 3 以及 2 和 6 的两对线交叉连接。

（3）测线器

将掐好的线头两端分别插入测线器的两个孔中，打开测线器开关，如两端闪烁的灯依次从 1 到 8 闪烁，则连接线正常，否则应重新掐线直到正常为止。

（4）集线器

若仅将两台机器联网，可以不用集线器（即采用上述的交叉连线方式）。将部门内的多台机器联网时则需选用集线器，集线器有 5 口、8 口、16 口和 24 口之分，可根据联网的规模来选择相应口数的集线器。将网线两端 RJ45 水晶头分别插入网卡和集线器的插孔中，硬件连接完成。

2. 系统设置

下面以 Windows XP 系统为例说明系统设置的操作步骤。

（1）设置网卡

启动系统 Windows 系统一般能自动识别并设置网卡。否则，可以打开“控制面板”，选择“添加/删除硬件”，利用向导将网卡添加到系统中，必要时还要安装驱动程序。安装设置完成后，打开【设备管理器】，若网卡工作正常，则在“网络适配器”中能看到网卡的图标（注意：图标上必须既无【×】也无【!】，否则可能是被禁用或工作不正常）。

（2）设置 IP 地址

用鼠标右键单击【网上邻居】，选择【属性】，进入【网络连接】窗口，右键单击【本地连接】图标(该图标在正确安装设置完网卡后会自动出现),选择【属性】,进入【本地连接属性】窗口,如图 6-32 所示。在这里可以看到连接时选用的网卡和可采用的协议,选择【Internet 协议(TCP/IP)】,单击"属性"按钮,进入【Internet 协议(TCP/IP)属性】窗口,如图 6-33 所示,选择【使用下面的 IP 地址】,输入 IP 地址和相应的子网掩码。IP 地址建议使用 C 类地址,如 200.200.200.xxx,也可以根据实际情况输入固定分配的 IP 地址。子网掩码选默认的即可(255.255.255.0),但需要注意的是,在所连接的局域网内部,各台计算机的 IP 地址必须不同。输入完 IP 地址和子网掩码后单击【确定】即可完成 IP 地址的设置。在【本地连接属性】窗口中若选择【连接后在通知区域显示图标】,则局域网连接时,能够在桌面底部任务栏上出现连接图标,并且当发送/接收数据时该图标会有相应的颜色变化。

图 6-32 本地连接属性窗口

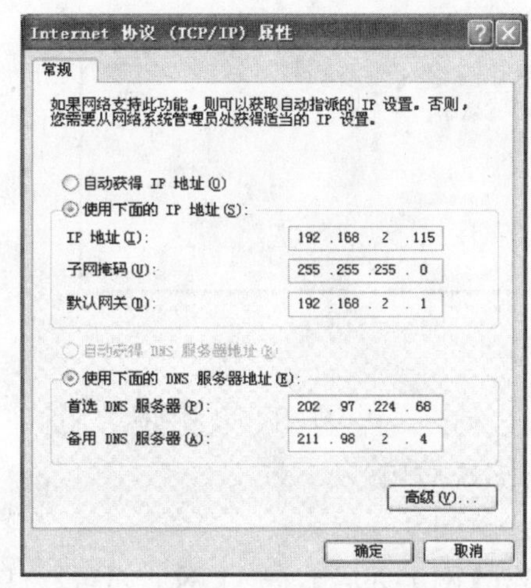

图 6-33 Internet 协议(TCP/IP)属性窗口

(3)设置网络标识

用鼠标右键单击【我的电脑】,选择【属性】,打开【系统属性】窗口。选择【计算机名】选项卡,出现【系统属性】对话框,如图 6-34 所示,点击【更改】按钮,出现【计算机名称更改】对话框,如图 6-35 所示,输入计算机名方便以后查找,并且注意不能和其他计算机重名。在【隶属于】一栏中选择【工作组】按钮,输入设定的工作组名。需要注意的是,局域网中的所有计算机必须隶属于同一工作组。单击【确定】,完成对网络标识的设置。

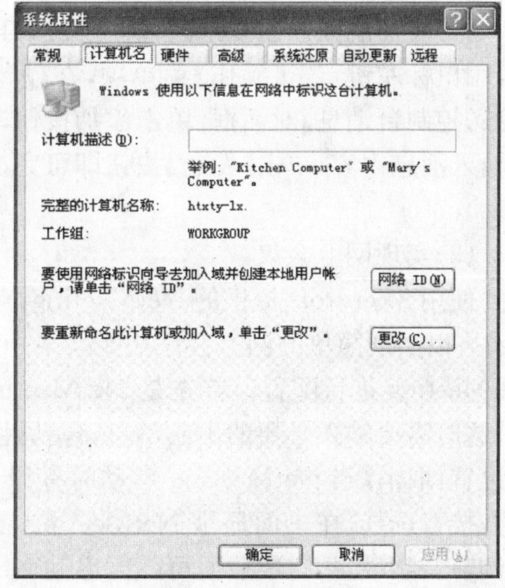

图 6-34 系统属性对话框

(4)设置共享资源

Windows XP 系统默认的共享资源有【打印机】和【任务计划】,其他的共享资源必须由用户设置。打开【我的电脑】或【资源管理器】,找到要设置成共享资源的文件夹,用鼠标右键单击相应的图标,选择【共享和安全】,进入该资源的属性窗口，如图 6-36 所示，选择【在网络上共享这个文件夹】，输入共享名，并可通过选择【允许网络用户更改我的文件】选项对共享文件的修改共享权限进行设置。设置完成后单击【确定】完成设置共享资源。

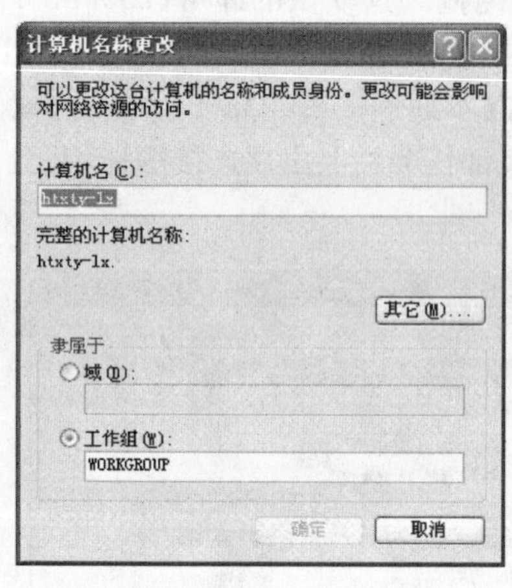

图 6-35　计算机名称更改对话框

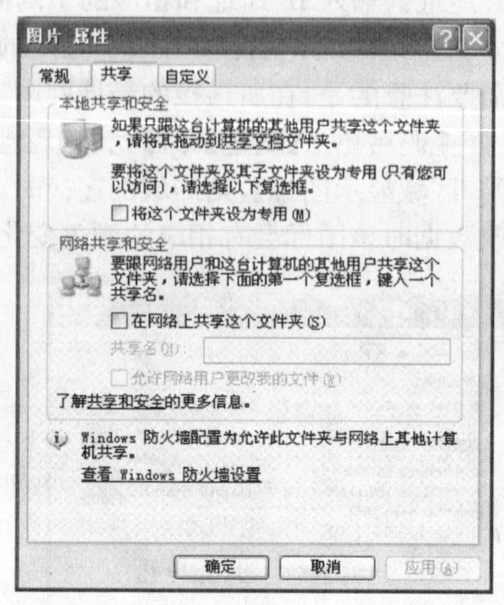

图 6-36　共享对话框

3. 系统应用

(1)访问共享资源

双击【网上邻居】，进入【网上邻居】窗口，单击【查看工作组计算机】，若联网正确，则在【查看相应的工作组】窗口中会看到局域网中所有计算机的名称，双击计算机名称图标，可访问相应计算机上的共享资源。

(2)发送控制台消息

打开【控制面板】，双击【管理工具】，打开【计算机管理】，如图 6-37 所示【计算机管理】对话框，用鼠标左键点击【操作】菜单项，在【所有任务】中选择【发送控制台消息】，如图 6-38 所示【发送控制台消息】对话框，单击添加按钮，输入要接收消息的计算机名称，然后在【消息】窗口中输入消息内容，单击【发送】按钮即可完成控制台消息的发送。发送和接收过程如图 6-39 所示。

(3)实现网上会议

使用 Microsoft 提供的 NetMeeting，点击【开始】→【程序】→【附件】→【通讯】→【NetMeeting】可以实现简单的网上会议功能。第一次运行 NetMeeting 时，必须按照向导程序的指示对 NetMeeting 进行配置。首先是 NetMeeting 的功能介绍，单击【下一步】，出现【个人消息】窗口，这时需要输入必要的个人消息，包括姓名、电子邮件地址以及位置等，单击【下一步】进行目录设置，取消【当 NetMeeting 启动时登录到目录服务器】。然后进行带宽设置，可选择【局域网】，接着选择【在桌面显示 NetMeeting 图标】和【在任务栏上显示 NetMeeting 图标】。最后是调节音频设置，完成后便可随时启动 NetMeeting。

要进行网上会议时，必须保证局域网上的计算机都在运行 NetMeeting。邀请其他计

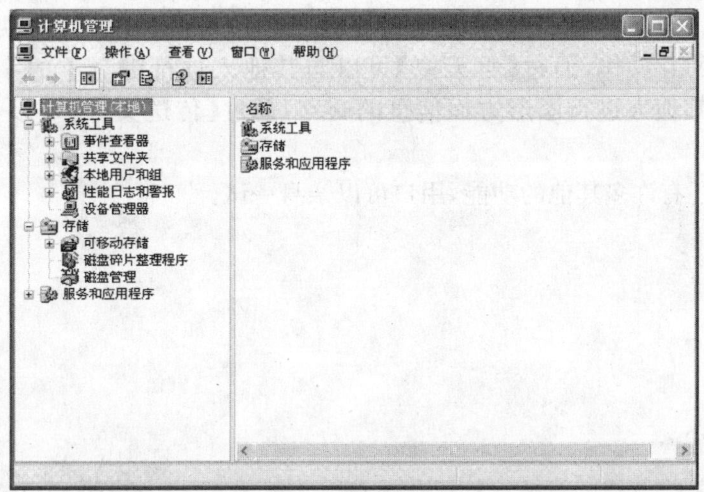

图 6-37　计算机管理对话框

图 6-38　发送控制台消息对话框

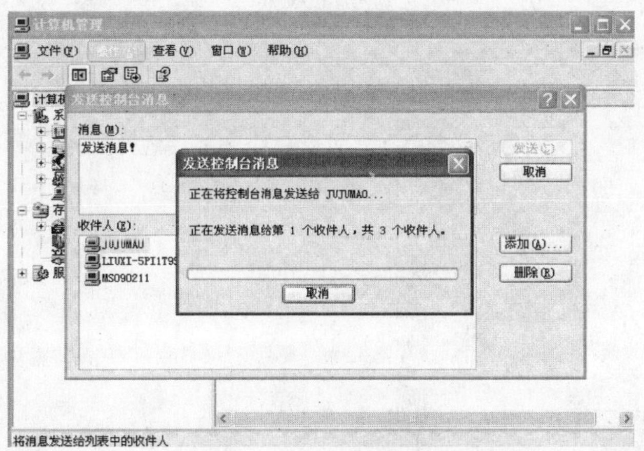

图 6-39　发送和接收过程

算机参加会议，可在【呼叫】中选择【新呼叫】，然后输入要呼叫的计算机名称，单击【呼叫】即可，呼叫成功后，双方即可通过麦克风和耳机（音箱）对话。通过对【共享程序】的设置来进行双方系统的互操作，通过【聊天室】可以与其他人进行键盘上的字符信息交互，通过【白板】可以与其他人进行图形方面信息的交互，通过【传送文件】可以与其他人进行文件交互等等。

NetMeeting 还有许多其他的功能，用户可以亲身一试。

第7章 常用工具软件介绍

随着计算机的迅速发展和普及范围的不断扩大，对计算机基础的要求也不断提高。在掌握基本操作的同时也要掌握常用工具软件的使用。下面分别为用户介绍一下常用的几类工具软件。

7.1 网络资源下载

在广阔的网络世界里，除了可以浏览各式各样的信息之外，还可以下载用户需要的各种网络资源。下载指的是将网络上的资料保存到本地计算机硬盘中。通过下载的方式，用户可以得到自己喜欢的最新版本的软件、音乐、电影、杂志、游戏等。

目前流行的下载方式主要有 Web 下载、BT(Bit Torrent)下载、P2SP 下载和流媒体下载四种方式。

7.1.1 Web 下载方式

Web 下载方式又可分为 HTTP(Hyper Text Transfer Protocol，超文本传输协议)和 FTP(File Transfer Protocol，文件传输协议)两种类型。他们是计算机之间交换数据的方式，也是两种最经典的下载方式，实现原理是用户通过两种协议与提供下载的服务器取得联系并将需要的文件移到自己的计算机中，从而实现下载。

采用 Web 下载方式的软件有 IE 浏览器，FlashGet(网际快车)，NetAnt(网络蚂蚁)等。

(1)IE 浏览器下载

如果用户要下载某一软件，可以使用 IE 浏览器直接进行 Web 方式的下载。下面我们以下载 WinZip 为例，讲述其操作方法。

首先在 IE 浏览器的地址栏中输入已知的下载网站地址，如输入华军软件园的地址(http://www.onlinedown.net/)进入该网站主站。由于这是一个专门提供下载的网站，我们可以通过站内搜索，如图 7-1 所示，或使用分类查找的方式找到 Winzip 的下载页面，如图 7-2 所示。

然后找到下载提示链接，如“点击这里下载”字样，用鼠标单击其中的一个下载链接，系统会自动弹出【文件下载】对话框，如图 7-3 所示。单击【保存】按钮，会弹出下载保存位置提示对话框，选择好保存的位置后单击【保存】，系统会自动下载并且显示下载进度窗口，如图 7-4 所示。

根据下载文件的大小和网络性能的不同，等待一段时间即可完成下载任务，完成下载后图 7-4 中的【打开】和【打开文件夹】按钮就可以点击了。

(2)网际快车—FlashGet

图 7-1　站内搜索

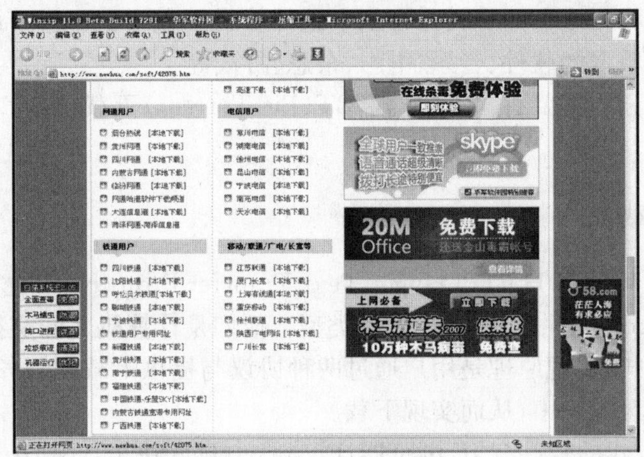

图 7-2　Winzip 下载页面

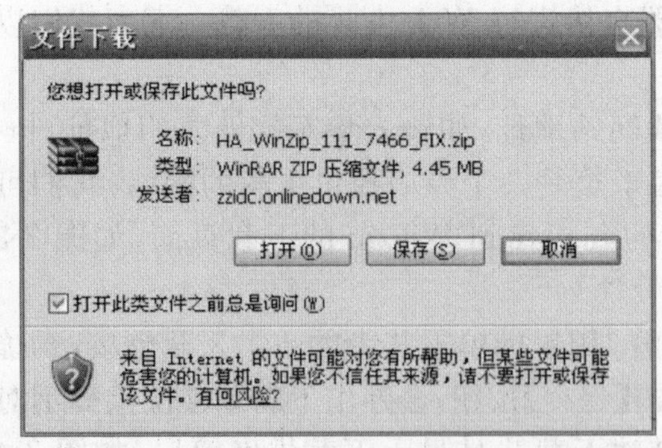

图 7-3　文件下载对话框

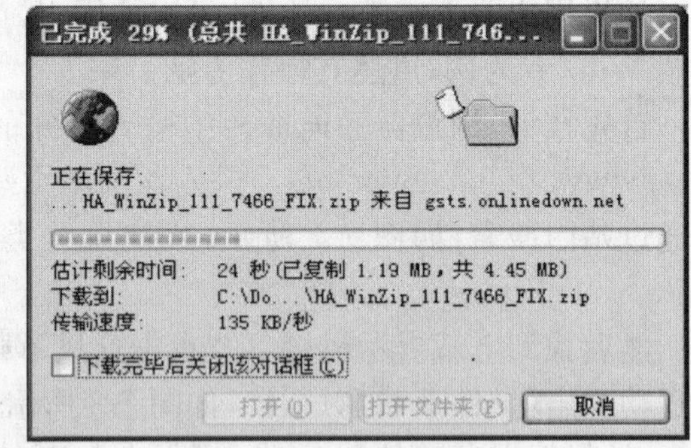

图 7-4　下载进度窗口

用户下载文件时，如何提高下载速度是一个不变的话题，FlashGet 采用了多线程技术，把一个文件分割成几个部分同时下载，从而成倍的提高了下载速度。同时 FlashGet 还提供了下载文件的分类管理，并且支持多地址下载、下载任务排序、下载速度限制、支持代理服务器、支持多种语言等功能。FlashGet 的版本很多，现以 FlashGet 2007 为例，介绍其功能。

FlashGet 是一款免费软件，用户可以直接到其官方网站或其他下载网站下载最新版本，下载方式可采用浏览器下载。当下载完成后点击图 7-4 中【打开】或找到文件存放位置双击 setup. exe，按照向导提示完成安装，安装完毕后桌面会出现 FlashGet 的图标，双击它或点击【开始】→【所有程序】→【FlashGet】→【启动快车 FlashGet】也可启动，启动后界面如图 7-5 所示。

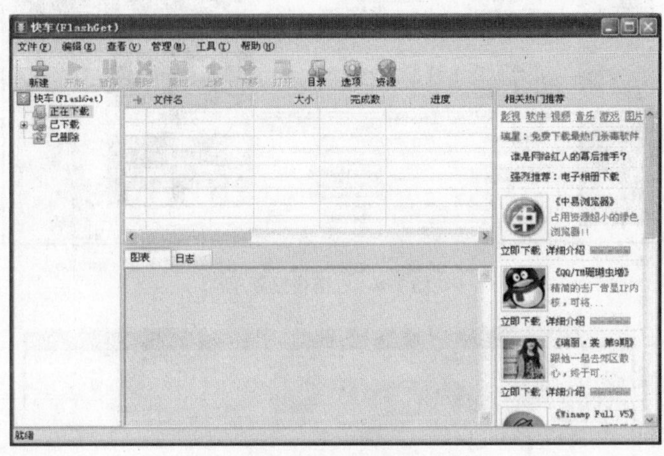

图 7-5　FlashGet 的主界面

FlashGet 主界面由菜单栏、工具栏、目录栏、任务栏和文件下载信息窗口组成。工具栏中一些常用按钮的功能如下。

☆ 新建：新建一个下载任务。

☆ 开始：开始下载选定的文件。

☆ 暂停：暂停下载。

☆ 删除：删除选定下载的项目。

☆ 属性：修改选定项目的属性。

☆ 上移或下移：调整下载任务的先后顺序。

☆ 目录：打开 Windows 资源管理器，浏览下载文件所在目录。

☆ 选项：对 FlashGet 进行【常规】、【代理服务器】和【连接】等有关设置。

☆ 资源：帮助用户将某一站点中全部文件和文件夹探测并且显示出来。

还是以从华军软件园下载 WinZip 为例，讲述用 FlashGet 下载时的操作步骤。

首先在浏览器地址栏中输入华军软件园的地址（http://www. onlinedown. net/）进入该站，然后找到下载页面，在网页下载链接上点击鼠标右键，弹出如图 7-6 所示快捷菜单。

在弹出的菜单中选择【使用快车（FlashGet）下载】命令，系统会自动启动 FlashGet 并且弹出【添加新任务】对话框，如图 7-7 所示。软件会自动将相关信息添加到该对话框中，FlashGet 默认下载目录是 C:\Downloads 文件夹中。可更改下载目录和下载文件名称。

单击【确定】按钮，FlashGet 会自动打开文件下载，悬浮窗口会提示下载进度，如图 7-8 所示。

图 7-6　右键快捷菜单

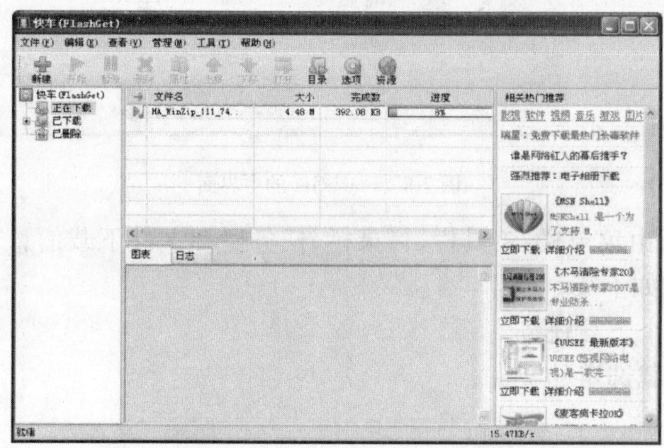

图 7-7　添加新的下载任务对话框

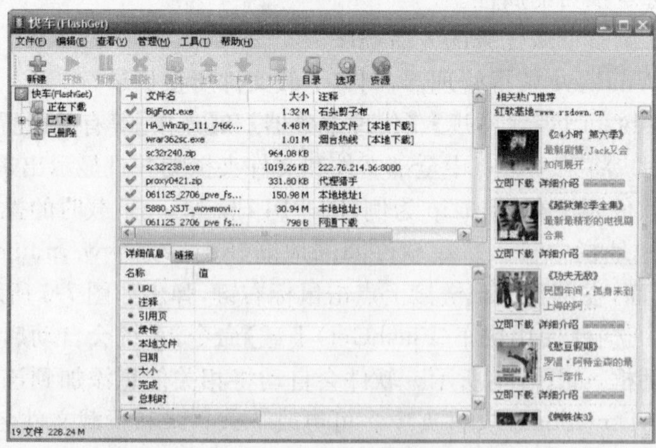

图 7-8　下载主程序窗口

在下载任务的过程中,用户可以通过鼠标单击 FlashGet 工具栏上对应的按钮来控制任务的暂停、删除、修改优先等级等。

下载完毕后,用户可以切换到【已下载】文件夹,如图 7-9 所示。单击文件名可以查看该文件相关信息,双击该文件名可以快速打开此文件。

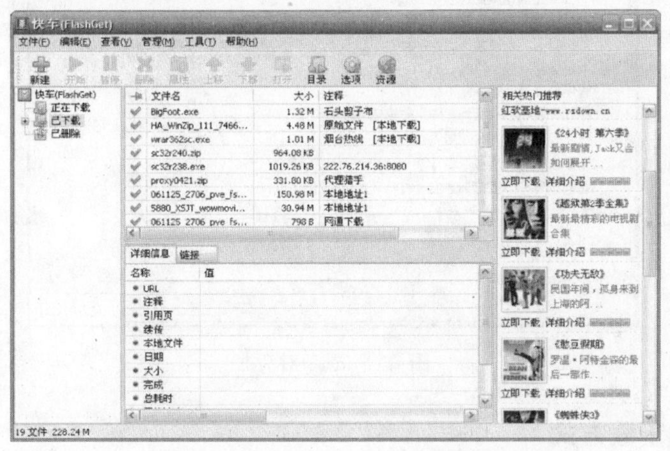

图 7-9 任务窗口中的已下载文件夹

在 FlashGet 中,用户可以根据自己的需要对其进行属性的设置。执行【工具】→【默认下载属性】对话框,如图 7-10 所示。用户可以在此对话框中设置 FlashGet 自动将下载文件保存到的文件夹位置,以及下载时将文件分成小文件的个数等等。

默认下载属性

常规 高级

允许通过镜像列表文件和Ftp查找功能发现替代URL

引用(R):

类别(C): 已下载

另存到(A): C:\Downloads

记住最后使用的类别和目录(L)

文件分成 5 同时下载

登录到服务器(G):

用户名(N):

密码(P):

开始

手动(M)

立即(I)

计划(S)

注意: FlashGet管理已下载软件的方法不同于其他的下载软件,如果你想更改缺省的下载文件目录,请更改每个类别的目录属性,最好能阅读帮助文件。FlashGet的管理功能倍受用户推崇。

确定 取消

图 7-10 默认下载属性对话框

执行【工具】→【选项】命令,打开【选项】对话框,如图 7-11 所示。在此对话框中,用户可对 FlashGet【常规】、【代理服务器】、【连接】、【协议】、【监视】、【镜像】等有关项根据需要进行配置。

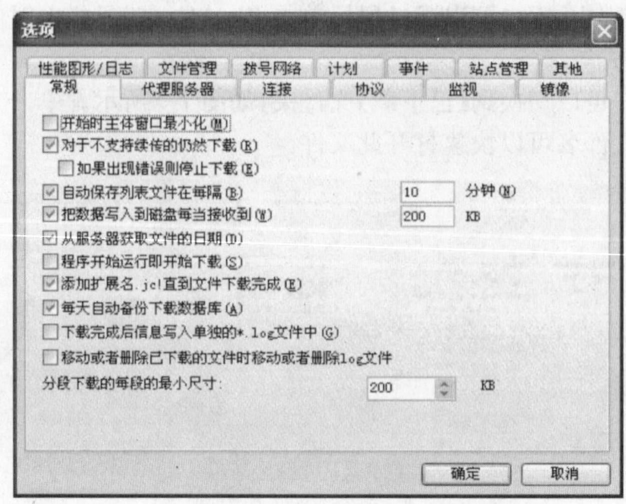

图 7-11　选项对话框

7.1.2　P2SP 下载方式

什么是 P2SP(peer to sever&peer,用户对服务器和用户)?

BT 的出现使大多数人对 P2P(Peer to Peer,对等互联网络技术或者称为点对点网络技术)并不陌生。P2P 的下载概念,简单点说,就是下载不再像传统方式那样只能依赖服务器,内容的传递可以在网络上的各个终端机器中进行。P2SP 的出现使用户有了更好的选择,它除了包含 P2P 以外,更多了个 S(P2SP 的"S"是指服务器)。P2SP 有效地通过多媒体检索数据库这个桥梁把原本孤立的服务器和其镜像资源以及 P2P 资源整合到了一起。也就是说,在下载的稳定性和下载的速度上,都比传统的 P2P 或 P2S(Peer to Sever,用户对服务器)有了非常大的提高。

迅雷(Thunder)是一款基于 P2SP 技术的下载软件(其版本很多,现以迅雷 5.0 为例介绍),能够将网络上、服务器上的资源和个人计算机上的资源有效的进行整合,构成独特的迅雷网络。通过迅雷网络,各种数据文件能够以最快的速度进行传递。同时,它还具有互联网下载负载均衡功能,在不降低用户感受的前提下,迅雷网络可以对服务器资源进行均衡,有效降低了服务器的负担。其功能如下:

☆ 全新的多资源超线程技术,显著提升下载速度;

☆ 功能强大的任务管理功能,可以选择不同的任务管理模式;

☆ 智能磁盘缓存技术,有效防止了高速下载时对硬盘的损伤;

☆ 智能的信息提示系统,根据用户的操作提供相关的提示和操作建议;

☆ 独有的错误诊断功能,帮助用户解决下载失败的问题;

☆ 病毒防护功能,可以和杀毒软件配合保证下载文件的安全性;

☆ 自动监测新版本,提示用户及时升级软件;

☆ 提供多种皮肤,用户可以根据自己的爱好进行选择。

迅雷的安装非常简单,用户可以到其官方网站(http://www.xunlei.com)下载最新版本。下载完成后,双击执行安装程序,并按照安装提示向导一步一步进行,安装完成后,桌面会出现迅雷

图标 ，双击图标或点击【开始】→【所有程序】→【迅雷】→【启动迅雷 5】，其主界面如图 7-12 所示。

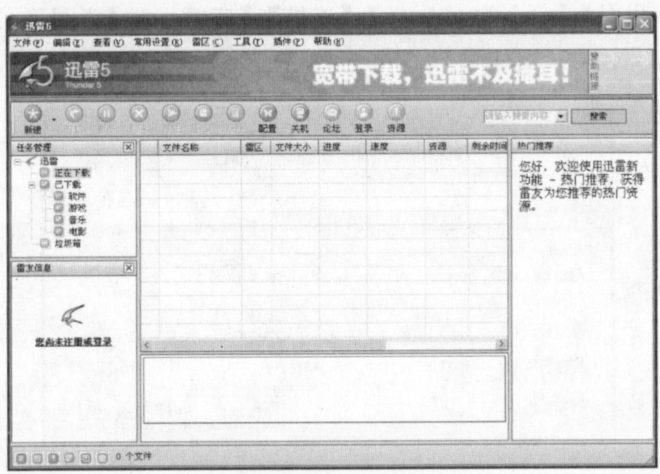

图 7-12　迅雷的主界面

迅雷工具栏中的按钮功能与网际快车的相同。其下载方法与网际快车相似，仍以下载 WinZip 为例，具体步骤如下。

在下载网站内搜索下载资源界面，然后在下载链接地址上单击鼠标右键，弹出快捷菜单，如图 7-13 所示。

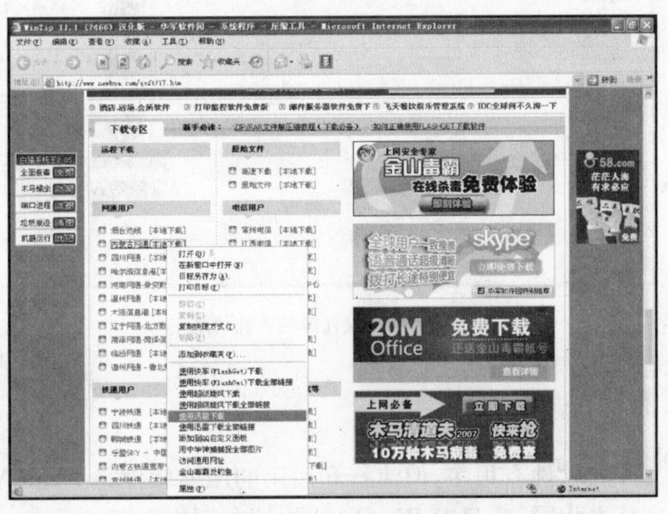

图 7-13　鼠标右键快捷菜单

在快捷菜单中选择【使用迅雷下载】命令，迅雷会自动运行并且打开【建立新的下载任务】对话框，如图 7-14 所示。用户在此对话框中设置下载文件保存的路径，还可以更改文件的名称。设置完毕后单击【确定】按钮开始下载。

同 FlashGet 一样，迅雷在下载任务时也有下载进度显示，如图 7-15 所示，其主界面显示着各种状态。

当进度显示 100%后下载完成，点击任务窗口中的【已下载】，可看到刚刚下载的软件，双击它即可快速打开此文件。

迅雷的设置可以通过点击【工具】→【配置】命令，打开【配置】对话框。在此对话框中用户可对【常规】、【类别/目录】、【任务默认属性】、【连接】、【病毒保护】、【图形/日志】和【高级】各项根据需要进行配置。

图 7-14　建立新的下载任务对话框

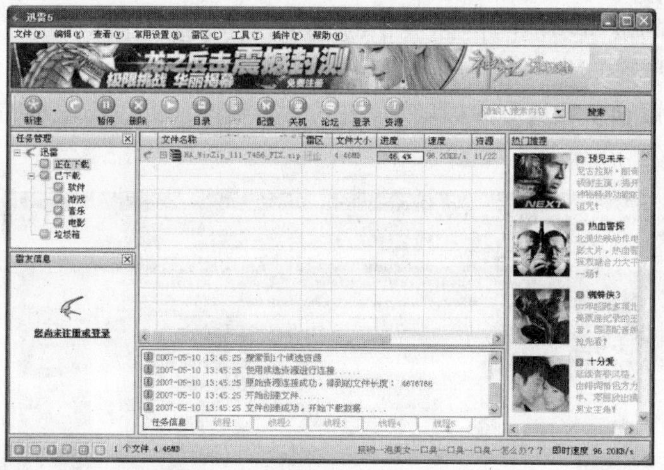

图 7-15　下载任务的各种状态

7.2　文件压缩软件

目前用于压缩文件的软件有很多，但流行和通用的压缩软件是 WinRAR 和 WinZip 两款，由于它们的使用方法基本相同，现只以 WinRAR 为例向用户介绍。

WinRAR 是一款集创建、管理和控制于一体的压缩软件。它能够备份用户数据，减少用户 E-mail 附件的大小，解压从 Internet 上下载的 RAR、ZIP 和其他格式的压缩文件，并且能够创建 RAR、ZIP 格式的压缩文件。它的压缩率非常高而且占用资源少，支持多媒体压缩，能够修复损坏的压缩文件，内含文件注释和加密等功能。

7.2.1　WinRAR 的安装、启动和退出

用户可以到 WinRAR 的官方网站(http://www.winrar.com.cn/)下载其最新版本，也可

以到各大型网站进行下载。WinRAR 的安装十分简单，只需双击下载文件，进行自动安装，安装完成后桌面会出现 WinRAR 图标，双击它或点击【开始】→【所有程序】→【WinRAR】→【WinRAR】命令，打开主界面，如图 7-16 所示。

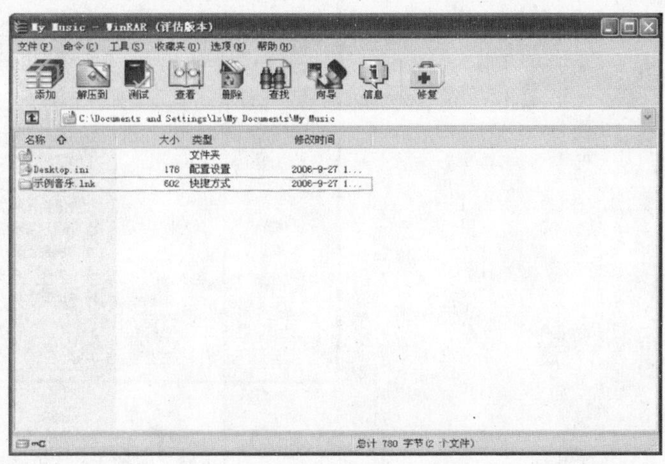

图 7-16　WinRAR 主界面

退出 WinRAR 的方法与其他应用软件的退出方法类似，点击【文件】→【退出】或者点击窗口右上方【关闭】按钮。

WinRAR 的主界面由菜单栏、工具栏、驱动器列表、文件列表框和状态栏组成。工具栏主要按钮的作用如下：

☆ 添加：用于把选中的文件进行压缩；

☆ 解压到：用于对压缩文件解压；

☆ 测试：用于测试压缩文件是否损坏；

☆ 查看：用于显示所选中的文件内容；

☆ 删除：用于删除所选定的按钮；

☆ 修复：用于修复损坏的压缩文件。

7.2.2　使用 WinRAR 压缩文件

使用 WinRAR 执行压缩文件操作时，一般习惯用右键快捷菜单来完成。首先找到要压缩的文件或文件夹，然后单击鼠标右键弹出快捷菜单，如图 7-17 所示，可以看到有【添加到压缩文件】、【添加到“图片. rar”】、【压缩并 E-mail】和【压缩到“图片. rar”并 E-mail】四个命令，根据用户的需要选择相应命令即可完成压缩操作。

如果选择【添加到压缩文件】命令，则打开如图 7-18 所示的【压缩文件名和参数】对话框，这里可以重新输入压缩文件的名称，例如改称 picture. rar。在【压缩文件格式】选项中有【RAR】和【ZIP】两种压缩格式供用户选择，在【压缩方式】选项中，默认为【标准】方式，要提高压缩质量可以选择【最好】方式。同时用户还可以实现将文件或文件夹压缩为. EXE 的自解压缩文件，对压缩文件加密等诸多功能。设置好各个选项后，单击【确定】按钮即可对所选文件或文件夹进行压缩。

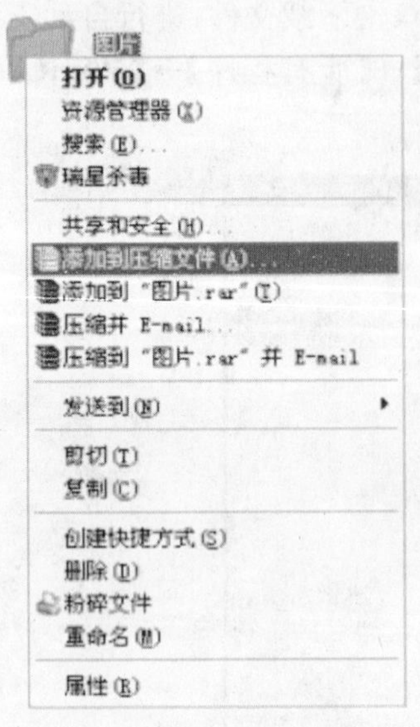

图 7-17 鼠标右键快捷菜单

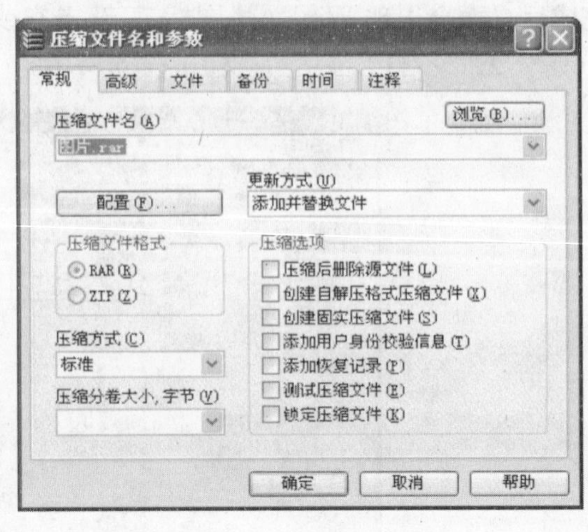

图 7-18 压缩文件名和参数对话框

7.2.3 使用 WinRAR 解压缩文件

由于压缩后的文件不能直接使用,所以需要对其进行解压缩,解压缩就是将压缩后的文件解压缩恢复到原来的样子。首先选择需要解压缩的文件,单击鼠标右键弹出快捷菜单,如图 7-19 所示。此快捷菜单包括【打开】、【解压文件】、【解压到当前文件夹】以及【解压到 图片\】四个菜单命令,根据需要选择相应命令即可完成对应的解压缩操作。

如果选择【解压文件】菜单命令,则弹出如图 7-20 所示的【解压路径和选项】对话框,设置解压缩后文件的保存路径和名称以及其他相关项。完成各项设置后单击【确定】按钮即可将压缩文件解压。

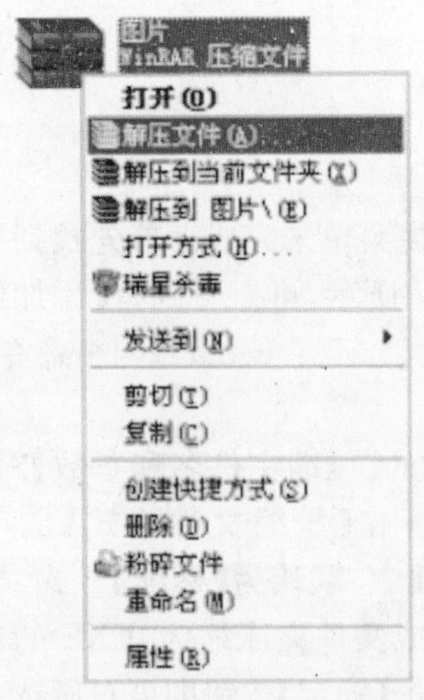

图 7-19 鼠标右键快捷菜单

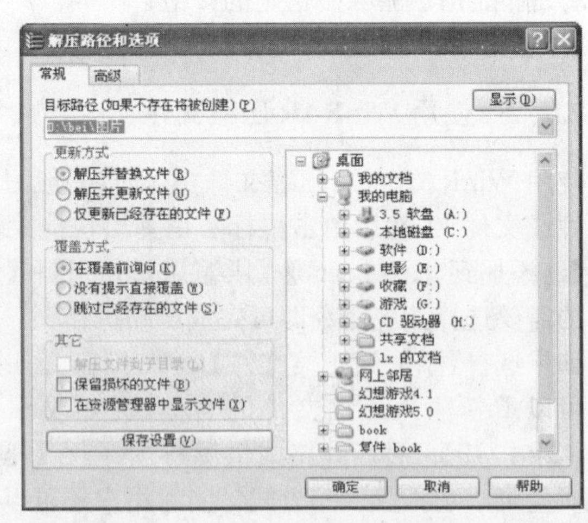

图 7-20 解压路径和选项对话框

7.3 媒体播放软件

在计算机实际应用中,有许多媒体播放工具软件供用户使用,根据特定要求,选择一款合适的工具软件,不仅会使工作变得轻松愉快,还可以大大提高工作效率,下面介绍两款常用的媒体播放软件,一个是图形浏览软件 ACDSee,另一个是多媒体播放软件 RealPlayer。

7.3.1 图形浏览软件 ACDSee

ACDSee 是一款非常专业的图形浏览软件,它的功能非常强大,几乎支持目前所有的图形文件格式,是目前最流行的图形浏览工具。由于其版本众多,下面以 ACDSee8.0 为例介绍。

(1)ACDSee8.0 的安装、启动和退出

ACDSee8.0 可以通过登录华军软件园(http://www.onlinedown.net/)进行下载,下载完成后双击下载的 setup.exe 文件,按照安装向导的提示完成安装。安装完成后可点击桌面的快捷方式图标或点击【开始】→【所有程序】→【ACDSee8.0】→【ACDSee8.0】命令,启动该程序。退出与其他应用软件方法一样,点击窗口右上角的【关闭】按钮。

(2)ACDSee8.0 的用户界面

启动 ACDSee8.0 后用户工作界面如图 7-21 所示,包括标题栏、菜单栏、工具栏、状态栏、主窗口、文件夹窗口、预览窗口和任务面板窗口组成。

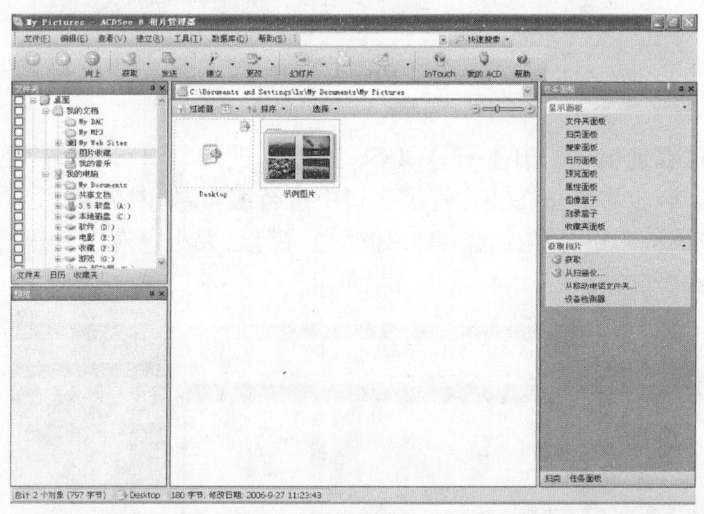

图 7-21 ACDSee8.0 的用户工作界面

①文件夹窗口:在工具栏下方左边类似于资源管理器的窗口。其操作方法也与资源管理器相同,在这里可以对文件夹或文件进行复制、移动和删除等操作,用来选择要浏览的图形文件位置。

②主窗口:是整个工作界面的最大区域,在这里浏览选中的文件夹中的所有图片。

③预览窗口:在文件夹窗口下方,可对浏览窗口中选定的图形文件进行预览。

④任务面板窗口:包括了文件和文件夹任务、获取相片、修理和增强相片、共享和打印相片等工具面板。

⑤状态栏:显示着图形对象的详细信息。

(3)ACDSee8.0 的使用

①查看图片

通过文件夹窗口找到要查看的图形文件,主窗口中会出现要查看的图形文件缩略图,用鼠标左键点击该图,则该图形会出现在预览窗口,双击该图形可进入【相片管理器】查看,如图 7-22 所示。

图 7-22　相片管理器中查看图片

②编辑图片

单击【工具】→【在编辑器打开】→【ACDSee】,可以进入 ACDSee 相片管理窗口中的编辑模式对图片进行编辑,也可直接在相片管理窗口中进行编辑,如图 7-23 所示。在编辑模式中,可根据需要在编辑面板中选择相应的工具,如颜色、锐化、大小等对图片进行编辑。编辑好后单击【完成】,退出编辑状态。

图 7-23　编辑模式

③批量转换格式

ACDSee 允许对图片现有的格式进行转换。在预览的模式下选中要转换格式的图片，一个或多个都可以，单击【工具】→【转换文件格式】命令，即弹出【转换文件格式】对话框，如图 7-24 所示。

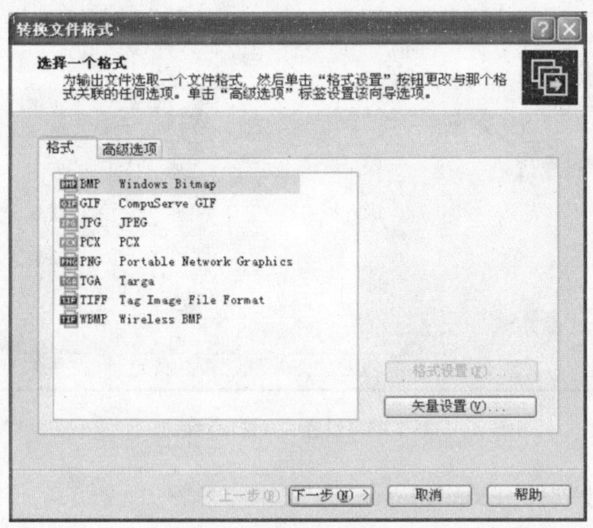

图 7-24　转换文件格式对话框

选择要转换的目标格式后，单击【下一步】按钮，进入【设置输出选项】对话框，如图 7-25 所示。

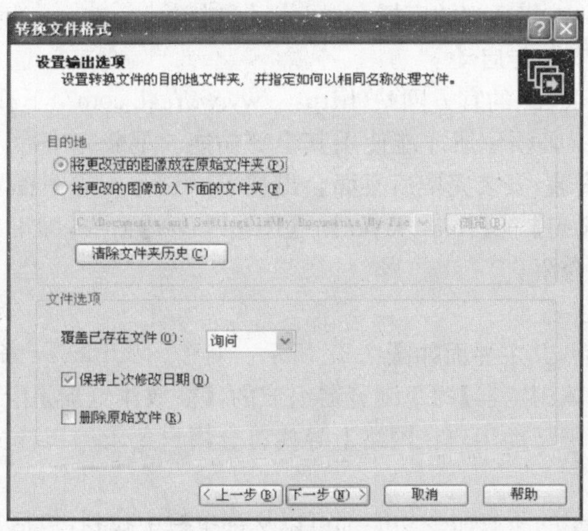

图 7-25　设置输出选项对话框

设置好目标文件的存储位置和文件选项后，单击【下一步】按钮，便进入【设置多页选项】对话框，如图 7-26 所示。按照默认设置，单击【开始转换】按钮，系统会出现转换的进度，再单击【完成】按钮即可完成文件格式的转换。

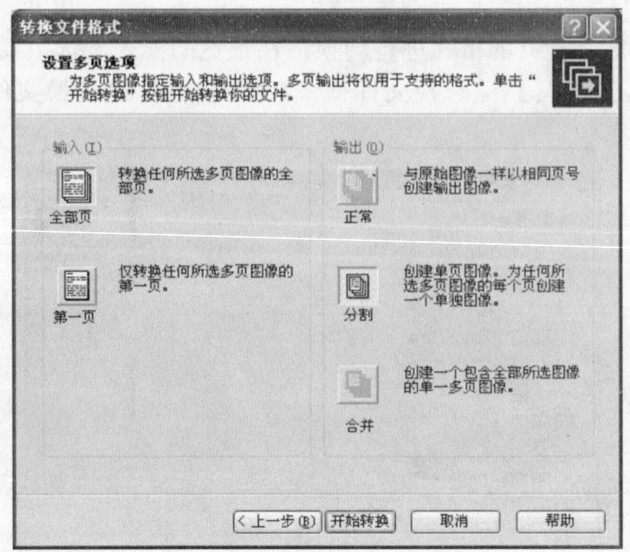

图 7-26 设置多页选项对话框

7.3.2 媒体播放软件—RealPlayer

RealPlayer 是一款功能强大的播放软件,可以播放本地或网络上的视频、音频和 Flash 动画,并且能够在 Internet 上通过流媒体技术实现音频和视频的实时传输,实现在线观看。使用它不必下载音频或者视频的全部内容,只要线路传输速率允许,就能完全实现在线播放,使用户方便的在网上收听和查找喜欢的广播、电视节目和电影。

(1)RealPlayer 的安装与启动

用户可以到 RealPlayer 的官方网站(http://www.real.com/)下载其最新版本,值得注意的是下载的 RealPlayer 必须注册才能使用其全部功能。下载完毕后,双击下载的安装文件,按照安装向导的提示安装,安装完毕后桌面会出现 RealPlayer 的图标,双击图标或点击【开始】→【所有程序】→【Real】→【RealPlayer】→【RealPlayer】命令,即可启动 RealPlayer。下面以 RealPlayer 10 为例介绍。

(2)RealPlayer 的主界面

运行 RealPlayer 后,其主界面如图 7-27 所示。对于 RealPlayer 来说,其主界面实际上是由【播放浏览器】和【媒体浏览器】两个浏览器组成的,【播放浏览器】用于播放用户选择的媒体文件,【媒体浏览器】用于帮助用户在网络上寻找符合用户要求的媒体文件及提供一些特殊的高等级应用功能。

菜单栏:RealPlayer 的所有命令功能都可以从菜单栏中找到,包括文件菜单、编辑菜单、视图菜单、播放菜单、收藏夹菜单、工具菜单和帮助菜单。

播放状态信息栏:在播放浏览器的下方,该工具栏用来显示当前正在播放的媒体文件的各种信息,如媒体文件的名称、传输速率、媒体播放总时间和媒体播放当前时间。

媒体播放控制栏:该栏主要包括控制媒体文件播放的工具按钮,如开始、结束、后退、前进和音量大小调整等。

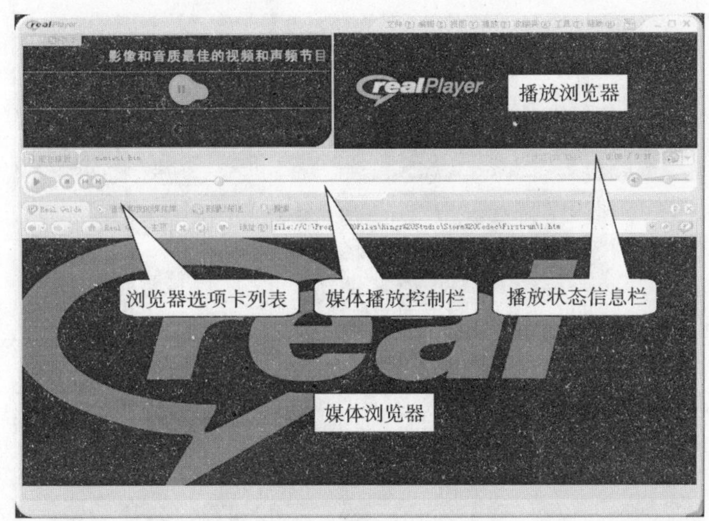

图 7-27 RealPlayer 的主界面

浏览器选项卡列表栏：该栏以四个选项卡的形式向用户提供使用浏览器的四大功能，单击不同的选项卡，在浏览器的内容窗口区域中将显示不同的功能内容。

①【Real Guide】选项卡用于打开 Real Guide 页面，显示每天更新的 Real 服务的内容，例如音乐、新闻、体育和娱乐等。

②【音乐和我的媒体库】选项卡用于打开音乐和我的媒体库页面，具有下载音乐、收听 Internet 电台节目、播放和保存 CD 曲目，以及使用我们的媒体剪辑库的权限。

③【刻录/传送】选项卡用于打开刻录/传送页面，使用此页面，可以添加、配置和访问能连接至计算机的各种便携式设备，CD 刻录也可以通过此页面进行控制。

④【搜索】选项卡用于打开搜索页面以及搜索在线内容或搜索我的媒体库已下载至本地计算机中的内容。

媒体浏览控制器控制栏：该栏通过提供给用户一系列工具按钮对浏览器进行快捷操作，例如访问页面地址、返回上一页面和停止当前页面内容传输等。

媒体浏览器内容显示区域：该区域主要用于根据用户的操作显示媒体浏览器相关方面的内容。

媒体浏览器状态栏：该栏用于显示媒体浏览器访问网络时各种状态的统计信息，如网页的传输速度、完成程度等。

(3)用 RealPlayer 播放本地媒体

启动 RealPlayer 后，如图 7-28 所示点击【文件】→【打开】命令，打开如图 7-29 所示对话框，可以添加网页地址或本地计算机媒体(视频文件或音频文件)的位置，也可点击【查找范围】按钮浏览计算机，找到要播放的媒体文件。

选择好本地计算机要播放的媒体后，单击【打开】按钮，被选择的媒体文件就会被播放出来。控制媒体的播放可以使用媒体播放控制栏，包括播放、停止、上一个剪辑/按住以快退、下一个剪辑/按住以快进、音量大小调整按钮，可将鼠标移动到按钮上出现按钮名称的提示，如图 7-30 所示。根据要求，用户可以手动调整。

图 7-28　选择打开对话框

图 7-29　浏览计算机选择媒体

图 7-30　媒体播放工具栏按钮

如果当前是视频文件,可在播放浏览器窗口中点击右键,通过弹出的快捷菜单对 RealPlayer 进行各种操作。

(4)RealPlayer 的其他功能

网络用户可以通过点击媒体浏览器中的窗口选项卡,选择自己喜欢的内容。Real 提供了所有门户的服务,包括免费的音乐、游戏、影视、图形等等,用户可以搜索、试听、购买和下载,可用 RealPlayer 播放、可传送至安全便携式媒体播放器,或刻录至音频 CD。Real 音乐提供了各种免费在线音乐和音频视频,同时还提供关于音乐及其创作艺术家论坛。如在 Real 主界面中单击某媒体浏览器中的【音乐】选项卡,在浏览器内容显示区域中就会显示该页内容,如图7-31所示。这时用户可在媒体浏览器显示区域所列出的众多音乐项目中,用鼠标单击选择某个音乐进行欣赏。

图 7-31　媒体浏览器音乐选项卡

7.4　常用瑞星杀毒软件

随着计算机网络技术的快速发展，计算机病毒的泛滥也随之愈演愈烈。为了保护计算机系统和数据不被破坏，应使用杀毒软件来提高系统和数据的安全性。常用杀毒软件有很多，主要有瑞星、金山毒霸、江民、Norton Anti Virus 等。现以瑞星 2007 为例，介绍杀毒软件的功能。

7.4.1　瑞星杀毒软件简介

瑞星杀毒软件是针对目前流行的网络病毒和黑客攻击而研制的全新产品。它提供了智能反病毒引擎，对未知病毒、变种病毒、黑客木马、恶意网页程序、间谍程序等有较强的防御和查杀能力，软件采用全新的体系结构，拥有及时便捷的升级服务和技术支持，能够给用户的计算机可靠安全的保护。

目前有瑞星杀毒软件官方版、下载版、网络版、2007 版、2008 版等相关产品，它们支持简体中文、繁体中文、英文和日文四种语言。官方网站为 http://rising.com.cn/，用户可以在此网站查看相关产品和咨询。

7.4.2　瑞星杀毒软件 2007 的安装

将瑞星杀毒软件 2007 光盘插入光驱，光驱会自动运行并且安装显示欢迎界面如图 7-32 所示。选择【安装瑞星杀毒软件】，在弹出的【选择语言】对话框中选择【中文简体】、【中文繁体】、【English】和【日本语】四种语言中的一种，如图 7-33 所示，然后单击【确定】按钮开始安装。

接下来，单击【下一步】按钮继续安装，在【检查序列号】对话框中，用户需要正确输入产品的序列号和 ID 号，如图 7-34 所示，单击【下一步】按钮。

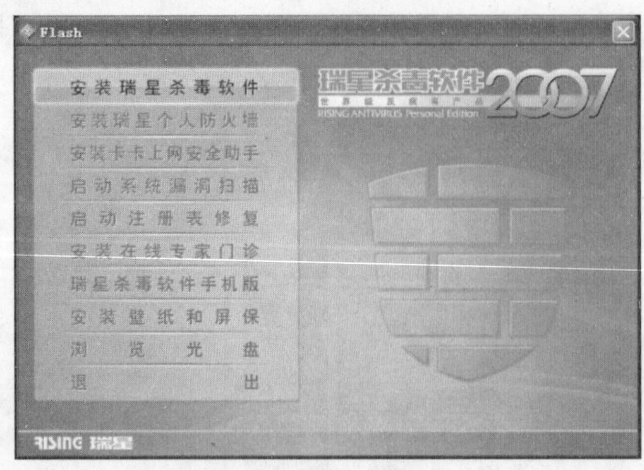

图 7-32 瑞星欢迎界面

图 7-33 选择语言对话框

安装结束后，在【结束】对话框中，可以选择【运行瑞星杀毒软件主程序】、【运行监控中心】、【运行注册向导】三个选项来启动相应的程序，如图 7-35 所示，最后单击【完成】按钮结束安装。

图 7-34 检查序列号对话框

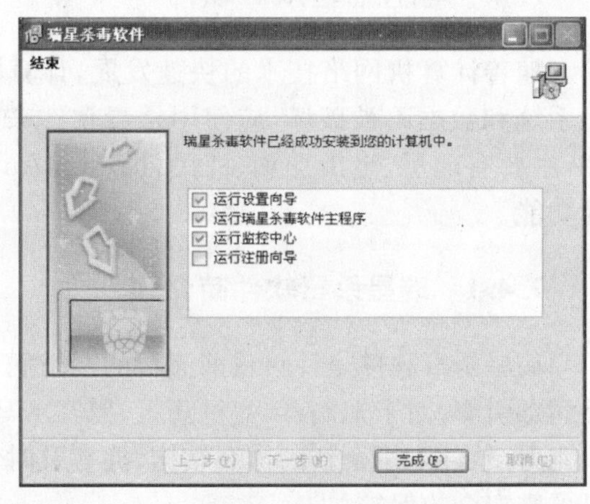

图 7-35 结束对话框

7.4.3 瑞星杀毒软件 2007 的设置

当瑞星杀毒软件安装完毕后，会出现【瑞星设置】对话框，或者单击瑞星杀毒软件主界面中的【设置】→【详细设置】可完成对瑞星的设置。下面按照瑞星软件安装完成后的提示向导介绍设置方法。

瑞星软件安装完成后会出现如图 7-36 所示对话框，此界面可设置发现病毒时的处理方式，可以选择询问用户、直接杀毒、直接删除和忽略等几种方式。杀毒结束后计算机状态设置，包括返回、退出、重启和关机。设置查杀文件的类型选项，包括所有文件、仅程序文件和自定义扩展名。用户可更改设置也可以不做任何改动使用默认设置。

单击【下一步】按钮进入【定制任务设置】窗口，如图 7-37 所示。在这里必须要设定的任务瑞星已经替用户选中，包括使用定时扫描、关机时检测软盘、使用屏保扫描、自动登录系统前扫描、使用开机扫描等，其中各项的详细设置可进入【详细设置】中进行。

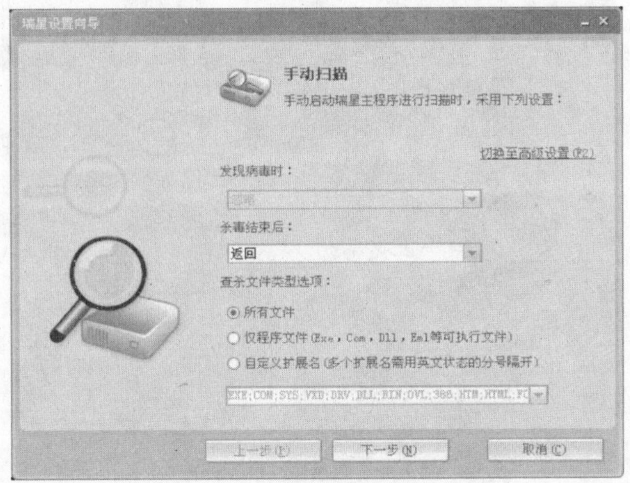

图 7-36　设置查杀病毒类型

图 7-37　定制任务设置

单击【下一步】按钮，进入【瑞星监控中心设置】，如图 7-38 所示。在这里用户可选择需要瑞星监控的对象，如对文件的监控、对注册表的监控、对邮件发送或接收的监控、对网页的监控、对漏洞攻击的监控和对引导区的监控。瑞星默认启动了所有的监控，用户可根据需要选择启动监控项目，当用户进行打开陌生文件、收发电子邮件或浏览网页等操作时，瑞星就能自动查杀和截获病毒，全面的保护计算机不受病毒侵害。

单击【下一步】，进入【定时升级】，如图 7-39 所示。在此界面中可设置升级的频率为不升级、每周期升级一次、每周升级一次、每天升级一次等，具体升级时间的设置也可在此完成。

最后单击【完成】按钮，对瑞星 2007 的快速设置就结束了。如果需要详细的设置，可启动瑞星的主界面单击【设置】→【详细设置】命令进行设置。

图 7-38　瑞星监控中心设置

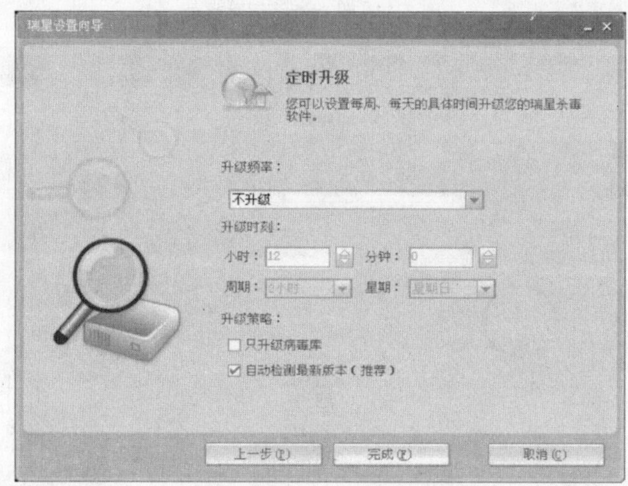

图 7-39　定时升级设置

7.4.4　瑞星杀毒软件 2007 主界面介绍

瑞星杀毒软件 2007 的主界面是用户使用时的主要操作界面，此界面为用户提供了瑞星杀毒软件所有的控制选项，如图 7-40 所示，通过简单、易操作和友好的界面，用户无需掌握丰富的专业知识就可以轻松地使用。瑞星杀毒软件的主界面主要分为以下几部分。

(1)菜单栏：用于进行菜单操作的窗口，包括操作、视图、设置和帮助四个下拉菜单，在这里可以完成所有对瑞星杀毒软件的命令操作。

(2)信息中心选项卡：这里是用户最常使用的选项卡，它位于菜单栏下方，如图 7-40 所示。它包括查杀目录栏、查毒状态栏、病毒列表、查毒按钮、升级按钮、专家门诊按钮。查杀目录用于选择查杀目标，包括指定文件、磁盘、内存、引导区和邮件等。查毒状态栏用来显示当前正在查杀病毒的文件名、已查杀文件数和病毒数以及相应处理进度，通过进度条的显示，用户可以一目了然地掌握查杀病毒的进展情况。病毒列表是瑞星查毒软件在查毒时如果发现病毒，则会将感染病毒的文件名、所在的文件夹、病毒名称和状态显示在此窗口中，并且在每个文件名前面显示一个图标标明病毒的类型，图标及其含义如图 7-41 所示。查毒按钮是用来对选定的查杀目录进行病毒扫描。升级按钮用于联接到瑞星升级服务器，进行智能升级病毒库等操作。专家门诊按钮用来联接到瑞星客户服务中心的网站，在瑞星客户服务中心可以了解最新服务动态，获得有关反病毒的最新资讯，享受瑞星公司提供的在线服务。

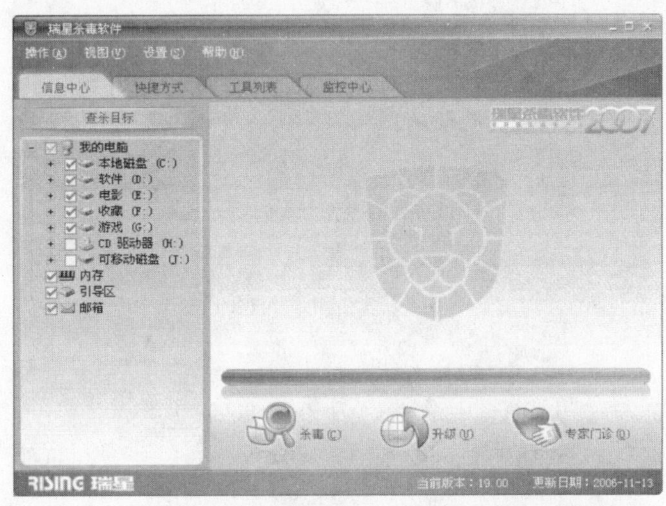

图 7-40 瑞星杀毒软件 2007 主界面

	未知病毒		引导区病毒		未知宏病毒
	Dos下的com病毒		Windows下的le病毒		未知脚本病毒
	Dos下的exe病毒		普通型病毒		未知邮件病毒
	Windows下的pe病毒		Unix下的elf文件病毒		未知Windows病毒
	Windows下的ne病毒		邮件病毒		未知Dos病毒
	内存病毒		软盘引导区病毒		未知引导区病毒
	宏病毒		硬盘主引导记录病毒		
	脚本病毒		硬盘系统引导区病毒		

图 7-41 图标及其含义

(3)快捷方式选项卡：可以设置查毒快捷方式，通过添加或减少快捷方式简化查毒目标设置，其中包括查杀所有光盘、所有硬盘、可移动介质、我的文档等，可通过点击右下角【添加我的快捷方式】命令添加查杀目标，如图 7-42 所示。

(4)工具列表选项卡：此界面包括病毒隔离系统、漏洞扫描、其他嵌入式查杀、瑞星 U 盘杀毒工具、瑞星安装包制作程序、瑞星监控中心、瑞星助手、硬盘数据备份、注册表修复工具、注册向导等工具，如图 7-43 所示。

(5)监控中心选项卡：此选项卡中包括漏洞攻击监控、内存监控、网页监控、文件监控、引导区监控、邮件发送监控、邮件接收监控、注册表监控等工具，如图 7-44 所示。

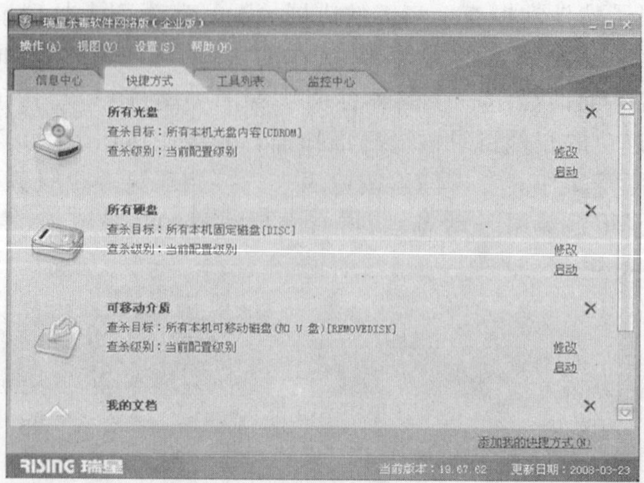

图 7-42　快捷方式选项卡

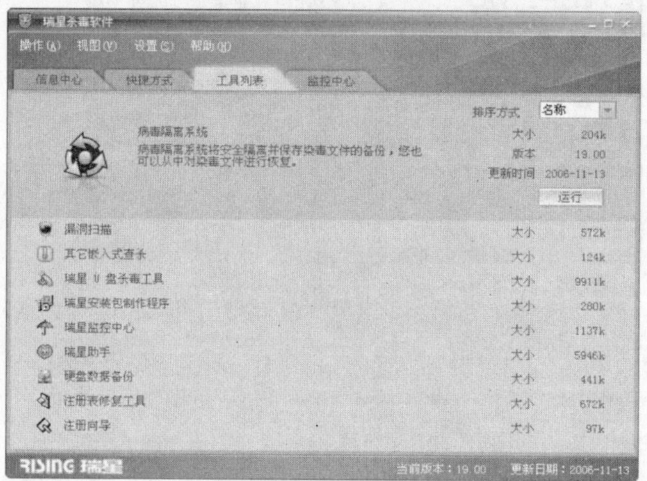

图 7-43　工具列表选项卡

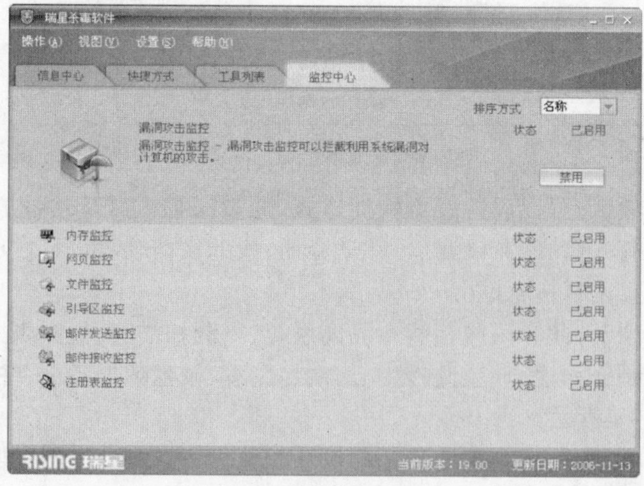

图 7-44　监控中心选项卡

7.4.5 瑞星杀毒软件 2007 的使用

综合大多数用户的普遍情况，瑞星杀毒软件已经预先作了合理的默认设置，因此，普通用户在通常情况下无需做任何改动即可使用瑞星软件，具体操作方法如下。

首先启动瑞星杀毒软件 2007，在【查杀目标】栏中显示了待查病毒的目标项，默认状态下，所有的硬盘驱动器、内存、引导区和邮件都为选中状态，如图 7-40 所示，用户可根据需要自己选择要查杀病毒的目标项。

然后单击瑞星杀毒软件 2007 主界面上的【杀毒】按钮，瑞星开始对选中目标项进行扫描，发现病毒时程序会自动提示用户进行相应的处理。对扫描中发现的病毒，病毒文件名、所在文件夹病毒名称和状态都将显示在病毒列表窗口中。扫描过程中可随时单击【暂停】按钮暂停当前杀毒操作，单击【继续】按钮可继续未完成的操作，也可单击【停止】按钮停止当前查杀任务。

7.4.6 瑞星杀毒软件 2007 的在线升级

由于病毒的种类繁多，并且在不断演化，因此杀毒软件应该及时升级，保持对新出现和变种病毒的防范能力。

用户在瑞星杀毒软件主界面点击【升级】按钮，即可进行自动升级，如图 7-45 所示。

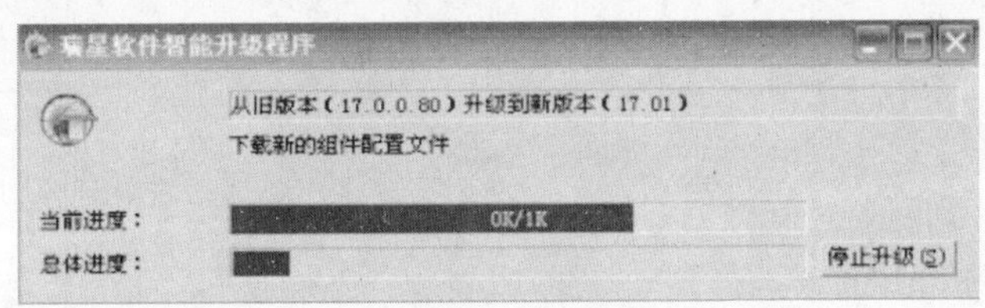

图 7-45 瑞星软件智能升级程序

瑞星杀毒软件 2007 还有许多强大的功能，例如硬盘数据备份、漏洞扫描、瑞星 U 盘杀毒工具、注册表修复工具等，这里不再详细介绍，请用户自行尝试。

参考文献

[1] 李存斌.计算机公共基础教程.北京:高等教育出版社,2002.
[2] 崔玉波.计算机技术基础实训指导与习题集.北京:中国铁道出版社,2006.
[3] 郭塈飞,钟啸剑.计算机应用教程.哈尔滨:哈尔滨工业大学出版社,2007.
[4] 张晓兰.计算机应用基础.哈尔滨:黑龙江人民出版社,2003.
[5] 高骏,吴博.计算机应用基础.北京:中国计划出版社,2007.
[6] 李丽蓉.计算机应用基础实验指导及习题解答.北京:中国计划出版社,2007.
[7] 贾昌传.计算机应用基础.第2版.北京:清华大学出版社,2006.